H. von Buttlar · M. Roth

Radioaktivität

Fakten, Ursachen, Wirkungen

Mit 78 Abbildungen

Springer-Verlag Berlin Heidelberg New York
London Paris Tokyo Hong Kong

Professor Dr. *Haro von Buttlar*
Institut für Experimentalphysik III,
Ruhr-Universität, Postfach 10 21 48, D-4630 Bochum 1

Dr. *Manfred Roth*
Zentrales Isotopenlabor,
Ruhr-Universität, Postfach 10 21 48, D-4630 Bochum 1

ISBN-13: 978-3-540-51677-4 e-ISBN-13: 978-3-642-75062-5
DOI: 10.1007/978-3-642-75062-5

CIP-Titelaufnahme der Deutschen Bibliothek
Buttlar, Haro von:
Radioaktivität : Fakten, Ursachen, Wirkungen / H. von Buttlar
; M. Roth. – Berlin ; Heidelberg ; New York ; London ; Paris ;
Tokyo ; Hong Kong : Springer, 1990
    ISBN 3-540-51677-8 (Berlin...)
    ISBN 0-387-51677-8 (New York...)
NE: Roth, Manfred:

Dieses Werk ist urheberrechtlich geschützt. Die dadurch begründeten Rechte, insbesondere die der Übersetzung, des Nachdrucks, des Vortrags, der Entnahme von Abbildungen und Tabellen, der Funksendung, der Mikroverfilmung oder der Vervielfältigung auf anderen Wegen und der Speicherung in Datenverarbeitungsanlagen, bleiben, auch bei nur auszugsweiser Verwertung, vorbehalten. Eine Vervielfältigung dieses Werkes oder von Teilen dieses Werkes ist auch im Einzelfall nur in den Grenzen der gesetzlichen Bestimmungen des Urheberrechtsgesetzes der Bundesrepublik Deutschland vom 9. September 1965 in der Fassung vom 24. Juni 1985 zulässig. Sie ist grundsätzlich vergütungspflichtig. Zuwiderhandlungen unterliegen den Strafbestimmungen des Urheberrechtsgesetzes.

© Springer-Verlag Berlin Heidelberg 1990

Die Wiedergabe von Gebrauchsnamen, Handelsnamen, Warenbezeichnungen usw. in diesem Werk berechtigt auch ohne besondere Kennzeichnung nicht zu der Annahme, daß solche Namen im Sinne der Warenzeichen- und Markenschutz-Gesetzgebung als frei zu betrachten wären und daher von jedermann benutzt werden dürften.

2156/3150-543210 – Gedruckt auf säurefreiem Papier

Kein Ding ist ohn' Gift.
Allein die Dosis macht,
ob ein Stoff ein Gift sei.

Paracelsus (1493–1541)

Vorwort

„Neben allen ernsten, begründeten Befürchtungen – und mit ihnen gelegentlich vermischt – gibt es ein irrationales, gefühlsmäßiges Unbehagen gegenüber allem, was irgendwie mit Radioaktivität und Kernenergie zu tun hat. Kernstrahlung kann man nur messen, nicht spüren; zusätzlich und stärker speisen sich diese „atomaren Ängste", wie ich sie nennen will, aus Furcht, Hoffnung und Phantasien, welche zuerst der neu entdeckten Radioaktivität, dann der Atombombe auf dem Fuße folgten. Bilder und Worte wecken verborgene Urängste – etwa: Teufelszeug, wenn zweifellos Menschenwerk gemeint ist – auch in der anspruchsvollen und trivialen Literatur und Kunst. Das macht die Aufklärung so schwierig."
                                                                                Peter Brix
(Aus Phys. Blätter, 45(1), 2 ff. (1989))

Die Herausforderung zur Aufklärung wird in der vorliegenden Schrift angenommen, die sich an einen Leserkreis wendet, der entweder selbst mit strahlenden Stoffen umgeht oder sich mit dem Problemkreis „Radioaktivität" vertraut machen möchte, wie etwa Studenten der Natur- und Ingenieurwissenschaften oder der Medizin, Wissenschaftsjournalisten oder ein hoffentlich großer Kreis von interessierten Mitbürgern. Für die Autoren war es nicht leicht, eine Darstellungsform zu finden, die einerseits für diesen Interessenkreis verständlich ist und andererseits wissenschaftlich nicht an der Oberfläche bleibt. Wie weit diese Gratwanderung gelungen ist, können nur diejenigen entscheiden, die den Schritt des Mitvollziehens wagen. Dem Springer-Verlag sind wir für die drucktechnische Ausgestaltung des Werkes verbunden, insbesondere Herrn Dr. H.-U. Daniel für seine ständige Begleitung bei der Entstehung des Manuskripts, dessen Abfassung er mit vielen Ratschlägen bereicherte. Herr Prof. Dr. D. Kamke hat sich der besonderen Mühe unterzogen, das Manuskript kritisch zu lesen und an vielen Stellen Verbesserungsvorschläge einzubringen, die wir dankbar aufgegriffen haben. Die Herren Dr. H. H. Bukow, Dipl. Phys. Geisler und D. Böhm gaben wertvolle Hinweise zur Formulierung des Textes. Frau A. Steinbach unterstützte uns kompetent bei den Schreibarbeiten, Herr J. Wöhlert zeichnete die Vorlagen für die Abbildungen. Allen genannten Personen gilt unser besonderer Dank.

Bochum, im Dezember 1989   *Haro v. Buttlar   Manfred Roth*

Inhaltsverzeichnis

1. **Einleitung** ... 1
2. **Grundlagen** ... 5
   - 2.1 Physikalische Größen und Maßeinheiten ... 6
   - 2.2 Struktur der Materie ... 8
   - 2.3 Elementarteilchen ... 13
   - 2.4 Strahlung ... 17
3. **Erhaltungssätze** ... 24
   - 3.1 Erhaltung von Impuls, Drehimpuls und Energie ... 24
   - 3.2 Zentralkräfte, Bindungsenergie ... 29
   - 3.3 Quantenmechanische Aspekte ... 32
   - 3.4 Relativistische Aspekte ... 35
   - 3.5 Kernbindungsenergie ... 37
   - 3.6 Weitere Erhaltungssätze ... 41
4. **Strahlung aus Elektronenhülle und Atomkern** ... 45
   - 4.1 Herkunft der Strahlung ... 45
   - 4.2 Atomübergänge ... 46
     - 4.2.1 Energiebetrachtungen ... 46
     - 4.2.2 Atomzerfälle ... 50
   - 4.3 Kernzerfälle ... 52
     - 4.3.1 Gammazerfall ... 53
     - 4.3.2 Betazerfall ... 55
     - 4.3.3 Alphazerfall ... 58
     - 4.3.4 Weitere Zerfallsmöglichkeiten ... 59
     - 4.3.5 Zusammenfassung ... 63
5. **Zeitliches Verhalten** ... 64
   - 5.1 Zerfallsgesetz und Aktivität ... 64
   - 5.2 Mehrere Zerfallsmöglichkeiten, Beispiel ^{40}K ... 67
   - 5.3 Zerfallsketten ... 69
   - 5.4 Altersbestimmung von Mineralien ... 72
   - 5.5 Zerfallsstatistik ... 74
   - 5.6 Radioaktiver Zerfall und Determinismus ... 77

6. Durchgang von Strahlung durch Materie ... 80
- 6.1 Überblick ... 80
- 6.2 Protonen und α-Teilchen ... 82
  - 6.2.1 Energieverlust pro Wegstreckenintervall ... 83
  - 6.2.2 Streuung des Energieverlustes ... 87
  - 6.2.3 Reichweite ... 88
- 6.3 Elektronen ... 90
  - 6.3.1 Anregung und Ionisation ... 91
  - 6.3.2 Bremsstrahlung ... 95
  - 6.3.3 Cerenkov-Strahlung ... 96
- 6.4 Neutronen ... 97
  - 6.4.1 Streuung ... 97
  - 6.4.2 Einfang in einen Atomkern ... 100
- 6.5 Röntgen- und γ-Strahlung ... 104
  - 6.5.1 Photoeffekt ... 105
  - 6.5.2 Compton-Effekt ... 106
  - 6.5.3 Paarbildung ... 109
  - 6.5.4 Schwächungskoeffizienten ... 111
- 6.6 Zusammenfassung ... 113

7. Strahlungsmessung ... 114
- 7.1 Vorbemerkungen ... 114
- 7.2 Strahlungsmeßgeräte ... 115
  - 7.2.1 Gasionisationsdetektoren ... 119
  - 7.2.2 Szintillatoren ... 124
  - 7.2.3 Halbleiter-Detektoren ... 127
  - 7.2.4 Weitere Nachweisverfahren ... 130
- 7.3 Durchführung von Messungen ... 131
  - 7.3.1 Aktivitätsmessung ... 131
  - 7.3.2 Gammaspektroskopie ... 133
  - 7.3.3 Dosismessungen ... 136
- 7.4 Anwendungsbeispiele ... 137
  - 7.4.1 Aufklärung der Photosynthese ... 138
  - 7.4.2 Radioimmunoassay ... 139
  - 7.4.3 Organszintigraphie ... 140
  - 7.4.4 Aktivierungsanalyse ... 142
  - 7.4.5 Anwendungen in der Technik ... 142

8. Strahlung und Mensch ... 145
- 8.1 Biologische Wirkung von ionisierender Strahlung ... 145
- 8.2 Strahlendosis und Strahlenschutz ... 149
  - 8.2.1 Dosisgrößen ... 149
  - 8.2.2 Dosisberechnung ... 151

		8.2.3 Strahlenschutzvorschriften	154
8.3		Strahlenbelastung des Menschen	156
	8.3.1	Herkunft der Strahlenbelastung	156
	8.3.2	Gesundheitsrisiko	163

9. Kernreaktoren, Spaltprodukte ... 165
9.1 Vorbetrachtung ... 165
9.2 Kernspaltung ... 167
9.3 Kettenreaktion ... 170
9.4 Energieerzeugung ... 175
9.5 Spaltprodukte ... 179
9.6 Sicherheitsfragen ... 184

10. Plutonium ... 190

Nachwort ... 195

Anhang ... 196
A1 Relativistische Beziehung zwischen Masse und Energie . 196
A2 Nichtrelativistische Stoßkinematik ... 198
A3 Wirkungsquerschnitt ... 201
A4 Zum Energieverlust geladener Teilchen ... 203
A5 Zur Poisson-Statistik beim radioaktiven Zerfall ... 207

Weiterführende Literatur ... 211

Personenverzeichnis ... 213

Stichwortverzeichnis ... 214

1 Einleitung

Ein Jahr nach der Entdeckung der Röntgenstrahlung (1895), die bekanntlich größere Materieschichten durchdringen und Fotoplatten schwärzen kann, auch wenn diese lichtdicht verpackt sind, entdeckte der Franzose Henri Antoine Becquerel (1852–1908) eine ähnliche Strahlung, die von Uranmineralien ausging und sogar noch durchdringender war. Sie ließ sich auf keine Weise abschalten, sondern bestand anscheinend „unaufhörlich".

Kurz darauf (1898) zeigte das Ehepaar Marie (1867–1934) und Pierre (1859–1906) Curie in Paris, daß die Strahlung von dem chemischen Element Uran ausgeht und nicht von dessen chemischem oder physikalischem Zustand abhängt. Aus Pechblende (U_3O_8) isolierten sie die viel stärker strahlenden Elemente Radium und Polonium und gaben dem Phänomen den Namen „Radioaktivität".

Erhebliche Beiträge zur Entwicklung des neuen Wissensgebietes leistete der Australier Ernest Rutherford (1871–1937), der in den USA im Jahr 1899 herausfand, daß die Strahlung aus mehreren Komponenten besteht, die sich in ihrer Durchdringungsfähigkeit unterscheiden: α-Strahlung wird bereits durch ein Blatt Papier abgeschirmt, β-Strahlung kann einen Papierstapel bis zur Dicke eines Heftes durchdringen und γ-Strahlung wird auch durch ein Bleiblech nur abgeschwächt, aber nicht völlig absorbiert. Mit dem englischen Chemiker Frederick Soddy (1877–1956) entdeckte er 1902, daß die Aussendung radioaktiver Strahlung in der Quelle zur Elementumwandlung führt, es entstehen dabei andere Elemente. Eine weitere Feststellung betraf das zeitliche Verhalten der Radioaktivität. Die Strahlung besteht nicht unaufhörlich, sondern klingt in charakteristischer Weise bei jedem Strahler mit der Zeit ab (s. Kap. 5). Auch der junge deutsche Chemiker Otto Hahn (1879–1968), der später (1938) die Uranspaltung entdeckte, war nach der Jahrhundertwende für einige Zeit am Rutherfordschen Laboratorium zu Gast und beteiligte sich an den Experimenten.

Streuversuche von α-Strahlung an dünnen Goldfolien führten Rutherford im Jahr 1911 zu dem Schluß, daß das Atom aus einem Kern und einer Hülle aus Elektronen bestehen müsse. Seitdem kann man von dem Gebiet der Kernphysik sprechen, das in den letzten fast 90 Jahren durch die Arbeit einer Vielzahl von Physikern und Chemikern aus allen Teilen der Welt riesig angewachsen ist und ein in weiten Teilen vollständiges Bild der Zusammenhänge ergeben hat. Wichtige Gesetze, die die Zustände und Prozesse der Atomkerne betreffen, wurden entdeckt, miteinander in Beziehung gebracht und mathematisch formuliert. Man weiß heute im großen und ganzen, wie sich die Atomkerne verhalten und mit welchen Wirkungen man rechnen kann.

Das Phänomen der Radioaktivität benötigt zu seiner Beschreibung denjenigen Teilbereich der Kernphysik, der sich mit den Zerfällen der Atomkerne und den ausgesandten Strahlungen sowie deren Wirkung auf absorbierende Medien beschäftigt. Diesem Themenkreis ist das vorliegende Buch gewidmet. Aus den anfänglich nur in einigen physikalisch orientierten Laboratorien gewonnenen Erkenntnissen hat sich inzwischen eine ausgereifte Technik entwickelt, die in weite Lebensbereiche wie Medizin, Chemie, Energietechnik und militärische Anwendung eingedrungen ist.

Die Entwicklung der Kerntechnik ist dadurch geprägt, daß bald nach ihrem Beginn die Zündung der Atombomben in Hiroshima und Nagasaki (1945) die Weltöffentlichkeit aufschreckte. Nicht nur das riesige Energiepotential, sondern auch die verheerende Wirkung der dabei in großer Menge freigesetzten Strahlung wurde schlagartig offenbar. Andererseits war man sich von vornherein über die Notwendigkeit des Strahlenschutzes im Klaren und hat inzwischen ein großes Wissen über die verschiedenen Strahlenarten und ihre Wirkungen zusammengetragen. Man kann heute sagen, daß der Strahlenschutz besser entwickelt ist als jeder andere Arbeitsschutz. Das Gefahrenpotential darf trotzdem nicht unterschätzt werden. Aber auch andere Energiequellen bergen ihre Gefahren, wie an den noch immer auftretenden Unglücken bei Kohlebergwerken und Ölbohrvorhaben deutlich wird. Auch deren ökologische Folgen sind zur Zeit nicht voll übersehbar.

Der wachsenden Bedeutung der modernen Naturwissenschaften für die Gesellschaft steht ihre immer komplexer werdende Begriffswelt gegenüber. So schließt sich auch die dem Alltagserleben recht weit entrückte Welt der Atomkerne dem interessierten Menschen nur auf, wenn er sich lange Zeit und intensiv einarbeitet und ein Fachstudium betreibt. Die Entwicklung einer neuen Wissenschaft vollzieht sich zunächst in enger fachlicher Abgeschlossenheit, und erst später wird es möglich, die Sachverhalte in anschaulicher Weise so darzustellen, daß sie für den weniger Vorgebildeten verständlich werden.

Während einer Zwischenzeit sickern gewisse, oft aus dem Zusammenhang gerissene Einzelergebnisse in die Öffentlichkeit, die dann nur teilweise verstanden werden. Es bleibt nicht aus, daß irreale Schlüsse gezogen werden. Als Beispiele seien die Einsteinsche Relativitätsformel $E = mc^2$ oder die Heisenbergsche Unschärferelation angeführt. Aus der ersteren meinte man folgern zu können, daß sich eine Masse vollständig in Energie umwandeln ließe, was aber den Teilchenzahl-Erhaltungssätzen (s. Kap. 2) widerspricht; aus der zweiten, daß Elemente der Freiheit im atomaren Bereich aufträten, die das Kausalgesetz in frage stellten (s. Abschn. 5.6). Hier muß vor voreiligen Schlüssen gewarnt werden.

Auch in der Wissenschaft der Kernphysik hat sich aus der Frühzeit der Entdeckungen herumgesprochen, daß es radioaktive Zerfälle gibt, dann hörte man von Kernspaltung, von Kernreaktoren und sah die Wirkung von Atombomben und das damit verbundene gewaltige Zerstörungspotential. Kein Wunder, daß sich daraus Ängste entwickelten. Jede undurchschaute Gefahr gibt Anlaß zu Ängsten. Die Alternative kann nicht sein, ob man gefühlsmäßig für oder gegen die Kernenergie ist, sondern man muß sich um die gedankliche Durchdringung der Vorteile und des Ausmaßes der Gefahren bemühen, um dann Stellung beziehen zu können. Dabei liegt es in der Sache begründet, daß man sich mit einigen physikalischen und technischen Fragestellungen auseinandersetzen muß. Die Zusammenhänge sind zum Teil kompliziert und nicht einfach zu durchschauen.

Die vorliegende Schrift stellt den Versuch dar, die wissenschaftlichen Grundlagen, die inzwischen sehr gut bekannten Wirkungen und wichtige Anwendungen der Radioaktivität für einen Leserkreis darzustellen, der aus seiner Schulzeit ein gewisses naturwissenschaftliches Verständnis mitbringt und sich in diesen Problemkreis einarbeiten möchte. Auf komplizierte Formeln und deren Ableitung wurde weitgehend verzichtet, wenn auch manche quantitativen Zusammenhänge zum Verständnis notwendig sind. Wo möglich, wurden diese auf Tabellen und Schaubilder konzentriert. Zwangsläufig mußte die Beschreibung der physikalischen Grundlagen in Kap. 2 und 3 und der Zerfallsgesetze in Kap. 5 sowie die Behandlung der Wechselwirkungsprozesse beim Durchgang von Strahlung durch Materie in Kap. 6 auch formelmäßig etwas ausführlicher gestaltet werden. Diese geschlossene Darstellung der Voraussetzungen für die weiteren Kapitel, insbesondere für Kap. 4, 7 und 9, bietet den Vorzug, daß der Hinweis auf ergänzende Sekundärliteratur weitgehend unterbleiben kann. Dies erfordert gelegentlich ein etwas größeres Engagement des weniger geübten Lesers; in jedem Fall wird an späterer Stelle durch Verweise auf die entsprechenden Kapitel darauf hingedeutet, wo gegebenenfalls noch einmal nachgelesen werden kann.

Die Kap. 8 und 9 über Strahlenbelastung und Kernreaktoren mit ihren wichtigen Arbeits- und Forschungsschwerpunkten Strahlenwirkung bzw. Reaktorsicherheit können nur als gedrängter Überblick über den aktuellen Stand der großen und sich ständig weiter entwickelnden Fachgebiete verstanden werden.

Im Anhang finden sich einige weiterführende Darstellungen der relevanten theoretischen Ableitungen, die dem mathematisch-physikalisch etwas versierten Leser einen tieferen Einblick erlauben.

Das Buch entstand aus der Einsicht in die Bringschuld der Kernphysiker, für eine Aufklärung ihrer Mitmenschen zu sorgen. Wir sind der

Überzeugung, daß nicht eine undifferenzierte, emotionale Angst, sondern nur die nachvollziehbare Einsicht in die Gefahrenquellen und deren quantitative Durchdringung als Ratgeber geeignet sind. Wir hoffen, daß auch das Bewußtsein dafür geweckt werden kann, daß unter Beachtung der naturwissenschaftlichen Fakten die nicht mehr wegzudiskutierenden Entdeckungen und Erfindungen von Radioaktivität und Kerntechnik zum Vorteil der Menschen gereichen können.

2 Grundlagen

Viele Bereiche des täglichen Lebens lassen sich verstehen mit Hilfe des Begriffssystems der klassischen Physik, die sich in die Untergebiete Mechanik, Elektrodynamik, Optik und Thermodynamik gliedert. Sie beschreibt die realen Gegenstände und Vorgänge, die im einzelnen sehr komplex sind, mit Modellen, die für die menschliche Erfahrung einleuchtend und abstrakt leicht vorstellbar sind, z. B. Massenpunkt, starrer Körper, Schwingung, Welle u. a., und benutzt mathematische Formalismen zur Darstellung der Sachverhalte.

In diesem Jahrhundert wurde das System der klassischen Physik in zwei Richtungen erweitert. Für sehr hohe Geschwindigkeiten entwickelte Albert Einstein (1879–1955) die spezielle Relativitätstheorie (seine allgemeine Relativitätstheorie behandelt Phänomene in kosmischen Dimensionen). Zu sehr kleinen Dimensionen hin, wie sie bei Atomen und Atomkernen vorliegen, beschreibt erst die von Werner Heisenberg (1901–1976) und Erwin Schrödinger (1887–1961) geschaffene Quantenmechanik die Beobachtungen zufriedenstellend.

Sowohl Relativitäts- als auch Quantentheorie haben zu grundlegenden Neuinterpretationen im physikalischen Weltbild geführt. Alltagsbegriffe wie Raum, Zeit, Masse, Teilchenbahn u. a. haben ihren klassischen Begriffsinhalt aufgrund der neuen Einsichten ändern müssen. Dabei ist manches anschauliche Verständnis in Frage gestellt worden. Wir müssen uns daran gewöhnen, „unanschauliche" Konzepte und Wahrscheinlichkeitsaussagen anstatt sicherer Vorhersagen zu akzeptieren.

Da die radioaktiven Zerfälle im Mikrokosmos der Atomkerne stattfinden und die Zerfallsteilchen oft Geschwindigkeiten haben, die in den Bereich der Notwendigkeit relativistischer Rechnungen fallen, treffen einerseits die obigen Ausführungen hier in starkem Maße zu. Andererseits können experimentelle Daten der Radioaktivität auch zum Test der Theorien der modernen Physik herangezogen werden.

Auch ohne Kenntnis der zahlreichen Fakten aus der Makro- und Mikrophysik kann man große Teilgebiete der Radioaktivität verstehen, wenn man auf einige Grundtatsachen aus Mechanik, Elektrizitätslehre und Atomphysik zurückgreift, die in den folgenden Kapiteln zusammengestellt sind.

2.1 Physikalische Größen und Maßeinheiten

In der Mechanik werden Zustände und Prozesse von makroskopischen Objekten untersucht, die eine Masse haben und im Gleichgewicht stehen oder sich in Raum und Zeit aufgrund wirksamer Kräfte bewegen. Um ein mechanisches System vollständig zu beschreiben, werden nur die drei Basisgrößen Länge, Zeit und Masse mit den Basiseinheiten Meter, Sekunde und Kilogramm benötigt. Weitere mechanische Größen wie Geschwindigkeit, Druck, Dichte, Impuls, Drehimpuls, Energie lassen sich durch Einheiten, die aus diesen Basiseinheiten zusammengesetzt sind, beschreiben. So besitzt die Energie die Einheit $1\,\text{kg}\cdot\text{m}^2/\text{s}^2$, die den Namen „Joule" erhalten hat:

$$1\,\text{J (Joule)} = 1\,\text{kg} \cdot \text{m}^2/\text{s}^2 \; .$$

Die klassische Wärmelehre (Thermodynamik) benötigt eine weitere Basiseinheit für die Temperatur (Kelvin K oder Grad Celsius °C), die Elektrizitätslehre schließlich noch eine letzte, nämlich entweder für die elektrische Ladung oder für die Stromstärke. Im „Systeme International d'Unités" (SI) wird dafür das Ampere (A, Einheit für die Stromstärke) eingeführt. Aus diesen insgesamt fünf Grundeinheiten lassen sich die Einheiten aller anderen physikalischen Größen aufbauen.

Dezimale Vielfache der Einheiten werden durch vorgesetzte Buchstaben bezeichnet, so z. B.

$$1000\,\text{m} = 10^3\,\text{m} = 1\,\text{km} \; ,$$
$$0,001\,\text{m} = 10^{-3}\,\text{m} = 1\,\text{mm}$$

usw., siehe Tabelle 2.1.

Tabelle 2.1. Bezeichnung der dezimalen Vielfachen und Teile von Maßeinheiten

Zehnerpotenz	Vorsilbe	Kurzzeichen
10^{12}	Tera	T
10^{9}	Giga	G
10^{6}	Mega	M
10^{3}	Kilo	k
10^{2}	Hekto	h
10^{-1}	Dezi	d
10^{-2}	Zenti	c
10^{-3}	Milli	m
10^{-6}	Mikro	µ
10^{-9}	Nano	n
10^{-12}	Piko	p
10^{-15}	Femto	f

Tabelle 2.2. Physikalische Größen und ihre Maßeinheiten

Physikalische Größe	Formelzeichen	Definition	Maßeinheit	Name
Fläche	A	$A = $ Länge $\times$ Breite	m^2	
Volumen	V	$V = A \times $ Höhe	m^3	
Winkel	δ	$\delta = $ Bogen/Radius	$\dfrac{m}{m} = $ rad	Radiant
Raumwinkel	Ω	$\Omega = \dfrac{\text{Fläche des Kugelausschnitts}}{\text{Quadrat des Kugelradius}}$	$\dfrac{m^2}{m^2} = $ sr	Steradiant
Frequenz	f	$f = $ Zahl der Schwingungen/Zeit	$s^{-1} = $ Hz	Hertz
Geschwindigkeit	v	$v = \dfrac{\text{Wegintervall}}{\text{Zeitintervall}}$	$\dfrac{m}{s} = m \cdot s^{-1}$	
Beschleunigung	a	$a = \dfrac{\text{Geschw.-Änderung}}{\text{Zeitintervall}}$	$m \cdot s^{-2}$	
Massendichte	ϱ	$\varrho = $ Masse/Volumen	$kg \cdot m^{-3}$	
Kraft	F	$F = $ Masse $\times$ Beschleunigung	$kg \cdot m \cdot s^{-2} = $ N	Newton
Druck	p	$p = F/A$	$kg \cdot m^{-1} \cdot s^{-2} = $ Pa	Pascal
Arbeit, Energie	W, E	$W = $ Kraft $\times$ Weg	$kg \cdot m^2 \cdot s^{-2} = $ J	Joule
Wärme	Q	$Q = $ Wärmemenge (Energie)	$kg \cdot m^2 \cdot s^{-2} = $ J	
Leistung	P	$P = $ Arbeit/Zeitintervall	$kg \cdot m^2 \cdot s^{-3} = $ W	Watt
elektr. Ladung	q	$q = $ elektr. Stromstärke $\times$ Zeit	$A \cdot s = $ C	Coulomb

In Tabelle 2.2 sind die Definitionen und SI-Einheiten einiger wichtiger physikalischer Größen zusammengestellt. Weitere Größen und Einheiten, die für die Beschreibung der Radioaktivität und ihrer Wirkungen von Bedeutung sind, werden im Text im jeweiligen Zusammenhang eingeführt.

Die uns umgebenden Stoffe liegen entweder in festem, in flüssigem oder in gasförmigem Aggregatzustand vor. Unter gewissen Bedingungen existieren zwei dieser Phasen im Gleichgewicht, z. B. Eis und Wasser bei Atmosphärendruck und 0°C. Für jede reine Substanz gibt es einen durch Druck und Temperatur bestimmten Zustand, in dem alle drei Phasen im Gleichgewicht stehen, den sog. Tripelpunkt.

Die Stoffe selbst bestehen aus Atomen bzw. aus Molekülen, wobei die Moleküle aus Atomen und diese ihrerseits aus noch kleineren Einheiten, den sog. Elementarteilchen, aufgebaut sind. Diese Vorstellungen werden in den folgenden Abschnitten näher beleuchtet.

2.2 Struktur der Materie

Im atomaren Bereich hat sich eine weitere Basiseinheit, nämlich das Mol (Zeichen: mol) für die Stoffmenge, als nützlich erwiesen. Es ist die Ansammlung von so vielen Teilchen, wie in 12 g Kohlenstoff (genauer: ^{12}C, s. u.) enthalten sind, nämlich $6,023 \cdot 10^{23}$ Teilchen. Die Zahl

$$N_A = 6,023 \cdot 10^{23} \text{Teilchen/mol}$$

wird als „Avogadro-Konstante" bezeichnet.

Die Zahl der Teilchen pro Mol ist ungeheuer groß; dies gilt auch noch für die kleinsten, mit unseren Sinnen wahrnehmbaren Stoffmengen. Die Gesetze der klassischen Physik gelten – mit Ausnahmen – nur im Bereich von „makroskopischen" Stoffmengen, d. h. im Mittel über sehr viele Einzelteilchen. Für die Beschreibung der Einzelteilchen selbst (Moleküle, Atome, Elementarteilchen) ist die Quantenphysik zuständig.

Stoffe, die nicht mehr chemisch zerlegt werden können, heißen Elemente, z. B. Wasserstoff (H), Kohlenstoff (C), Sauerstoff (O), Blei (Pb) oder Uran (U). Es gibt etwas mehr als 100 Elemente, die in einem Periodensystem angeordnet werden, das von dem Chemiker D. Mendelejew (1834–1907) aufgestellt wurde (s. Abb. 2.1). Nicht alle diese Elemente sind stabil, manche wandeln sich durch radioaktiven Zerfall in andere um, z. B. das Radium (Ra), das Uran (U), Plutonium (Pu) und weitere sehr schwere Elemente, auch das Technetium (Tc) und das Promethium (Pm).

Die kleinsten Einheiten der Elemente sind die Atome. Sie können miteinander chemisch reagieren und bilden dann Moleküle. Zum Beispiel setzt sich das Wassermolekül H_2O aus zwei Atomen Wasserstoff und einem Atom

Sauerstoff zusammen. Das Äthylalkohol-Molekül hat entsprechend seiner Zusammensetzung die chemische Formel C_2H_5OH. Molekular aufgebaute Substanzen haben völlig andere Eigenschaften als rein atomare, daher rührt die Stoffvielfalt unserer Umgebung.

In Kristallen sind die Atome regelmäßig angeordnet. In amorphen Festkörpern dagegen liegt eine dichte, aber unregelmäßige Packung vor (z. B. Glas, Kunststoff). In Flüssigkeiten sind die Moleküle frei verschiebbar, aber ziehen sich noch stark an. In Gasen (z. B. H_2, He, O_2, N_2) bewegen sich die Moleküle bzw. Atome fast frei im Raum und füllen – von Beschränkungen durch die Schwerkraft abgesehen – den ihnen zur Verfügung stehenden Raum gleichmäßig aus.

Wie eine Fülle von experimentellen Befunden im Anschluß an die Entdeckung durch Rutherford gezeigt hat, bestehen die Atome ihrerseits aus einem elektrisch positiv geladenen Kern, der auf kleinstem Volumen nahezu die ganze Atommasse vereinigt, und einer „Wolke" von negativ geladenen Elektronen, die den Atomkern in größerer Entfernung umgibt. Während der Atomdurchmesser etwa 10^{-10} m beträgt, haben die Kerne einen Durchmesser von nur einigen 10^{-15} m. Zum Vergleich: Denkt man sich den Kern von der Größe eines Fußballs, dann bilden die dagegen punktförmigen Elektronen eine Hülle mit einem Radius von 10 km.

Niels Bohr (1885–1962) hat im Jahr 1913 ein Atommodell vorgeschlagen, bei dem die Elektronen – als kleine Klümpchen vorgestellt – auf festen Bahnen den Kern umlaufen, ähnlich wie die Planeten um die Sonne. Dieses Modell ist zwar anschaulich, aber leider unzulänglich. Die für eine korrekte Beschreibung der Atom- und Kernstruktur anzuwendende Quantenmechanik (Heisenberg 1925, Schrödinger 1926) liefert hingegen die Aussage, daß solche Bahnen nicht existieren und sich nur die Wahrscheinlichkeit dafür angeben läßt, ein Elektron an einem Ort innerhalb des Atoms anzutreffen. Dies entspricht dem Bild von Elektronenwolken, die den Kern umhüllen (man spricht von der Elektronenhülle) und die durch die elektrische Anziehung relativ fest an den Kern gebunden sind.

In vielen Festkörpern (z. B. Metallen) finden sich eine große Anzahl von frei beweglichen Elektronen (Bändermodell, s. Abschn. 4.2.1), die das Fließen von elektrischem Strom ermöglichen. Man kann Elektronen auch frei ins Vakuum austreten lassen, zu einem Strahl bündeln und durch elektromagnetische Felder beeinflussen. Das geschieht z. B. in der Fernsehröhre. Beim Auftreffen auf einen Leuchtschirm zeichnen sie die Punkte des Bildes auf.

Die Atomkerne sind ihrerseits aus kleineren Teilchen zusammengesetzt, den positiv geladenen Protonen und den ungeladenen Neutronen. Die Atome sind nach außen elektrisch neutral, wenn die Anzahl der Elektronen in der Hülle mit der Anzahl der Protonen im Kern übereinstimmt. Fehlen Elektronen, so nennt man das System ein positives Ion; sind zuviele Elektronen vorhanden, so liegt ein negatives Ion vor.

Periode	Schalen-besetzung	I. Haupt-gruppe	II. Haupt-gruppe	3. Neben-gruppe	4. Neben-gruppe	5. Neben-gruppe	6. Neben-gruppe	7. Neben-gruppe	
1.	1. K	1 H Wasserstoff 1,0079							
2.	1....2. K....L	3 Li Lithium 6,941	4 Be Beryllium 9,01218						
3.	1....3. K....M	11 Na Natrium 22,98977	12 Mg Magnesium 24,305						
4.	1....4. K....N	19 K Kalium 39,0983	20 Ca Calcium 40,08	21 Sc Scandium 44,9559	22 Ti Titanium 47,90	23 V Vanadium 50,9414	24 Cr Chromium 51,996	25 Mn Mangan 54,9380	26 Fe Eisen 55,847
5.	1....5. K....O	37 Rb Rubidium 85,4678	38 Sr Strontium 87,62	39 Y Yttrium 88,9059	40 Zr Zirconium 91,22	41 Nb Niobium 92,9064	42 Mo Molybdän 95,94	43 Tc Technetium [97]	44 Ru Ruthenium 101,07
6.	1....6. K....P	55 Cs Caesium 132,9054	56 Ba Barium 137,33	57* La Lanthan 138,9055	72 Hf Hafnium 178,49	73 Ta Tantal 180,9479	74 W Wolfram 183,85	75 Re Rhenium 186,207	76 Os Osmium 190,2
7.	1....7. K....Q	87 Fr Francium [223]	88 Ra Radium 226,0254	89** Ac Actinium [227]	104 (Ku) (Kurtschatowium) [261]	105 (Bo) (Bohrium) [262]	106 [259]	107 [261]	108 [265]

*Lanthanoide

6.	58 Ce Cerium 140,12	59 Pr Praseodymium 140,9077	60 Nd Neodymium 144,24	61 Pm Promethium [145]	62 Sm Samarium 150,4	63 Eu Europium 151,96	64 Gd Gadolinium 157,25	65 Tb Terbium 158,9254	66 Dy Dysprosium 162,50

**Actinoide

7.	90 Th Thorium 232,0381	91 Pa Protactinium 231,0359	92 U Uranium 238,029	93 Np Neptunium 237,0482	94 Pu Plutonium [244]	95 Am Americium [243]	96 Cm Curium [247]	97 Bk Berkelium [247]	98 Cf Californium [251]

Abb. 2.1. Periodisches System der Elemente. Über dem Namen jedes Elements: Ordnungszahl Z und Symbol, darunter relative Atommasse (A), bezogen auf das Nuklid ^{12}C. In eckigen Klammern angegebene Zahlen bei Elementen ohne stabiles Isotop: Nukleonzahl A des Nuklids mit der längsten Halbwertszeit. Die in runden Klammern angegebenen Elementnamen bzw. Symbole sind von der IUPAC noch nicht bestätigt

Für die Phänomene, die bei der Radioaktivität auftreten, genügt es meistens, nur den Atomkern zu betrachten. Die Summe aus Protonen- und Neutronenzahl wird als „Nukleonenzahl" A bezeichnet:

$$A = Z + N \quad .$$

Durch Angabe von zwei dieser drei Zahlen ist ein Kern also eindeutig festgelegt. Da die Protonenzahl mit der Ordnungszahl im Periodensystem der

8. Nebengruppe		1. Nebengruppe	2. Nebengruppe	III. Hauptgruppe	IV. Hauptgruppe	V. Hauptgruppe	VI. Hauptgruppe	VII. Hauptgruppe	VIII. Hauptgruppe
									2 He Helium 4,00260
				5 B Bor 10,81	6 C Kohlenstoff 12,011	7 N Stickstoff 14,0067	8 O Sauerstoff 15,9994	9 F Fluor 18,998403	10 Ne Neon 20,179
				13 Al Aluminium 26,98154	14 Si Silicium 28,0855	15 P Phosphor 30,97376	16 S Schwefel 32,06	17 Cl Chlor 35,453	18 Ar Argon 39,948
27 Co Cobalt 58,9332	28 Ni Nickel 50,78	29 Cu Kupfer 63,546	30 Zn Zink 65,38	31 Ga Gallium 69,72	32 Ge Germanium 72,59	33 As Arsen 74,9216	34 Se Selen 78,96	35 Br Brom 79,904	36 Kr Krypton 83,80
45 Rh Rhodium 102,9055	46 Pd Palladium 106,4	47 Ag Silber 107,868	48 Cd Cadmium 112,41	49 In Indium 114,82	50 Sn Zinn 118,69	51 Sb Antimon 121,75	52 Te Tellur 127,60	53 I Iod 126,9045	54 Xe Xenon 131,30
77 Ir Iridium 192,22	78 Pt Platin 195,09	79 Au Gold 196,9665	80 Hg Quecksilber 200,59	81 Tl Thallium 204,37	82 Pb Blei 207,2	83 Bi Bismut 208,9804	84 Po Polonium [209]	85 At Astatin [210]	86 Rn Radon [222]
109 [266]									

Langperiodensystem

67 Ho Holmium 164,9304	68 Er Erbium 167,26	69 Tm Thulium 168,9342	70 Yb Ytterbium 173,04	71 Lu Lutetium 174,97

99 Es Einsteinium [254]	100 Fm Fermium [257]	101 Md Mendelevium [258]	102 No Nobelium [255]	103 Lw Lawrencium [260]

Elemente übereinstimmt und dieser eindeutig ein Symbol für das jeweilige chemische Element zugeordnet ist, genügt die Angabe des chemischen Symbols und der Nukleonenzahl A. Ausführlich schreibt man die Nukleonenzahl oben links, die Protonenzahl unten links und die Neutronenzahl unten rechts als Index an das chemische Symbol. Beispiele sind in Tabelle 2.3 aufgeführt.

Ein Atom, dessen Kern durch eine ganz bestimmte Zahl Z von Protonen und eine feste Zahl N von Neutronen charakterisiert ist, nennt man „Nuklid". Man kennt heute die Eigenschaften von über 2400 verschiedenen Nukliden. Weniger als 300 davon sind stabil oder so gering radioaktiv, daß sie seit der Entstehung der Erde noch nicht völlig zerfallen sind (Beispiele ^{40}K, ^{238}U, ^{232}Th), alle anderen sind radioaktiv und kommen daher in der Natur nicht vor (nur wenige finden sich als Reaktionsprodukte z. B. aus der

Tabelle 2.3. Bezeichnung spezieller Nuklide

Symbol einfach	Symbol ausführlich	Nukleonenzahl A	Protonenzahl Z	Neutronenzahl N
^{1}H	$^1_1$H$_0$	1	1	0
^{2}H	$^2_1$H$_1$	2	1	1
^{16}O	$^{16}_8$O$_8$	16	8	8
^{40}K	$^{40}_{19}$K$_{21}$	40	19	21
^{235}U	$^{235}_{92}$U$_{143}$	235	92	143
^{238}U	$^{238}_{92}$U$_{146}$	238	92	146

kosmischen Strahlung oder als Mitglieder der natürlichen Zerfallsketten, siehe Abschn. 5.3).

Nuklide mit gleichem Z, aber verschiedenem N bezeichnet man als „Isotope". Zum Beispiel sind ^{1}H (Protium), ^{2}H (Deuterium) und ^{3}H (Tritium) Isotope des Wasserstoffs, ^{235}U und ^{238}U Isotope des Urans. Die in der Natur vorkommenden Elemente haben (mit wenigen Ausnahmen) ein konstantes Mischungsverhältnis der stabilen Isotope. Zum Beispiel besteht das Element Chlor aus ^{35}Cl mit 75,77% der Atome und aus 24,23 Atom-% ^{37}Cl, das Element Uran aus 99,28 Atom-% ^{238}U und 0,72 Atom-% ^{235}U.

Jedes Nuklid besitzt eine Masse $^A_Z M$; die relative Atommasse gibt an, um wievielmal die Masse des Nuklids größer ist als 1/12 der Masse des ^{12}C-Atoms. Die Summe aus den mit den Häufigkeiten des Vorkommens gewichteten relativen Atommassen der stabilen Isotope eines Elementes ergibt dessen relative Atommasse (A), die im Periodensystem (Abb. 2.1) aufgeführt ist. Die Zahl (A) ist dimensionslos, ein Mol hat die Masse (A) g.

Man findet, daß für die leichten Elemente nur solche Nuklide stabil sind, für die die Zahlen N und Z gleich oder ungefähr gleich sind. Zu schwereren Elementen hin überwiegt in zunehmendem Maße die Neutronenzahl.

Betrachtet man Nuklide mit gleicher Nukleonenzahl A, aber verschiedener Kombination von N und Z („Isobare"), so ist für ungerade Zahlen A nur ein Nuklid stabil, für gerade A kann es bis zu drei stabile Nuklide geben (s. Abschn. 3.5). Eine Übersicht über alle bekannten Nuklide mit einigen wesentlichen ihrer Eigenschaften gibt die Nuklidkarte, bei der die Protonenzahl nach oben, die Neutronenzahl nach rechts aufgetragen ist. Ein generelles Aufbauschema ist in Abb. 2.2 dargestellt, einen Ausschnitt zeigt Abb. 7.10.

Die durchgezogene Kurve deutet die Lage der stabilen Kerne im Diagramm an, die sich um diese Linie gruppieren. Kerne oberhalb der Kurve haben zuviele Protonen und zerfallen durch β^+- oder EC-Übergänge (siehe Kap. 4) zu neutronenreicheren Kernen. Kerne unterhalb der Kurve können

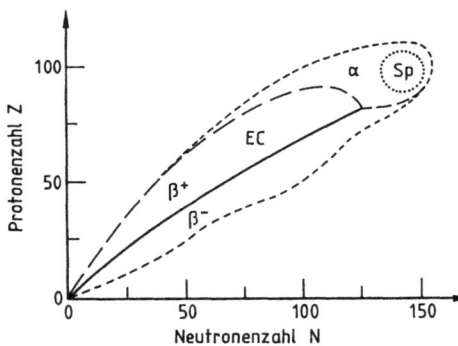

Abb. 2.2. Aufbauschema der Nuklidkarte. Stabile Kerne liegen nahe der durchgezogenen Linie. Radioaktive Kerne kennt man in den angegebenen Bereichen

durch β^--Zerfälle in stabilere übergehen. Der schwerste stabile Kern ist ^{209}Bi. Noch schwerere Kerne können α-Teilchen (^{4}He-Kerne) aussenden, Beispiel ^{238}U, oder spontan in zwei Bruchstücke zerbrechen („spontane Kernspaltung", Beispiel ^{256}Cf). Der bisher schwerste, künstlich erzeugte Kern hat $Z = 109$ und $A = 266$, er ist α-aktiv mit einer Lebensdauer (s. Abschn. 5.1) von etwa 5 ms.

2.3 Elementarteilchen

Bisher haben wir drei Elementarteilchen kennengelernt, nämlich das Elektron, das Proton und das Neutron. Auch das Photon (Lichtquant), das Quant der elektromagnetischen Strahlung, wird als Elementarteilchen aufgefaßt. In der modernen Hochenergiephysik, auch Elementarteilchenphysik genannt, wurden mit riesigen Teilchenbeschleunigeranlagen eine große Anzahl weiterer Elementarteilchen entdeckt, die radioaktiv sind. Nach ihrer Masse, ihrem Eigendrehimpuls („Spin") und ihren Wechselwirkungs-Eigenschaften werden sie in Gruppen eingeteilt, wie aus Tabelle 2.4 ersichtlich ist. Aufgeführt sind nur die in unserem Zusammenhang wichtigen Teilchen.

Die Photonen bilden eine Gruppe für sich, sie treten mit geladenen Teilchen in elektromagnetische Wechselwirkung und „spüren" auch die Gravitation, die aber im Vergleich zur ersten sehr gering ist. Die Leptonen unterliegen miteinander und mit den Kernen außerdem der „schwachen "Wechselwirkung, die z. B. den β-Zerfall der Kerne verursacht. Die Gruppe der Baryonen unterliegt zusätzlich der „starken" Wechselwirkung (Kernkraft), die wesentlich dafür verantwortlich ist, daß die Kerne zusammenhalten und nicht aufgrund der Abstoßungskräfte zwischen den positiven Protonenladungen auseinanderfliegen. Merkwürdigerweise „spüren" die Leptonen nichts von den starken Kernkräften. Sie können den Kern durchdringen und wer-

Tabelle 2.4. Einige Elementarteilchen und ihre Eigenschaften

Gruppe	Teilchen	Symbol	Wechselwirkung	elektr. Ladung	Spin ($\hbar$)	Ruhenergie (MeV)[a]	Lebensdauer (s)	Antiteilchen
Photon	Photon	γ	elektromagnetisch	0	1	0	∞	γ
Leptonen	e-Neutrino	ν_e	schwach	0	1/2	0	∞	Antineutrino $\bar{\nu}_e$
	μ-Neutrino	ν_μ	schwach	0	1/2	0	∞	Antineutrino $\bar{\nu}_\mu$
	Elektron	e^-	elektr.-magn.	$-e$	1/2	0,511	∞	Positron e^+
	Myon	μ^-	und schwach	$-e$	1/2	105,66	$2,20 \cdot 10^{-6}$	Myon μ^+
Baryonen	Proton	p	elektr.-magn., schwach	$+e$	1/2	938,26	∞	Antiproton $\bar{p}$
	Neutron	n	und stark	0	1/2	939,55	$9,2 \cdot 10^2$	Antineutron $\bar{n}$

[a] $1\,\text{MeV} = 1,6 \cdot 10^{-13}\,\text{J}$, s. Abschn. 3.2

den nur durch die positive elektrische Ladung beeinflußt. Das naive Bild von harten Kügelchen ist nicht zulässig. Photonen „merken" weder etwas von der starken noch von der schwachen Wechselwirkung.

Die in Tabelle 2.4 aufgeführten elektrisch geladenen Teilchen tragen die gleiche Ladungsmenge, die als Elementarladung e bezeichnet wird und die Größe hat $e = 1,6021892 \cdot 10^{-19}$ A · s. Jede elektrische Ladung auf einem Körper kann nur ein ganzzahliges Vielfaches dieser Elementarladung betragen: Die Ladung ist „gequantelt"!

Eine weitere gequantelte Größe ist der Eigendrehimpuls (Spin) der Teilchen. Er beschreibt die Drehung des Elementarteilchens um seine Symmetrieachse (klassisches Beispiel: Drehung der Erde um die Nord-Süd-Achse). Das Drehimpulsquant wird durch das Symbol $\hbar$ bezeichnet, wobei gilt

$$\hbar = \frac{h}{2\pi} = 1,0545887 \cdot 10^{-34} \text{ J} \cdot \text{s}$$

(Planck-Konstante $h = 6,626176 \cdot 10^{-34}$ J·s). Die Ganz- bzw. Halbzahligkeit der Spins wirkt sich auf das Verhalten der Teilchen stark aus, wie in späteren Kapiteln näher ausgeführt wird.

Die Ruhenergie ist mit der Masse des jeweiligen Teilchens verknüpft, siehe dazu Abschn. 3.4. Wieso die Teilchen gerade die in Tabelle 2.4 aufgeführten Ruhenergien bzw. Massen besitzen, ist eine bis heute ungeklärte Frage; es gibt nur noch wenige Teilchen mit zwischenliegenden Massen, die in der Tabelle nicht aufgeführt sind.

Für den Aufbau der materiellen Körper kommen nur die stabilen Teilchen in Frage. Eine wichtige Ausnahme bildet das Neutron, das außerhalb des Kerns in ein Proton, ein Elektron und ein Antineutrino zerfällt, aber stabil sein kann, wenn es im Kern gebunden ist. Die Besonderheit des β-Zerfalls, bei dem sich im Kern ein Neutron in ein Proton (oder umgekehrt) verwandelt, wird später besprochen.

Zu jedem Elementarteilchen (außer dem Photon) gibt es ein sog. „Antiteilchen", das gleiche Werte für Masse, Spin und Lebensdauer, aber das umgekehrte Ladungsvorzeichen hat. In unserem Zusammenhang wichtig ist das Positron (e^+), ein positiv geladenes Elektron, das bei der Umwandlung eines Protons in ein Neutron im Kern entstehen kann (β^+-Zerfall). Teilchen und Antiteilchen vernichten sich beim Zusammentreffen, wobei elektromagnetische Strahlung frei wird (s. Abschn. 6.5.3), z. B.

$$e^+ + e^- \rightarrow \text{Photonen}$$

(das Gleiche gilt auch für $p+\bar{p}$, $n+\bar{n}$ und alle weiteren Teilchen-Antiteilchen-Paare).

Es ist wichtig, auf die Teilchenzahl-Erhaltungssätze hinzuweisen, die für Teilchen mit Spin $\frac{1}{2}$ gelten. Sie besagen, daß die Differenz zwischen der Zahl der Teilchen und der Zahl der Antiteilchen konstant bleibt. Als

Konsequenz der Teilchenzahlerhaltung kann die Ruhenergie von Elektronen, Protonen und Neutronen nicht in andere Energieformen umgewandelt werden. Außerdem muß beim β-Zerfall, z. B. beim Zerfall eines Neutrons in ein Proton, neben dem Elektron ein Antilepton (hier: Antineutrino $\bar{\nu}_e$) entstehen, um den Erhaltungssatz für die Leptonenzahl zu erfüllen (dabei werden die Antiteilchen als negative Teilchen gezählt):

$$n \to p + e^- + \bar{\nu}_e \ .$$

Die Elementarteilchen verhalten sich grundsätzlich ganz anders als kleine Materieklümpchen. Die Bezeichnung „Teilchen" ist daher eigentlich nicht gerechtfertigt, hat sich aber trotzdem durchgesetzt. Denn alle Elementarteilchen zeigen sowohl Teilchen- als auch Welleneigenschaften (z. B. Beugung und Interferenz). Dieser „Dualismus" ist der Vorstellung nicht leicht zugänglich, da es in der Makrowelt nicht vorkommt, daß ein System sowohl Welle als auch Teilchen ist. Insofern sind die Elementarteilchen unanschauliche Objekte.

Als Beispiel für diesen Dualismus betrachten wir ein Photon. Seine Energie E (als Teilcheneigenschaft) ist mit der Frequenz f der elektromagnetischen Welle (als Welleneigenschaft) durch die Beziehung

$$E = h \cdot f$$

verknüpft. Das Photon zeigt beim Übergang von einem Energiezustand des atomaren Systems in einen energetisch niedriger liegenden Zustand Teilchencharakter (s. Kap. 4). Die Ausbreitung der Strahlung im Raum erfolgt gemäß den für Wellen zuständigen physikalischen Gesetzen. Dabei ist das Quadrat der Wellenamplitude (z. B. der elektrischen Feldstärke), also die Wellenintensität, proportional zur Wahrscheinlichkeit, ein Photon an einem Ort im Raum anzutreffen. Die Absorption geht wieder teilchenhaft vor sich: Das Photon verschwindet, ein (anderes) atomares System wird mit der Photonenenergie angeregt.

Auch die anderen Teilchen „benehmen" sich sowohl als Teilchen als auch als Wellen („Materiewellen"), wie z. B. durch Beugungserscheinungen an Elektronenstrahlen nachgewiesen wurde (C. Davisson und L. Germer 1927). Der Impuls des Teilchens (definiert als Masse mal Geschwindigkeit) ist mit der Wellenlänge (räumlicher Abstand zweier Wellenberge) der Materiewelle verknüpft durch die Beziehung (Louis de Broglie, 1892–1987)

$$mv = \frac{h}{\lambda} \ .$$

Wenn die Wellenlänge gleich oder größer ist als die Dimensionen des vom Teilchen getroffenen Objekts, werden die Wellenphänomene deutlich; bei kürzerer Wellenlänge treten die Teilchenaspekte hervor.

Die Phänomene der Radioaktivität lassen sich weitgehend mit dem Teilchenaspekt allein verstehen, allerdings kann z. B. nicht auf einfache Weise erklärt werden, warum ein Übergang von einem Zustand eines atomaren Systems in einen anderen, energetisch günstigeren Zustand nicht sofort, sondern erst nach einer gewissen Zeit vor sich geht (s. Kap. 5).

In neuester Zeit hat sich herausgestellt, daß die Nukleonen eigentlich keine Elementarteilchen sind, sondern ihrerseits aus kleineren Einheiten („Quarks") bestehen. Diese Substruktur spielt aber für die hier betrachteten Erscheinungen der Radioaktivität keine Rolle und soll daher nicht weiter vertieft werden.

2.4 Strahlung

Das Thema der vorliegenden Schrift ist die Radioaktivität, also die Kernumwandlung, die unter Aussendung von Strahlung vor sich geht. Dabei unterscheidet man α-Strahlung (Emission eines ^{4}He-Kerns), β^--Strahlung (Emission eines Elektrons und eines Antineutrinos), β^+-Strahlung (Emission eines Positrons und eines Neutrinos) oder – in Konkurrenz dazu – Elektroneneinfang (EC = electron capture), wobei nur ein Neutrino emittiert wird, γ-Strahlung (Emission von energiereichen Photonen) und Kernspaltung. Diese Zerfallsarten und ihre Charakteristika werden in Kap. 4 ausführlich diskutiert. Die zur Strahlung führenden Prozesse werden durch die verschiedenen Kernwechselwirkungen ausgelöst. Jede Strahlenart hat ihr eigenes Absorptionsverhalten (s. Kap. 6). Daraus ergibt sich die bunte Vielfalt der Erscheinungen, die zusammen das Gebiet der Radioaktivität ausmachen.

Voraussetzung für Strahlungsemission ist, daß ein atomares oder nukleares System von einem energiereicheren Anfangszustand in einen energieärmeren Zustand übergeht. Die freiwerdende Energie wird durch Teilchen oder Photonen wegtransportiert und kann bei Auftreffen auf Materie wieder abgegeben werden. Der Energietransport von der Quelle zu einem Absorber und die Deposition der Energie in diesem Absorber sind die wesentlichen Größen für das Verständnis von Strahlungsmessung, Abschirmung und biologischer Wirkung. In einem Strahlungsnachweissystem (Detektor) wird die aufgenommene Energie in ein elektrisches Signal umgesetzt, verstärkt und von einem Meßgerät registriert. Zur Abschirmung der Strahlung muß die Energie vollständig deponiert werden. Sie kann, besonders bei hohen Strahlungsflüssen, zur Erwärmung des absorbierenden Materials führen, was bei der Lagerung hoch radioaktiver Reaktorabfälle (Spaltprodukte) beachtet werden muß. Bei Eindringen in ein biologisches Gewebe sind Strahlenschäden die Folge.

Die Tatsache, daß wir es bei den Kernstrahlungen mit nicht direkt mit den Sinnen wahrnehmbaren Phänomenen zu tun haben, für deren Nachweis wir auf Geräte angewiesen sind, ist einer der Gründe für das unangenehme Gefühl, von dem in Kap. 1 die Rede war. An die Lichtstrahlung haben wir uns so sehr gewöhnt, daß wir sogar die Risiken von Sonnenbrand und evtl. Hautkrebs in Kauf nehmen. Andererseits kann sehr intensive Lichtstrahlung, z. B. aus Lasern, zu therapeutischen Maßnahmen, etwa bei Behandlung von Netzhautablösungen, ausgenutzt werden. Auch die Kernstrahlung bietet neben der krankheitserregenden Wirkung (Genmutationen, Krebserzeugung, Strahlenkrankheit) therapeutischen Einsatzmöglichkeiten (Diagnose, Tumorbekämpfung).

Bei allen Strahlungsvorgängen ist zwischen den Eigenschaften der Quelle, der Übertragung durch den Raum und den Wirkungen auf den absorbierenden Empfänger zu unterscheiden.

Aus didaktischen Gründen betrachten wir als einführendes Beispiel die elektromagnetische Strahlung, die uns später in Form der γ-Strahlung begegnen wird. Elektromagnetische Strahlung entsteht bei Atom- und Kernübergängen, aber auch wenn geladene Teilchen beschleunigt oder verzögert werden, wie z. B. in einem Radiosender, bei dem Elektronen in der Sendeantenne zu Schwingungen angeregt werden. Diese Bewegung ist beschleunigt, weil die Elektronen in der Antenne hin und her pendeln und in schneller Folge ihre Geschwindigkeit ändern. Ebenso strahlt ein in Materie abgebremstes, schnelles Elektron („Bremsstrahlung", s. Abschn. 6.3.2), wie z. B. in der Röntgenröhre.

An dieser Stelle sollen einige grundlegende Begriffe erläutert und am Beispiel der Lichtstrahlung, die uns durch unseren Sehsinn vertraut ist, näher ausgeführt werden. Sichtbares Licht läßt sich als eine elektromagnetische Korpuskel- (Photonen-) oder Wellenstrahlung beschreiben. Jedoch gibt es auch einen weiten Bereich elektromagnetischer Strahlung, der nicht sichtbar ist.

Die Lichtquelle sei ein leuchtender Festkörper (z. B. Glühdraht) oder ein leuchtendes Gas (Leuchtstofflampe). Wird nur eine Frequenz ausgestrahlt, so nennt man die Quelle monochromatisch. Die Frequenz bestimmt für unser Auge die Farbe des Lichts. Das Auge kann Frequenzen der elektromagnetischen Strahlung zwischen etwa $4,3 \cdot 10^{14}$ Hz und $7,5 \cdot 10^{14}$ Hz wahrnehmen, außerhalb dieses Frequenzbereiches ist es unempfindlich.

Die Ausbreitung des Lichts wird als elektromagnetische Welle beschrieben, wobei das elektrische und das magnetische Feld in Raum und Zeit schwingen. Beide Felder stehen senkrecht aufeinander und auf der Ausbreitungsrichtung. Die Lichtintensität ist proportional zum Quadrat der Amplitude der Feldstärke, sie bestimmt die Helligkeit. Das Auge ist – abhängig von der Frequenz – über viele Zehnerpotenzen der Intensität sensitiv. Unterhalb dieses Bereiches bemerken wir gar nichts, oberhalb wird Schmerz empfunden und das Auge geschädigt.

Ein Charakteristikum der sich ausbreitenden Welle ist die Wellenlänge, d. h. der räumliche Abstand von einem Wellenberg zum nächsten. Lichtstrahlung benötigt für den Transport durch den Raum kein Medium (wie z. B. der Schall), sie breitet sich auch im Vakuum aus, sonst könnten wir die Sterne nicht sehen. Im Vakuum hängen die Frequenz f, die Wellenlänge λ_0 und die Ausbreitungsgeschwindigkeit c_0 des Lichts zusammen durch die Beziehung

$$\lambda_0 f = c_0 \quad .$$

Die Lichtgeschwindigkeit im Vakuum hat die Größe

$$c_0 = 2,99792458 \cdot 10^8 \, \text{m/s} \quad .$$

In einem materiellen Medium mit der Brechzahl n pflanzt sich das Licht mit einer anderen Geschwindigkeit fort:

$$c = \frac{c_0}{n} \, , \quad \lambda = \frac{c}{f} \quad .$$

Im Vakuum ist $n = 1$, für Luft $n = 1,0003$, für Wasser $n = 1,333$, für Glas ist $n = 1,4$ bis $1,7$, je nach Zusammensetzung.

Die Frequenz ist eine Eigenschaft der Quelle, die Wellenlänge stellt sich entsprechend der Brechzahl der durchstrahlten Materie gemäß $\lambda = c/f$ ein.

Die Wellenlänge λ_0 von rotem Licht beträgt etwa 700 nm, bei grünem Licht ist $\lambda_0 \approx 500$ nm und bei violettem Licht $\lambda_0 \approx 400$ nm. Elektromagnetische Strahlung mit $\lambda_0 > 700$ nm und $\lambda_0 < 400$ nm können wir mit unseren Augen nicht wahrnehmen, jedoch haben die Physiker Meßgeräte ersonnen, die auch außerhalb dieser Grenzen empfindlich sind und quantitative Aussagen erlauben.

In Abb. 2.3 ist das Frequenzspektrum der elektromagnetischen Strahlung dargestellt (logarithmischer Maßstab). Die Bedeutung der Skala „Photonenenergie in eV" wird in Abschn. 3.1.2 erläutert.

Ausgehend vom sichtbaren Bereich zu kleineren Frequenzen, also größeren Wellenlängen hin, schließt sich die Infrarotstrahlung an, die in den Bereich der Wärmestrahlung übergeht. Dann kommt der Bereich der Mikro- und Radiowellen mit Ultrakurz-, Kurz-, Mittel- und Langwellen. Die Wellenlängen im letzteren Bereich haben schon makroskopische Dimensionen (mm bis km). Wellen mit entsprechenden Frequenzen (300 GHz bis 300 kHz) lassen sich mit Sendern bei großer Strahlungsleistung technisch erzeugen. Abgesehen von einer mehr oder weniger diffusen Wärmeempfindung bei der Absorption der Wärmestrahlung (von Öfen, Sonne, Kurzwelle) hat der Mensch hierfür keine guten Sinnesorgane. Gar keine Wahrnehmungsfähigkeit haben wir für den ultravioletten und die zu höheren Frequenzen anschließenden Bereiche der Röntgen- und Kern-γ-Strahlung.

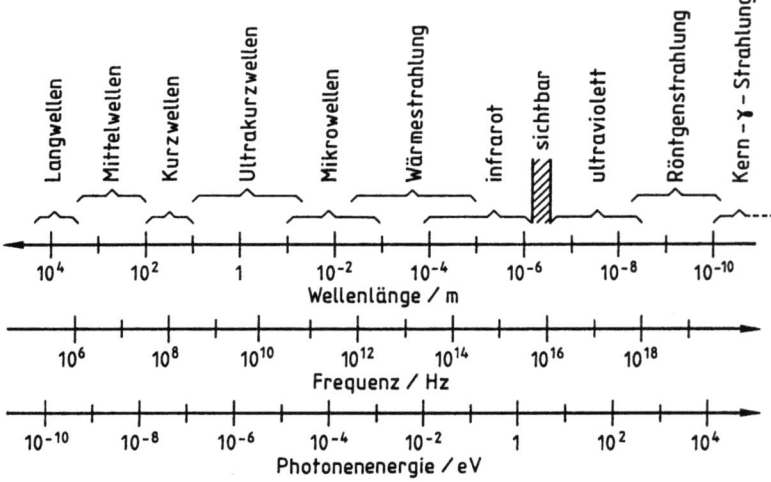

Abb. 2.3. Frequenzspektrum der elektromagnetischen Strahlung

Meist senden die Strahlungsquellen ein Frequenzgemisch mit verschiedenen Intensitäten („Spektrum") aus. Es kann sich um ein diskretes Spektrum handeln, wie bei manchen leuchtenden Gasen, in dem nur einzelne Frequenzen enthalten sind (Spektrallinien), oder um ein kontinuierliches Spektrum, wie bei leuchtenden Festkörpern (Glühlampe) oder bei der Sonne (Temperaturstrahlung).

In Bezug auf die räumliche Struktur der Quellen unterscheidet man Punktquellen (dies ist eine einfach zu behandelnde Idealisierung) und ausgedehnte Quellen (Flächen- oder Volumenquellen). Hier wollen wir uns auf die Punktquellen beschränken. Eine solche Quelle sendet die Strahlung gleichmäßig in alle Raumrichtungen („isotrop") aus. Eine die Quelle zentrisch umgebende Kugelschale vom Radius r und mit der Oberfläche $4\pi r^2$ wird somit überall gleichmäßig bestrahlt. Auf ein Flächenelement ΔA der Kugelschale fällt dann die Intensität (I_0 = Strahlstärke der Quelle)

$$I(r) = I_0 \frac{\Delta A}{4\pi r^2},$$

sie nimmt also mit dem Quadrat des Abstands nach außen ab.

Die Größe $\Delta A / r^2 = \Delta\Omega$ wird als „Raumwinkelelement" bezeichnet. Anschaulich ist dies der räumliche Öffnungswinkel einer Spitztüte, deren Spitze an der Punktquelle zu denken ist und die die Fläche ΔA im Abstand r umfaßt. Der größtmögliche Raumwinkel (gesamte Kugel) hat den Wert 4π.

Wenn ein Medium die elektromagnetische Strahlung abschwächen kann („Schwächungskoeffizient" μ), kommt ein Faktor $\exp(-\mu r)$ hinzu. Allgemein gilt ein Exponentialgesetz von der Form

$$y = y_0 \cdot e^{\pm \mu x} = y_0 \cdot \exp(\pm \mu x)$$

immer dann, wenn ein Vorgang so abläuft, daß in einem kleinen Intervall Δx immer der Bruchteil Δy des Vorhandenen dazukommt (dann gilt das Pluszeichen) oder verschwindet (dann gilt das Minuszeichen). Beispiele für solche Vorgänge mit positivem Exponenten und x = Zeit sind das Wachstum von Zellkulturen und – im Idealfall kontinuierlicher Ausschüttung – das Wachstum eines Kapitals durch Zins und Zinseszins. Neben der Lichtschwächung durch eine Materieschicht ist der radioaktive Zerfall ein Beispiel für die exponentielle Abnahme (negativer Exponent) einer Größe, nämlich der Zahl der vorhandenen radioaktiven Kerne. Das Exponentialgesetz für den Zerfall wird in Abschn. 5.1 ausführlich behandelt; in Abb. 5.1 ist die (abfallende) Exponentialfunktion graphisch dargestellt.

Der Schwächungskoeffizient μ hat die physikalische Dimension 1/Länge (z. B. cm^{-1}). Dann ist μr dimensionslos, wie es für das Argument der Exponentialfunktion stets geboten ist. Der Schwächungskoeffizient hängt im allgemeinen stark von der Frequenz der Strahlung bzw. der Energie der Photonen ab.

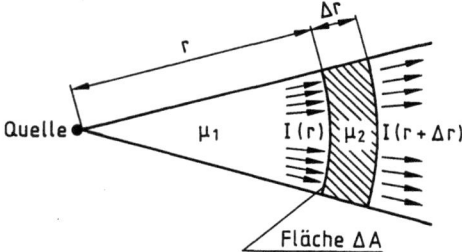

Abb. 2.4. Schnitt durch Quelle und Absorber. Raumwinkel des Absorbers: $\Delta \Omega = \Delta A / r^2$. ($\mu_1$) Schwächungskoeffizient des Materials zwischen Quelle und Absorber (z. B. Luft); (μ_2) Schwächungskoeffizient des Absorbers

Zeichnet man für die in Abb. 2.4 dargestellte Situation die Intensität als Funktion des Abstandes r von der Quelle auf, wie in Abb. 2.5 beispielhaft vorgeführt, so sieht man, daß stets ein Teil der Strahlung alle Absorber durchdringt. Nur bei sehr großen Schwächungskoeffizienten ist hinter Absorbern hinreichender Dicke nichts mehr nachweisbar. Diese Feststellung ist von besonderer Bedeutung für die Kern-γ-Strahlen, die ein großes Durchdringungsvermögen haben und nur durch sehr dicke Abschirmwände auf ein erträgliches Maß abgeschwächt werden können. Daher sind starke Quellen (Röntgenapparate, Kernreaktoren) mit dicken Blei- oder Betonabschirmungen umgeben.

Zusammenfassend läßt sich feststellen: In der Quelle finden Emissionsprozesse statt. Ihre Anzahl wird entweder durch die Zahl der Zerfälle pro

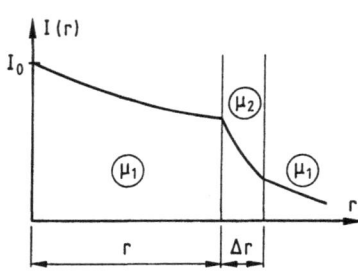

Abb. 2.5. Intensität als Funktion des Abstands r vom Absorber der Dicke Δr. Die Intensität $I(r) - I(r + \Delta r)$ wird im Absorbervolumen $\Delta A \cdot \Delta r$ absorbiert

Zeiteinheit („Aktivität" in der Einheit 1 Bq = 1 Becquerel = 1 Zerfall/s, s. Abschn. 5.1) oder durch die Intensität I_0 der ausgesandten Strahlung angegeben. Der Begriff „Intensität" ist mehrdeutig. Bei der Quellenintensität meint man entweder die Zahl der Zerfälle/s oder die Zahl der emittierten Teilchen pro Sekunde oder die pro Sekunde emittierte Energie (gemessen in Watt). Im Strahlungsfeld versteht man darunter die Zahl der die Einheitsfläche pro Sekunde durchsetzenden Teilchen, also die Teilchenstromdichte ($m^{-2}s^{-1}$), oder die Energiestromdichte (in $Jm^{-2}s^{-1}$). Die Vieldeutigkeit verlangt, daß man beim jeweiligen Auftreten des Begriffes klären muß, welche Bedeutung gemeint ist.

Eine weitere Quelleneigenschaft ist die Frequenz der Strahlung (bzw. die Form des Frequenzspektrums) oder die Energie der einzelnen Strahlteilchen.

Auf dem Weg zum Absorber kann bereits ein Anteil der Strahlung absorbiert werden. Bei elektromagnetischer Strahlung läßt sich die exponentielle Abschwächung durch den (in Luft kleinen, in Wasser oder Blei viel größeren) Schwächungskoeffizienten μ beschreiben. Er hängt von der Frequenz ab. Bei anderen Strahlungsarten gilt das Exponentialgesetz nicht mehr (s. Kap. 6).

Auf den eigentlichen Absorber (Detektor, Abschirmwand, menschlicher Körper o. ä.) fällt nur der durch den dargebotenen Raumwinkel $\Delta \Omega$ begrenzte Anteil der emittierten Gesamtstrahlung. Je größer die Entfernung r zwischen Quelle und Absorber, desto kleiner ist bei fester Fläche ΔA der Raumwinkel $\Delta \Omega$ (proportional zu r^{-2}). Steht der Absorber (s. Abb. 2.4) im doppelten (dreifachen) Abstand von der Quelle, trifft nur ein viertel (ein neuntel) der Intensität auf.

Im Absorber wird die Strahlung weiter geschwächt. Dabei wird ein Anteil der durch die Strahlung transportierten Energie auf die Materie übertragen. Die bestimmenden Größen für die Strahlenwirkung sind die pro Masseneinheit deponierte Energie (Dosis, s. Kap. 8) und die Anzahl der in einem kleinen Volumenelement (z. B. einer Gewebezelle) erzeugten Ionenpaare, also die Ionendichte entlang der Spur. Letztere ist ein Maß für die lokale Schädigung. So kann z. B. ein einzelnes in der Lunge emittiertes α-Teilchen auf seiner kurzen Spur im Gewebe mehrere Zellen abtöten, also viel Schaden anrichten, obwohl die ingesamt deponierte Dosis wegen des Bezuges auf 1 kg Gewebe winzig klein ist. Beide Größen hängen von der Strahlenart und der Frequenz der Welle bzw. von der Energie der Strahlteilchen ab. Eine eingehende Diskussion findet sich in Kap. 8.

Der nicht deponierte Anteil der Strahlungsenergie verläßt den Absorber, ohne eine Wirkung zu hinterlassen, und kann in weiteren Absorbern Wirkungen und eventuelle Schädigungen hervorrufen.

3 Erhaltungssätze

Bei in der Natur ablaufenden Prozessen bleiben bestimmte physikalische Größen in ihren Zahlenwerten (und ihrer Richtung) unverändert. Dies wird durch sogenannte „Erhaltungssätze" beschrieben, die hier für den radioaktiven Zerfallsakt selbst und für das weitere Schicksal der emittierten Strahlung von Interesse sind. Deshalb sollen die Erhaltungssätze in einer geschlossenen Form vorgestellt werden. Dabei wird auch das Konzept der Bindungsenergie erläutert.

Die in der klassischen Physik gebildeten Begriffe (Abschn. 3.1) lassen sich zum Teil ungeändert in die moderne Physik (Quantenmechanik, Relativitätstheorie) übertragen, zum anderen Teil müssen sie entweder völlig fallen gelassen oder uminterpretiert werden, um Zustände und Prozesse in einer mit der Wirklichkeit besser übereinstimmenden Weise beschreiben zu können. Dies wird in den Abschn. 3.3 und 3.4 an einigen Beispielen gezeigt. Abschnitt 3.5 ist der modellhaften Ableitung der Kernbindungsenergie gewidmet. Im letzten Abschnitt werden alle Erhaltungsgrößen unter Einbeziehung der Hauptsätze der Thermodynamik zusammengefaßt.

3.1 Erhaltung von Impuls, Drehimpuls und Energie

In der klassischen Mechanik, die von Isaac Newton (1643–1727) begründet wurde, wird die Masse als bewegungsunabhängige Eigenschaft eines Körpers angesehen. Sie sagt etwas über den Widerstand aus, den der Körper einer Bewegungsänderung entgegensetzt. Zur Änderung der Geschwindigkeit, also zur Beschleunigung, ist eine Kraft notwendig. Nach Newton gilt:

Kraft gleich Masse mal Beschleunigung

Wirkt keine Kraft, so bleibt das Produkt aus Masse und Geschwindigkeit („Impuls" $p = mv$) ungeändert.

Ähnliches gilt auch für Systeme aus mehreren Körpern, wobei sich die inneren Wechselwirkungskräfte wegen „actio = reactio" (3. Newtonsches Gesetz) gegenseitig aufheben, so daß nur die resultierende äußere Kraft eine Beschleunigung des Gesamtsystems (also des Schwerpunkts, s. Anhang A2) verursacht. Ohne die Wirkung einer äußeren Kraft bleibt der Gesamtimpuls (Summe über alle Einzelimpulse) erhalten.

Dieser „Impulserhaltungssatz" ist der erste der Erhaltungssätze, denen wir hier begegnen. Er gilt auch beim Prozeß des radioaktiven Zerfalls und führt z. B. dazu, daß der zerfallende Kern einen Rückstoß erfährt wie eine feuernde Kanone.

Analoges gilt auch für Drehbewegungen. In Tabelle 3.1 sind die physikalischen Begriffe mit den in der Physik gebräuchlichen Bezeichnungsweisen der Größen und deren physikalische Dimensionen sowie die Grundgesetze für die allgemeine Bewegung und die (eingeschränkte) Drehbewegung (Rotation um eine Achse) gegenübergestellt. Es zeigt sich, daß auch für den Gesamtdrehimpuls ein Erhaltungssatz gilt. Auch dieser hat Auswirkungen auf radioaktive Zerfälle, denn er liefert Auswahlregeln für die möglichen Zerfallswege eines Kernzustands (s. Abschn. 4.3.1). Er ist der zweite Erhaltungssatz der Mechanik und hat spürbare Auswirkungen z. B. beim Fahrradfahren (das rollende Rad kippt nicht, weil die Achsenrichtung ohne äußeres Drehmoment konstant bleibt).

Kraft, Geschwindigkeit, Beschleunigung sowie einige weitere Größen (s. u.) sind nicht allein durch einen Zahlenwert und eine physikalische Dimension gekennzeichnet, sondern besitzen auch eine Richtung im Raum. Daher werden sie mathematisch als „Vektoren" (Fettdruck, siehe Tabelle 3.1) dargestellt. Wir verzichten hier auf diese Komplikation und stellen nur fest, daß die Gleichungen sinngemäß für die drei Raumrichtungen einzeln gelten, wobei jeweils die Komponente des Vektors in der betrachteten Richtung eingeht. So hat z. B. die Geschwindigkeit die Richtung der Bewegung, also tangential zur Bahnkurve.

Im Gegensatz zu solchen vektoriellen Größen haben z. B. Masse, elektrische Ladung, auch Energie, keine Richtung, sie sind mathematisch durch „Skalare" zu beschreiben.

Eine der wichtigsten physikalischen Größen ist die Energie. Der Begriff ist geläufig aus der Umgangssprache: Ein Mensch besitzt Energie, wenn er die Fähigkeit hat, etwas Besonderes zu vollbringen oder durchzusetzen. In der Mechanik ist dieser Begriff präzisiert und die Größe Energie damit meßbar gemacht worden. Er beschreibt die Fähigkeit eines Systems, Arbeit zu verrichten. So kann das im System Talsperre gestaute Wasser eines Flusses beim Austritt unterhalb der Mauer eine Turbine antreiben. Solange das Wasser noch im Stausee ist, besitzt es „potentielle Energie", die bei Bedarf als Arbeit abrufbar ist; beim Fall erhält es eine Geschwindigkeitskomponente nach unten und damit Bewegungsenergie („kinetische Energie"). Über das Schaufelrad der Turbine wird daraus Drehenergie, aus der man schließlich mittels eines Generators elektrische Energie gewinnen kann. So lassen sich verschiedene Energieformen ineinander umwandeln.

Tabelle 3.1. Gegenüberstellung der mechanischen Begriffe für die allgemeine Bewegung und die Drehbewegung

Allgemeine Bewegung

Größe		Einheit
Ort	r	m
Geschwindigkeit	$v = \dot{r}$	$m \cdot s^{-1}$
(Betrag: $v = \left|\dfrac{dr}{dt}\right|$; Richtung: Bewegungsrichtung)		
Beschleunigung	$a = \dot{v}$	$m \cdot s^{-2}$
Masse	m	kg
Kraft	F	$kg \cdot m \cdot s^{-2}$
Impuls	$p = mv$	$kg \cdot m \cdot s^{-1}$
Grundgesetz	$F = ma = \dot{p}$	
Impulserhaltung: Wenn $F_{res} = 0$, dann $\sum_{i=1}^{N} p_i = \text{const.}$		
Arbeit = Kraft × Weg,	$W = \int_{r_0}^{r} F \cdot dr$	
($F \cdot dr = F_x dx + F_y dy + F_z dz$)		
Potentielle Energie	$E_{pot} = -\int_{r_0}^{r} F \cdot dr$	$kg \cdot m^2 \cdot s^{-2}$
Kinetische Energie	$T = \tfrac{1}{2} m v^2$	$kg \cdot m^2 \cdot s^{-2}$
Energieerhaltung:	$E_{ges} = \sum_i T_i + \sum_i E_{pot,i}$ = const.	

Die Arbeit W ist physikalisch definiert als Kraft F (in Wegrichtung) mal Verschiebungsweg (mathematisch: Skalarprodukt aus den Vektoren für Kraft und Wegstrecke). Dabei gilt die Vorzeichenkonvention: Wenn das System für mich Arbeit leistet, ist die Arbeit positiv zu zählen, wenn ich am System Arbeit verrichte, zählt die Arbeit negativ.

Arbeit, die ich an einem System gegen eine wirkende Kraft verrichte, vergrößert die potentielle Energie des Systems, indem es dieses befähigt, seinerseits später wieder Arbeit auszuführen. Es ist also die Differenz der potentiellen Energie gleich der (negativ zu zählenden) Arbeit:

$$\Delta E_{pot} = -W \quad .$$

Die potentielle Energie wird von einem beliebigen, möglichst zweckmäßig gewählten Ort aus gemessen (untere Integrationsgrenze in der Formel in Tabelle 3.1); dort wird sie null gesetzt.

Tabelle 3.1. (Fortsetzung)

Drehbewegung

Größe	Einheit
Winkel φ	rad
Winkelgeschwindigkeit ω	$\text{rad} \cdot \text{s}^{-1}$
(Betrag: $\omega = \dfrac{d\varphi}{dt}$; Richtung: Drehachse)	
Winkelbeschleunigung $a = \dot{\omega}$	$\text{rad} \cdot \text{s}^{-2}$
Trägheitsmoment $\Theta = \int r^2 dm$	$\text{kg} \cdot \text{m}^2$
(r = Abstand des Massenelements von der Drehachse)	
Drehmoment $M = r \times F$	$\text{kg} \cdot \text{m}^2 \cdot \text{s}^{-2}$
Drehimpuls $L = \Theta \omega$	$\text{kg} \cdot \text{m}^2 \cdot \text{s}^{-1}$
Grundgesetz $M = \Theta a = \dot{L}$	
Drehimpulserhaltung:	
Wenn $M_{\text{res}} = 0$, dann $\sum\limits_{i=1}^{N} L_i = \text{const.}$	
Dreharbeit $W = \int\limits_{\varphi_0}^{\varphi_1} M \, d\varphi$	
(M = Komponente in Richtung der Drehachse)	
Potentielle Energie $E_{\text{pot}} = - \int\limits_{\varphi_0}^{\varphi_1} M \, d\varphi$	$\text{kg} \cdot \text{m}^2 \cdot \text{s}^{-2}$
Kinetische Drehenergie $T_{\text{rot}} = \tfrac{1}{2} \Theta \omega^2$	$\text{kg} \cdot \text{m}^2 \cdot \text{s}^{-2}$
Energieerhaltung: $E_{\text{ges}} = T_{\text{rot}} + E_{\text{pot}}$ = const.	

In Tabelle 3.2 sind einige Beispiele aufgeführt. Hebt man etwa eine Masse m vom Erdboden ($z = 0$) auf eine Höhe h an, so muß man die Arbeit $W = -mgh$ (Vorzeichenkonvention!) verrichten, wobei sich die potentielle Energie des Systems um mgh erhöht. Läßt man die Masse wieder fallen, wird die Energie in andere Formen umgesetzt, hier beispielsweise zunächst in Bewegungsenergie, schließlich beim Aufprall auf den Boden in Verformungs- und Wärmeenergie. Die Tabelle enthält einige weitere Beispiele, die später aufgegriffen werden. Wir werden sehen, daß auch Atome und Kerne potentielle Energie in Form von Anregungsenergie besitzen können. Die Bewegungsenergie („kinetische Energie" T) hat die Größe $T = mv^2/2$ und kann durch am Körper verrichtete Arbeit verändert werden:

$$W = T_1 - T_0 = \tfrac{1}{2} m (v_1^2 - v_0^2) \quad .$$

Schreibt man die Arbeit als Differenz der Werte für die potentielle Energie

Tabelle 3.2. Kraft und potentielle Energie in ausgewählten Fällen

Kraftfeld	Form der Kraft	Potentielle Energie	$E_{pot} = 0$ für
Schwerefeld an der Erdoberfläche[a]	$F_S = -mg,\ g = \gamma_G \dfrac{m_E}{r_E^2}$	mgz	$z = 0$
Gespannte Feder	$F_{Feder} = -kx$	$\frac{1}{2}kx^2$	$x = 0$
Gravitation	$F_G = -\gamma_G \dfrac{m_1 m_2}{r^2}$	$-\gamma_G \dfrac{m_1 m_2}{r}$	$r \to \infty$
Ladungsanziehung[b]	$F_C = \gamma_C \dfrac{q_1 q_2}{r^2}$	$\gamma_C \dfrac{q_1 q_2}{r}$	$r \to \infty$

[a] m_E = Erdmasse, r_E = Erdradius
[b] Anziehung für $q_1 q_2 < 0$, Abstoßung für $q_1 q_2 > 0$.

unter Berücksichtigung der Vorzeichenkonvention (s. o.), so folgt

$$(E_{pot} + T)_0 = (E_{pot} + T)_1 \ .$$

Das bedeutet, daß sich die Summe aus potentieller und kinetischer Energie entlang der Bahn nicht verändert. Dies ist der dritte kinematische Erhaltungssatz; er gilt für die mechanische Gesamtenergie

$$E_{ges} = E_{pot} + T$$

unter der Voraussetzung, daß weder Wärme erzeugt wird (z. B. durch Reibung), noch permanente Deformierungen der beteiligten Körper oder chemische Reaktionen und Substanzmischungen auftreten. Bei Systemen aus mehreren Körpern bleibt die Summe der mechanischen Gesamtenergien aller Konstituenten erhalten.

Bei Stoßprozessen besteht die Gesamtenergie vor und nach dem Stoß nur aus den kinetischen Energien der Stoßpartner. Die aus Impuls- und Energieerhaltungssatz resultierenden Stoßgesetze sind im Anhang A2 zusammengestellt. Solche Stöße treten wie beim Billardspiel auch beim Durchgang von Strahlung durch Materie (s. Kap. 6) und bei Reaktionen zwischen Atomkernen oder Elementarteilchen auf und spielen für das Verständnis von Emissions- und Absorptionsvorgängen radioaktiver Strahlungen eine wichtige Rolle.

Wenn die oben genannten Voraussetzungen für die Erhaltung der mechanischen Energie nicht erfüllt sind, gilt ein erweiterter Energiesatz (1. Hauptsatz der Thermodynamik, s. Abschn. 3.6).

3.2 Zentralkräfte, Bindungsenergie

Zentralkräfte sind Kräfte, die zwischen zwei Körpern entlang ihrer Verbindungslinie wirken und nur vom Abstand der Körper, nicht aber von irgendwelchen Winkeln abhängen. Zwei Beispiele für solche Kräfte sind die Gravitationskraft zwischen zwei Massen m_1 und m_2 (stets anziehend; Newtonsches Graviationsgesetz)

$$F_G = -\gamma_G \frac{m_1 m_2}{r^2}$$

und die Kraft zwischen zwei elektrischen Ladungen q_1 und q_2 (anziehend für $q_1 \cdot q_2 < 0$, abstoßend für $q_1 \cdot q_2 > 0$), die erstmals von dem Franzosen C. A. Coulomb (1736–1806) quantitativ bestimmt wurde (Coulombsches Gesetz):

$$F_C = \gamma_C \frac{q_1 q_2}{r^2} \quad .$$

Beide Kräfte haben die gleiche mathematische Form und verhalten sich in mancher Weise ähnlich, siehe Tabelle 3.3. Sie sind innere Kräfte (s. o.) und werden in der Teilchenphysik auch Wechselwirkungskräfte genannt. Die im Gravitationsgesetz auftretenden „schweren Massen" sind im Bereich der klassischen Mechanik den oben eingeführten „trägen Massen" proportional, so daß eine Unterscheidung nicht notwendig ist.

Als Anwendung betrachten wir ein Beispiel aus der Himmelsmechanik, nämlich das durch die Gravitation gekoppelte, jedem aus der Anschauung bekannte System Erde-Mond (hier unter Außerachtlassung aller anderen Himmelskörper). Dieses System hat ein mikroskopisches Analogon im Wasserstoffatom, also im System Proton-Elektron, bei dem die Wechselwirkung durch die Ladungsanziehung zustandekommt. Allerdings ist die klassische Bahnvorstellung vom quantenmechanischen Standpunkt aus nicht haltbar und muß modifiziert werden.

Würde der Mond sich nicht bewegen, so würde er auf die Erde fallen. Die Bewegung verursacht jedoch eine Zentrifugalkraft F_Z, die die Gravitationskraft auf der (annähernd) kreisförmigen Mondbahn kompensiert. Es gilt (s. Abb. 3.1)

$$F_Z + F_G = 0 \quad .$$

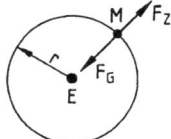

Abb. 3.1. Der Mond (M) auf seiner Bahn um die Erde (E), schematisch

Tabelle 3.3. Gegenüberstellung von Gravitationswechselwirkung zweier Massen und elektrischer Wechselwirkung zweier Ladungen

Gravitationswechselwirkung	Elektrische Wechselwirkung
Kraft zwischen zwei Massen (Newton-Gesetz) $$F_G = -\gamma_G \frac{m_1 m_2}{r^2}$$ Kraftkonstante: $\gamma_G = 6{,}673 \cdot 10^{-11}\,\text{m}^3 \cdot \text{kg}^{-1} \cdot \text{s}^{-2}$ Richtung: Stets anziehend Gravitationsfeldstärke (herrührend von m_2): $$G = \frac{1}{m_1} F_G = -\gamma_G \frac{m_2}{r^2}$$ Gravitationspotential: $$U_G(r) = \int_r^\infty G\,dr = -\gamma_G \frac{m_2}{r}$$	**Kraft zwischen zwei Ladungen (Coulomb-Gesetz)** $$F_C = \gamma_C \frac{q_1 q_2}{r^2}$$ Kraftkonstante: $\gamma_C = \frac{1}{4\pi\varepsilon_0} = 9 \cdot 10^9\,\text{V} \cdot \text{m} \cdot (\text{As})^{-1}$ Richtung: Anziehend für $q_1 q_2 < 0$, abstoßend für $q_1 q_2 > 0$ Elektrische Feldstärke (herrührend von q_2): $$E = \frac{1}{q_1} F_C = \gamma_C \frac{q_2}{r^2}$$ Elektrisches Potential: $$\phi(r) = \int_r^\infty E\,dr = \gamma_C \frac{q_2}{r}$$
Arbeit zur Bewegung von m_1 von r_0 nach r_1: $$W = m_1 \int_{r_0}^{r_1} G\,dr = -\gamma_G m_1 m_2 \left(\frac{1}{r_0} - \frac{1}{r_1}\right)$$ Potentielle Energie bei Wahl $r_0 \to \infty$: $$E_{\text{pot}}(r) = -W = -\gamma_G \frac{m_1 m_2}{r}$$	Elektrische Spannung: $U = \phi(r_2) - \phi(r_1)$ Arbeit zur Bewegung von q_1 von r_0 nach r_1: $$W = q_1 \int_{r_0}^{r_1} E\,dr = \gamma_C q_1 q_2 \left(\frac{1}{r_0} - \frac{1}{r_1}\right)$$ Potentielle Energie bei Wahl $r_0 \to \infty$: $$E_{\text{pot}}(r) = -W = \gamma_C \frac{q_1 q_2}{r}$$

Mit $F_Z = m_M v^2/r$ ergibt sich (die Mondmasse fällt heraus!)

$$v^2 = \gamma_G \frac{m_E}{r} \ .$$

Für die Gleichgewichtsbahn mit dem Radius r erhält man aus den Tabellen 3.1 und 3.3

$$T = \frac{1}{2}\gamma_G \frac{m_E m_M}{r} \quad \text{und} \quad E_{pot} = -\gamma_G \frac{m_E m_M}{r} \ .$$

In diesem Fall sind also E_{pot} und T zeitlich konstant. Die kinetische Energie (immer positiv) ist halb so groß wie die potentielle Energie, die hier negativ ist. Für die Gesamtenergie gilt

$$E_{ges} = E_{pot} + T = -T = -\frac{1}{2}\gamma_G \frac{m_E m_M}{r} \ ,$$

d. h. die Gesamtenergie ist negativ. Das bedeutet einerseits, daß Arbeit aufgewendet werden muß, um den Mond aus dem Schwerebereich der Erde von r nach ∞ zu befördern. Andererseits sind die beiden Körper mit dieser Energie aneinander gebunden („Bindungsenergie"): Wenn zwei Körper, die zunächst in unendlicher Entfernung voneinander ruhen, aufgrund ihrer gegenseitigen Wechselwirkung in einen Umlaufzustand bei einer bestimmten Entfernung r übergehen, wird die Bindungsenergie frei. Wird diese nach außen abgegeben, z. B. durch Strahlung, können die Körper sich nicht wieder unendlich weit voneinander entfernen. Ist andererseits $E_{ges} > 0$, z. B. weil einer der Körper aus dem Unendlichen kinetische Energie mitgebracht hat und keine Abstrahlung stattfindet, müssen die beiden Körper auch wieder auseinanderlaufen, möglicherweise nach dem Zusammentreffen in eine andere Richtung. Ein solcher Prozeß wird als „Streuung" bezeichnet.

Im Wasserstoffatom ist das Elektron an den Kern gebunden. Die Bindungsenergie muß aufgewendet werden, um das Elektron aus dem Atomverband herauszulösen, sie wird dann als „Ionisierungsenergie" bezeichnet.

Man kann sich leicht davon überzeugen, daß die Gravitation im atomaren Bereich von sehr untergeordneter Bedeutung ist. Vergleicht man F_G und F_C zwischen einem Proton und einem Elektron bei gleichem Abstand r, so erhält man

$$\frac{F_G}{F_C} = \frac{\gamma_G \cdot m_p \cdot m_e}{\gamma_C \cdot q_p \cdot q_e} \ .$$

Mit den Werten für γ_G und γ_C aus Tabelle 3.3, den Massen $m_p = 1,6726 \cdot 10^{-27}$ kg, $m_e = 9,10956 \cdot 10^{-31}$ kg und den Ladungen aus Tabelle 2.4 ergibt sich ein Zahlenwert $F_G/F_C \approx 5 \cdot 10^{40}$. Die Gravitation spielt also praktisch keine Rolle neben der elektrischen Wechselwirkung.

Aus der letzten Zeile der Tabelle 3.3 kann man ersehen, daß die Energie sich im elektrischen Fall als das Produkt aus Ladung und Spannung ergibt. Für die Spannung führt man die Einheit 1 V (Volt) = 1 J/A·s ein; das Produkt 1 V·A wird als 1 W (Watt) bezeichnet, also 1 W·s = 1 J. Im atomaren Bereich benutzt man oft die kleinste Ladungsmenge und führt die Energieeinheit

$$1\,\text{eV} = 1{,}602 \cdot 10^{-19}\,\text{W} \cdot \text{s} = 1{,}602 \cdot 10^{-19}\,\text{J}$$

ein. So beträgt die Ionisierungsenergie des Elektrons für den Grundzustand des Wasserstoffatoms 13,6 eV und die Energie eines Photons im sichtbaren Bereich etwa 2 bis 3 eV (s. Abb. 2.3). Wir werden dieses Energiemaß im folgenden viel benutzen.

Auch die Kernkraft (starke Wechselwirkung) ist im wesentlichen eine Zentralkraft, wenn auch mit einer sehr kurzen Reichweite (einige fm) im Vergleich zu den oben beschriebenen Gravitations- und Coulombkräften (diese haben eine unendlich große Reichweite). Auch ein Nukleon oder ein α-Teilchen im Kern besitzt eine Bindungsenergie (hier im MeV-Bereich). Das Zusammenwirken von Kern- und Coulombpotential kann dazu führen, daß ein α-Teilchen, auch wenn seine Gesamtenergie im Kern positiv ist, diesen trotzdem nicht ohne weiteres verlassen kann, sondern erst eine Potentialbarriere überwinden muß. Solche Kerne sind radioaktive α-Strahler. Die Durchdringungswahrscheinlichkeit der Potentialschwelle ist dabei nur klein (quantenmechanischer „Tunneleffekt"), so daß es lange dauern kann, bis das α-Teilchen emittiert wird (s. Kap. 5). Das Konzept der Bindungsenergie ist für das Verständnis von Kernprozessen von großer Bedeutung und wird unten weiter vertieft.

3.3 Quantenmechanische Aspekte

Die Erhaltungssätze der Mechanik für Impuls, Drehimpuls und Gesamtenergie gelten auch in der Quantenmechanik, wenn auch z. B. der Begriff der Teilchenbahn wegen der Unschärferelation seinen Sinn verliert. Neu ist, daß der Drehimpuls nur bestimmte feste Werte annehmen kann (s. Abschn. 2.2). Man sagt, der Drehimpuls ist „gequantelt". Auch die (negative) Bindungsenergie in gebundenen Systemen kann nur diskrete Werte annehmen.

In einem atomaren System sind die Spin- und Bahndrehimpulse über magnetische Wechselwirkungen gekoppelt. Sie „spüren" ihr gegenseitiges Magnetfeld und haben die Tendenz, sich antiparallel zueinander einzustellen. Zum Herausklappen aus diesem günstigsten Zustand ist eine (i. allg. geringe) Energie notwendig. Zum totalen Aufbruch der Spin-Bahn-Kopplung muß Arbeit verrichtet werden, deren Betrag als Spin-Bahn-Kopplungsenergie bezeichnet wird.

Die Drehimpulskopplungen der Elektronen im Atomverband und der Nukleonen im Atomkern spielen eine wesentliche Rolle beim Verständnis der Atom- und Kernstrukturen. So ist der Schalenabschluß in der Atomhülle (s. Abschn. 4.2.1) auf die Absättigung aller Elektronendrehimpulse zurückzuführen (Edelgas-Konfiguration). Beim Atomkern basiert das sog. „Schalenmodell" wesentlich auf der Berücksichtigung der Spin-Bahn-Kopplung der Nukleonen untereinander; es hat das Wissen um die Eigenschaften der Kernzustände wesentlich bereichert.

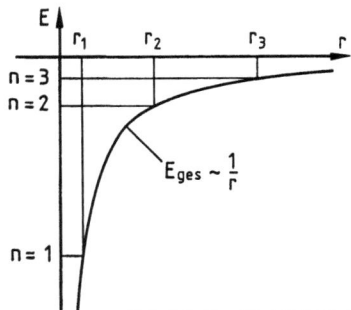

Abb. 3.2. Zur Quantelung der Energie im Wasserstoffatom

Als Beispiel für die Quantelung der Bindungsenergie betrachten wir das Bohrsche Atommodell, das im Jahr 1913 für Einelektronensysteme (Wasserstoffatom, He$^+$-Ion, Li^{++}-Ion usw.) aufgestellt wurde. Für die Gesamtenergie aufgrund der Coulomb-Wechselwirkung zwischen der Kernladung ($+Ze$) und der Elektronenladung ($-e$) ergibt sich in Analogie zum Planetenmodell (s. Abschn. 3.2):

$$E_{\text{ges}} = -\frac{1}{2}\gamma_C \frac{Ze^2}{r} \quad .$$

Diese Größe ist gequantelt gemäß (hier ohne Herleitung)

$$(E_{\text{ges}})_n = -\frac{RZ^2}{n^2}$$

mit $n = 1, 2, 2\ldots$ („Hauptquantenzahl", s. Kap. 4) und

$R = 13,6\,\text{eV}$

(„Rydberg-Konstante", s. Tabelle 3.4).

Für das Wasserstoffatom ist $Z = 1$, für das He$^+$-Ion ist $Z = 2$, für Li^{++} ist $Z = 3$ usw. Diese Quantenbedingung für die Bindungsenergie, ebenso wie die Quantisierung des Drehimpulses, ist aus der klassischen Physik nicht ableitbar und kann durch eine anschauliche Argumentation nicht begründet

Tabelle 3.4. Atomare Konstanten

Physikalische Größe	Zahlenwert und Einheit
Planck-Konstante	$h = 4{,}1357013 \cdot 10^{-21}$ MeV·s $hc = 1240$ eV·nm $= 1240$ MeV·fm $\hbar c = 197{,}33$ eV·nm $= 197{,}33$ MeV·fm
Feinstrukturkonstante	$\alpha = \dfrac{e^2}{4\pi\varepsilon_0 \hbar c} = \dfrac{1}{137}$ (dimensionslos)
Elektrische Kraftkonstante	$\gamma_C e^2 = \dfrac{e^2}{4\pi\varepsilon_0} = \alpha \hbar c = 1{,}44$ MeV·fm
Klassischer Elektronenradius	$r_e = \dfrac{e^2}{4\pi\varepsilon_0 m_e c^2} = 2{,}8179$ fm
Compton-Wellenlänge des Elektrons	$\lambda_C = r_e/\alpha = 386{,}16$ fm
Bohrscher Wasserstoffradius	$r_B = r_e/\alpha^2 = 52{,}917$ pm
Rydberg-Energie	$R = \tfrac{1}{2} m_e c^2 \alpha^2 = 13{,}605804$ eV
Für Photonen gilt	$E \cdot \lambda = hc = 1240$ eV·nm
Atomare Masseneinheit ($= 1/12$ Masse des ^{12}C-Atoms)	$u = \dfrac{1\,g}{N_A} = 931{,}441$ MeV/c^2

werden. Das gleiche gilt für zahlreiche andere Konsequenzen der Quantentheorie; an solche „unanschaulichen" Resultate dieser Theorie, die dennoch die beobachteten Phänomene richtig beschreibt, muß man sich gewöhnen.

Wie in Abb. 3.2 gezeigt, entsprechen den einzelnen Energiestufen bestimmte Radien, die sich aus dem Vergleich der beiden Ausdrücke für E_{ges} ergeben:

$$r_n = \frac{\gamma_C e^2}{2R} \frac{n^2}{Z} = r_B \frac{n^2}{Z}$$

(r_B = „Bohrscher Wasserstoffradius" = 0,053 nm). Im Lichte der Quantentheorie dürfen diese Werte aber nicht als feste Radien der (nicht existenten) Elektronenbahnen interpretiert werden, sie geben vielmehr die Maxima der Wahrscheinlichkeitsfunktionen für das Auffinden eines Elektrons im Abstand r vom Kern an.

Der Zustand mit $n = 1$ ist der Grundzustand des Einelektronensystems, die Zustände mit $n = 2, 3 \ldots$ sind „angeregte Zustände". Wegen der Drehimpulskopplungen spalten diese Zustände in Subzustände auf (s. Abschn. 4.2.1). Für Atome mit mehr als einem Elektron liegen die Verhältnisse komplizierter.

In Tabelle 3.4 sind einige wichtige atomare Konstanten mit ihren Zahlenwerten zusammengestellt. Ähnlich wie die Elektronenhülle besitzen auch die Atomkerne einen Grundzustand und diskrete Anregungszustände, allerdings läßt sich die energetische Lage dieser Zustände nicht auf einfache Weise berechnen. Das Problem der Kernbindungsenergien wird in Abschn. 3.5 nach der Behandlung des Zusammenhanges zwischen Energie und Masse (Abschn. 3.4) aufgegriffen.

3.4 Relativistische Aspekte

Während die Masse im Rahmen der Newtonschen Physik als Körpereigenschaft und als unabhängig von der Bewegung des Körpers angesehen wird, hat sich als Konsequenz der speziellen Relativitätstheorie (Einstein 1905) ergeben, daß die träge Masse von der Geschwindigkeit abhängt. Sie wächst mit der Geschwindigkeit an und wird bei Annäherung an die Lichtgeschwindigkeit c unendlich groß (s. Abb. 3.3). Dies hat zur Folge, daß ein materieller Körper die Lichtgeschwindigkeit nicht erreichen oder übersteigen kann.

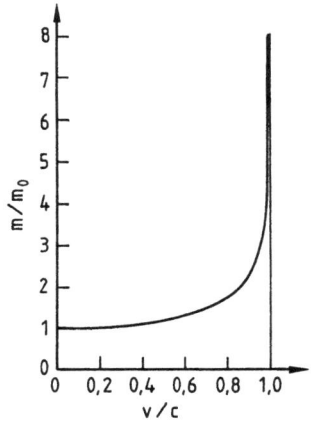

Abb. 3.3. Abhängigkeit der Masse m von der Geschwindigkeit

Andererseits wird damit der intuitiv gebildete Begriff der Masse in Frage gestellt. Denn die Anzahl der im Körper enthaltenen Atome ändert sich bei der Bewegung nicht. Wieso sollte er also schwerer werden?

Es muß jedoch bedacht werden, daß eine Wägung stets in einem als ruhend betrachteten System vorgenommen wird, das Gewicht also etwas über die Ruhmasse m_0 (bei $v = 0$) aussagt. Weiter ist zu hinterfragen, was unter Geschwindigkeit zu verstehen ist. Diese Größe läßt sich nur von einem als fest angesehenen Bezugssystem aus als „Relativgeschwindigkeit" messen. Eine absolute Geschwindigkeit gibt es nicht. Denkt man sich in das System versetzt, in dem der Körper mit der Masse m_1 ruht, dann hat der Körper m_2 in Bezug auf dieses System die Relativgeschwindigkeit v; denkt man sich fest mit m_2 verbunden, bewegt sich m_1 mit der entgegengesetzt gleichen Geschwindigkeit relativ zu m_2. Nach der Relativitätstheorie erscheint aus jedem System die Masse des relativ dazu bewegten Körpers vergrößert, ein Resultat, an das man sich gewöhnen muß. Genau wie die Quantenphysik enthält also auch die Relativitätstheorie Elemente der Unanschaulichkeit: Die träge Masse hängt vom Bezugssystem ab. (Ähnliches gilt auch für die Längen von Maßstäben und für die Dauer von Zeitintervallen).

Die bewegte Masse erweist sich somit als eine Größe in den Gleichungen, der keine direkt anschauliche Bedeutung mehr zukommt. Nur die Ruhmasse behält den ursprünglichen Begriffsinhalt, sie erweist sich als invariant, wenn man in ein anderes Bezugssystem übergeht. Auch die Newtonschen Gleichungen müssen im Licht der Relativitätstheorie neu interpretiert werden. Jedoch bleibt die klassische Physik für $v \ll c$ weiterhin gültig.

Als wichtigstes Resultat der Einsteinschen Relativitätstheorie zitieren wir hier (ohne Herleitung) die berühmte Formel

$$E = mc^2 \quad ,$$

die die relativistische Energie E mit der bewegten Masse verknüpft. Die Größe E wird unten interpretiert; sie kann geschrieben werden als die Summe aus der Ruhenergie $m_0 c^2$ und der (relativistischen) kinetischen Energie T_{rel}, die sich von der klassischen kinetischen Energie $T = mv^2/2$ formal unterscheidet (s. Anhang A1), also

$$E = m_0 c^2 + T_{\text{rel}} \quad .$$

Der Begriff der Ruhenergie ist uns bei den Elementarteilchen bereits begegnet. Bei aus mehreren Elementarteilchen zusammengesetzten Objekten muß die Begriffsbildung jedoch erweitert werden:

Nach der Relativitätstheorie gilt ein Erhaltungssatz für die Größe E, nicht mehr für die Gesamtenergie E_{ges} wie in der Newtonschen Mechanik. Dort war

$$E_{\text{ges}} = E_{\text{pot}} + T \quad .$$

Also enthält $m_0 c^2$ auch die potentielle Energie, die nicht von der Geschwindigkeit abhängt (s. o.) und der dann ebenfalls eine Masse äquivalent ist. Ein auf die Höhe h angehobener Stein hat demnach eine größere Masse als auf der Erdoberfläche:

$$(m_0 c^2)_h = (m_0 c^2)_{h=0} + m_0 g h = (m_0 c^2)_{h=0} \left(1 + \frac{gh}{c^2}\right) \quad .$$

Wird die Masse wieder abgesenkt, wird Energie frei und m_0 nimmt ab.

Ein um die Energie E^* angeregtes Atom hat die Ruhmasse

$$(m_0)_{\text{anger.}} = (m_0)_{\text{Grundzustand}} + \frac{E^*}{c^2} \quad .$$

Andererseits hat ein Wasserstoffatom im gebundenen Zustand eine geringere Masse als die Summe der Ruhmassen von Proton und Elektron, da – wie wir gesehen haben – die Bindungsenergie negativ ist. Diese Feststellung ist besondes wichtig im Falle der Atomkerne, die wegen der starken Kernkräfte eine große Bindungsenergie und damit eine merklich kleinere Masse haben als die einzelnen Konstituenten zusammen.

Die Größe E kann also interpretiert werden als die Summe aus kinetischer und Ruhenergie, wobei letztere die potentielle Energie einschließt. Im Gegensatz zu E_{ges} im klassischen Fall ist in E die Ruhenergie der Elementarteilchen (und die eventuelle Bindungsenergie bei zusammengesetzten Systemen) eingeschlossen.

Einen Bindungsenergieunterschied zwischen zwei Systemen gleicher Teilchenzahlen kann man technisch nutzbar machen. So ist die Masse des gebundenen Kohlendioxid-Moleküls etwas kleiner als die Summe der Massen eines C-Atoms und eines O_2-Moleküls, die Bindungsenergie beträgt etwa 3 eV pro CO_2-Molekül. Bei der Spaltung eines ^{235}U-Kerns in zwei etwa gleich große Bruchstücke werden etwa 200 MeV an Bindungsenergie frei, ein ungeheuer viel größerer Betrag (s. Kap. 9). Aus 1 g ^{235}U entsteht im Reaktor ebensoviel Energie wie bei der Verbrennung von 3 t Kohle. Da die Kohleverbrennung ein chemischer Prozeß ist, bei dem nur die Elektronenhülle beteiligt ist, ist die dabei freigesetzte Energie „Atomenergie", während bei Uranreaktoren „Kernenergie" frei wird. Es sollte Wert auf eine exakte und sachgerechte Sprachregelung gelegt werden.

Bei dem Betrieb von Kernkraftwerken handelt es sich um die Verwandlung von Kernbindungsenergie in andere Energieformen, hier z. B. in Wärme. Es sei noch einmal darauf hingewiesen, daß wegen der Teilchenzahlerhaltungssätze die Ruhenergien der einzelnen Elementarteilchen selbst nicht für Umwandlungen zur Disposition stehen.

Die Relativitätstheorie mit dem hier aufgezeigten Zusammenhang zwischen Masse und Energie hat sich als vollständig mit der Natur in Einklang herausgestellt. Bisher sind keine Abweichungen zwischen Theorie und Experiment aufgetreten.

3.5 Kernbindungsenergie

Die Masse eines Nuklids ist wegen der Bindung der Nukleonen aneinander stets kleiner als die Summe der Massen der enthaltenen Protonen, Neutronen und Elektronen. Dieser Massendifferenz

$$\Delta M = Z \cdot m_H + (A - Z) \cdot m_n - {}^A_Z M$$

(m_H und m_n sind die Ruhmassen von Wasserstoffatom bzw. Neutron) entspricht gemäß der Einsteinschen Beziehung für die Äquivalenz von Energie und Masse eine Energiedifferenz

$$\Delta E = \Delta M \cdot c^2 \quad .$$

Dieser Energiebetrag ist gleich der gesamten Bindungsenergie B des Nuklids, die frei wird, wenn sich die einzelnen Wasserstoffatome und Neutronen zum Atom (A, Z) zusammenfügen. (Der Bindungsenergieunterschied der Elektronen trägt so wenig bei, daß er hier außer acht bleiben kann). Für die Bindungsenergie B hat C. F. v. Weizsäcker (*1912) eine halbempirische Formel auf der Basis des sogenannten Tröpfchenmodells aufgestellt. Zugrunde liegt die Vorstellung, daß sich die Nukleonen im Kern wie die Moleküle in einem Wassertropfen (Radius r) verhalten.

Tabelle 3.5. Terme der Kernbindungsenergie nach dem Tröpfchenmodell [A = Nukleonenzahl, Z = Protonenzahl, N = Neutronenzahl, r = Kernradius; (g) Z bzw. N gerade Zahl; (u) Z bzw. N ungerade Zahl]

Bezeichnung	Bedeutung des Terms	Beitrag (MeV)	Bemerkungen
B_0	Volumenenergie	$-15{,}85 \cdot A$	Kernvolumen prop. r^3, r^3 prop. A
B_1	Oberflächenenergie	$18{,}34 \cdot A^{2/3}$	Oberfläche des Tropfens prop. r^2, also prop. $A^{2/3}$
B_2	Coulombenergie der Protonen	$0{,}72 \cdot Z^2/A^{1/3}$	Z Ladungen stoßen sich ab
B_3	Asymmetrieenergie	$23{,}22 \cdot (A-2Z)^2/A$	prop. Neutronenüberschuß $(N-Z)^2$
B_4	Paarungsenergie	$33{,}5 \cdot A^{-1} \cdot \delta$	Paarweise Absättigung der Spins; $\delta = -1$ für gg-Kerne $\delta = 0$ für ug- und gu-Kerne $\delta = +1$ für uu-Kerne

Der Hauptbeitrag zur Bindungsenergie (B_0, siehe Tabelle 3.5) rührt von der starken Wechselwirkung zwischen den Nukleonen her und ist dem Volumen des Kugeltröpfchens proportional, das seinerseits proportional zur Nukleonenzahl A ist. Es gilt somit eine Proportionalität zwischen B_0 und A und auch zwischen r^3 und A, also $r = r_0 A^{1/3}$, mit dem experimentellen Wert $r_0 = 1{,}2 \cdot 10^{-15}$ m.

Die Nukleonen an der Oberfläche sind weniger stark gebunden (Term B_1), da sie weniger Nachbarn haben. Ferner stoßen sich die gleichgeladenen Protonen wegen der Coulombkraft ab, was die (negative) Bindungsenergie verkleinert (Term B_2). Außerdem wird der mit zunehmendem A größer werdende Neutronenüberschuß $N - Z = A - 2Z$ berücksichtigt (Term B_3). Schließlich muß der Drehimpulskopplung pauschal Rechnung getragen werden, die bewirkt, daß die Protonen und auch die Neutronen im Kern ihre Spins bevorzugt paarweise durch Antiparallelstellung kompensieren („Paarungsenergie", Term B_4); das zeigt sich beispielsweise in dem Tatbestand, daß Kerne mit geradzahligen Z und N (gg-Kerne) im Grundzustand den Gesamtdrehimpuls null haben und daß die Zahl der stabilen gg-Nuklide in der Natur wesentlich größer ist als die der Nuklide mit ungeradem Z oder N (ug- bzw. gu-Kerne) oder gar der uu-Nuklide, von denen nur vier existieren (^{2}H, ^{6}Li, ^{10}B, ^{14}N).

Die Beiträge der einzelnen Anteile zur gesamten Bindungsenergie sind in Tabelle 3.5 zusammengestellt, wobei die angegebenen Zahlenwerte aus einer Anpassung an experimentelle Massendaten stammen. In Abb. 3.4 ist die mittlere Bindungsenergie (außer der Paarungsenergie) pro Nukleon, also $B/A = (B_0 + B_1 + B_2 + B_3)/A$, als Funktion der Nukleonenzahl A aufgetragen, die Beiträge der einzelnen Terme sind ersichtlich. Man sieht die zufriedenstellende Anpassung an die (nur vereinzelt eingezeichneten) Meßpunkte für gu- bzw. ug-Kerne. Der Kurve ist zu entnehmen, daß z. B. für $A \approx 200$ die Gesamtbindungsenergie $A \cdot (-8\,\text{MeV})$, also $-1600\,\text{MeV}$, beträgt; sie ist milliardenmal größer als die Bindungsenergie des Wasserstoffatoms ($-13,6\,\text{eV}$). Ferner zeigt sich ein Minimum der Größe B/A bei etwa $A = 60$ (Eisen, Nickel). Schwere Kerne können durch Spaltung, sehr leichte durch Verschmelzung („Fusion") Bindungsenergie freisetzen (s. Kap. 9).

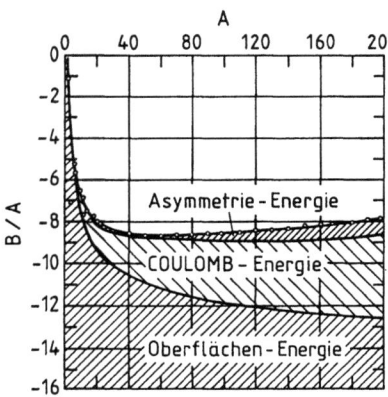

Abb. 3.4. Darstellung der Terme der Weizsäcker-Formel in der Form B/A als Funktion der Nukleonzahl A. Der Paarungsenergieterm ist nicht berücksichtigt. Meßpunkte sind vereinzelt eingezeichnet

Wenn man allerdings genauer hinschaut, zeigen sich Abweichungen von dieser pauschalen Theorie, die durch die individuellen Drehimpulskopplungen bedingt sind. Ganz ähnlich wie die Elektronen in der Hülle zeigen die Nukleonen im Kern eine Art Zwiebelschalen-Struktur. Abgeschlossene Schalen erhält man, wenn die Neutronenzahl N oder die Protonenzahl Z

einen der Werte 2, 8, 20, 28, 50, 82, 126 annimmt; diese Kerne sind fester gebunden als ihre Nachbarn und haben also etwas geringere Ruhmassen, als das Tröpfchenmodell vorhersagt. Die angegebenen Zahlen werden in der Kernphysik als „magische Zahlen" bezeichnet. Die magischen Kerne zeichnen sich darüber hinaus durch weitere Anomalien aus: So gibt es von keinem Element mehr stabile Isotope als bei $Z = 50$ (Zinn) und nirgends mehr stabile Isotone (Nuklide gleicher Neutronenzahl) als für $N = 82$. Besonders stabil sind die doppelt magischen Kerne ^{4}He (α-Teilchen), ^{16}O, ^{40}Ca, ^{48}Ca (stabil weit außerhalb der Stabilitätslinie in Fig. 2.2) und ^{208}Pb.

Auch bei den sehr leichten Nukliden ($A < 20$) gibt es drastische Abweichungen vom Tröpfchenmodell. Dort sind nicht genügend Nukleonen im Kern vorhanden, um sinnvoll von „Volumen" und „Oberfläche" sprechen zu können. Außerdem gibt es Kerne mit ausgeprägter α-Teilchen-Struktur (^{8}Be, ^{12}C, ^{16}O, ^{20}Ne), die stärker gebunden sind und also kleinere Massen haben als der allgemeine Trend des Tröpfchenmodells anzeigt.

Will man den genannten Abweichungen Rechnung tragen, muß man die Drehimpulskopplungen berücksichtigen. Dies hat zum sog. Schalenmodell (M. Goeppert-Mayer und, unabhängig aber gleichzeitig, O. Haxel, H.D. Jensen, und H. Sueß 1950) geführt, das auch wesentlich zum Verständnis der Struktur der sehr schweren Kerne ($Z > 92$) und der Vorgänge bei der Kernspaltung (s. Abschn. 9.2) beigetragen hat.

In der Weizsäcker-Formel wird die Masse der Nuklide als Funktion der Nukleonenzahl A und der Kernladungszahl Z beschrieben. Bei konstantem A (also für isobare Kerne) hängt $M(A, Z)$ quadratisch von Z ab. Trägt man diese Abhängigkeit – zunächst ohne den Paarungsenergieterm – gegen Z auf, so ergibt sich eine parabelförmige Kurve mit einem Minimum. Nuklide in der Nähe des Minimums sind am stabilsten (siehe die Stabilitätskurve in Abb. 2.2). Kerne weiter außen können durch Umwandlung eines Protons in ein Neutron (β^+-Zerfall bzw. EC) oder eines Neutrons in ein Proton (β^--Zerfall) Masse verlieren und damit stabiler werden. Die freiwerdende Energie erhalten die Zerfallsteilchen als kinetische Energie. Nur wenn Bindungsenergie frei wird, ist ein Zerfall ohne äußere Einwirkung möglich.

Für Nuklide mit ungeradem A, also bei gu- und ug-Kernen (Paarungsenergie $B_4 = 0$), gibt es genau eine solche Parabel und also nur ein stabiles Nuklid, alle anderen sind β-aktiv. Für Nuklide mit geradzahligem A gibt es wegen der Paarungsenergie zwei Parabeln, eine für gg-Kerne und – energetisch höherliegend – eine für uu-Kerne. Die Öffnung der Parabeln ist klein („steile" Parabeln) für kleines A und groß („flache" Parabeln) für große A. Daraus wird verständlich, daß es stabile uu-Nuklide nur bei sehr kleinen A gibt und daß für große A zwei (in Ausnahmefällen bis zu drei) gg-Nuklide stabil sind. Dazwischenliegende Kerne können sowohl durch β^+- oder EC- als auch durch β^--Übergänge zerfallen (Beispiele: ^{40}K (s. Abb. 5.2) und ^{64}Cu (s. Abb. 4.8)).

Denkt man sich in Abb. 2.2 die Energie in einer räumlichen, dritten Dimension aufgetragen, so ergibt sich das Bild einer Rinne, deren Talsohle durch die Stabilitätslinie gebildet wird. Beim β-Zerfall stürzen die Nuklide wie beim Steinschlag im Gebirge in das Tal hinab. Eine allgemeine Regel besagt, daß je steiler die Wand, desto schneller der Zerfall erfolgt, d. h. desto kürzer ist die Lebensdauer des Nuklids. Dies wird jedoch durch Auswahlregeln aufgrund der beteiligten Drehimpulse zuweilen modifiziert. Die Daten der Abb. 3.4 betreffen die mittlere Bindungsenergie eines Nuklids beim Auseinandernehmen des Kerns in seine Bestandteile (Nukleonen). Davon zu unterscheiden ist die Bindungsenergie des „letzten" Nukleons, auch Separationsenergie genannt, also z. B. die Energie, die nötig ist, um ein Neutron aus dem Kern zu entfernen. Diese kann viel größer oder kleiner sein als B/A. Die Bindungsenergie des letzten Neutrons beträgt

$$B_n = c^2(M(A, Z) - M(A - 1, Z) - m_n) \quad .$$

Beispiele für Nuklide mit besonders niedriger Bindungsenergie des letzten Neutrons sind in Tabelle 3.6 aufgeführt; diese Nuklide (besonders ^{9}Be) dienen als Material für die Herstellung von Neutronenquellen.

Tabelle 3.6. Bindungsenergie des letzten Neutrons für ausgewählte Nuklide, bei denen diese Größe besonders klein ist

Nuklid	Bindungsenergie des letzten Neutrons
$^{2}_{1}$H	2,224 MeV
$^{9}_{4}$Be	1,665 MeV
$^{13}_{6}$C	4,947 MeV
$^{137}_{54}$Xe	3,6 MeV

3.6 Weitere Erhaltungssätze

Die behandelten Erhaltungssätze sind in Tabelle 3.7 aufgelistet, soweit sie in unserem Zusammenhang wichtig sind. Die meisten wurden oben ausführlich diskutiert.

Es gibt weitere Erhaltungsgrößen, die im Bereich der Elementarteilchenphysik Bedeutung haben. Eine davon, die Parität, ist in der letzten Zeile der Tabelle angeführt. Der Paritätserhaltungssatz hat zwar gewisse Auswirkungen auf radioaktive Phänomene, aber wir können ihn und andere solche Erhaltungssätze hier außer Betracht lassen.

Darüberhinaus sind die Hauptsätze der Thermodynamik von prinzipieller Wichtigkeit für alles physikalische Geschehen. Wir gehen darauf insoweit ein, wie es im vorliegenden Zusammenhang interessant erscheint.

Tabelle 3.7. Zusammenstellung der relevanten Erhaltungssätze

Gruppe	Physikalische Größe	Was bleibt bei einem Prozeß erhalten?	Bemerkungen
Teilchenzahlerhaltungssätze	1) Leptonenzahl a) Elektronen, Elektron-Neutrinos b) Myonen, Myon-Neutrinos 2) Baryonenzahl	Die Differenz zwischen den Zahlen der Teilchen und der Antiteilchen	Sätze gelten nur für Elementarteilchen mit halbzahligem Spin
Ladungserhaltungssatz	Elektrische Ladung	Summe aus positiver und negativer elektrischer Ladung	
Kinematische Erhaltungssätze	1) Impuls	Gesamtimpuls des Systems	Summe der äußeren Kräfte gleich null
	2) Drehimpuls	*klassisch:* Größe und Richtung des Drehimpulses *quant. mech.:* Betrag des Drehimpulses und eine Komponente	Summe der äußeren Drehmomente gleich null
	3) Mechanische Energie 4) Relativistische Gesamtenergie	*klassisch:* $E_{\text{Ges}} = E_{\text{pot}} + T$ $E = mc^2 = T + m_0 c^2$	Kräfte konservativ, $v \ll c$ Potentielle Energien in die Ruhenergien einbezogen
Sonstige	Parität	Symmetrieeigenschaft der Wellenfunktion	Erhaltungssatz gilt nicht für die schwache Wechselwirkung

Erst um die Mitte des 19. Jahrhunderts wurde die Bedeutung eines erweiterten, allgemeinen Energieprinzips klar, das erstmals im Jahr 1842 von Robert Mayer (1814–1878) formuliert wurde. Es besagt, daß der Energieinhalt eines abgeschlossenen Systems, also die Summe aller Energien (mechanische, elektrische, magnetische, chemische Energie, Wärme) konstant und bei allen im Inneren ablaufenden Prozessen erhalten bleibt. Durch die Begrenzungen des Systems darf keinerlei Energie zu- oder abgeführt werden, weder in Form von Arbeit noch von Wärme oder Strahlung jeder Art. Dieses Prinzip ist als der „Erste Hauptsatz der Thermodynamik" bekannt. Salopp ausgedrückt: Von nichts kommt nichts. Danach kann Energie weder erzeugt noch vernichtet werden; man kann sie nur von einer Form in eine andere überführen. Die Energieumwandlungen sind jedoch nicht in jeder Richtung umkehrbar („reversibel"). So ist es nicht möglich, Wärme vollständig in mechanische oder elektrische Energie zu verwandeln. Dies ist eine der Aussagen des „Zweiten Hauptsatzes der Thermodynamik" (Sadi Carnot 1796–1832).

Eine Folge des zweiten Hauptsatzes ist, daß bei Wärmekraftwerken stets eine „Abwärme" übrigbleibt, die nicht in mechanische Arbeit verwandelbar ist. Solche Kraftwerke haben einen Wirkungsgrad, der von der (in Kelvin gemessenen) Temperatur T_2 des warmen Aggregats (z. B. unter Druck siedendes Wasser) und der Temperatur T_1 der Abwärmeabgabe (meist Umwelttemperatur, $T_1 \approx 300\,\text{K}$) abhängt und für den gilt:

$$\text{Wirkungsgrad} = \frac{\text{verrichtete Arbeit}}{\text{zugeführte Wärme}} \leq \frac{T_2 - T_1}{T_2} \ .$$

Da die im Zähler stehende verrichtete Arbeit im wesentlichen die Differenz aus zugeführter Wärme und Abwärme ist, ist die Folge, daß stets Abwärme anfallen muß, in der Praxis sogar viel. So ist bei einer Arbeitstemperatur von $T_2 = 420\,\text{K}$ (siedendes Wasser unter Druck) die Abwärme 60 % der zugeführten Wärme. Zur Abgabe an die Umwelt bedient man sich heutzutage meist großer Naturzug-Kühltürme, die ein weithin sichtbares Kennzeichen von Kraftwerken sind. Bei technischen Kraftwerken liegen die Wirkungsgrade je nach der Temperatur T_2 zwischen 30 % und 45 %. Es ist notwendig, zwischen der Wärmeleistung (Einheit GW_w) und der elektrischen Leistung (Einheit GW_e) zu unterscheiden. Diese Überlegungen werden in Abschn. 9.4 wieder aufgegriffen.

Der zweite Hauptsatz sagt andererseits aus, daß Prozesse stets so ablaufen, daß (bei konstantem Druck und konstanter Temperatur) die sog. „freie Energie" zu einem Minimum wird. Dies bringt eine Richtung in das physikalische Geschehen. Die freie Energie wird bei Kernzerfällen durch die oben diskutierte relativistische Energie E bestimmt.

Aus diesem Prinzip folgt auch, daß ein atomares oder nukleares System letztlich in seinen Grundzustand übergehen muß und alle Materie einschließlich aller Strahlung nach langer Zeit einen Niedertemperatur-Gleichgewichtszustand erreichen wird, von dem aus keine weiteren Prozesse mehr ablaufen („Wärmetod"). Diese letzte Konsequenz gilt allerdings nur für eine unbelebte Natur, wie sie von der Physik ausschließlich betrachtet wird. Möglicherweise ist die Physik zu einseitig ausgerichtet, um solche weitgehenden Voraussagen machen zu können. Für die hier betrachteten Phänomene ist jedoch die Gültigkeit des Zweiten Hauptsatzes unbestritten, er stellt ein fundamentales Naturgesetz dar.

4 Strahlung aus Elektronenhülle und Atomkern

4.1 Herkunft der Strahlung

Wie bereits erwähnt, versteht man unter Radioaktivität die Eigenschaft bestimmter Elemente, ihre Struktur spontan zu ändern und dabei Strahlung auszusenden. Der größte Teil der heute auf der Erde vorhandenen Elemente ist davon nicht betroffen und wird es auch in Zukunft nicht sein. Wasserstoff war schon immer Wasserstoff, ebenso wie die Menge an Gold unverändert bleiben wird. Diese Elemente sind stabil, lediglich die chemische Zusammensetzung der Stoffe aus den Elementen ist einem ständigen Wandel unterworfen. Es kommen aber auch einige wenige Elemente in der Natur vor, die radioaktiv sind, z. B. Kalium, Radium, Thorium, Uran und weitere.

Grundsätzlich können Elementumwandlungen von außen bewirkt werden, jedoch ist dies als natürlicher Vorgang selten. Damit künstliche Kernumwandlungen stattfinden können, müssen Kerne oder Kernbestandteile, meistens mit hoher kinetischer Energie, aufeinandertreffen um zu reagieren. Technisch können solche Kernreaktionen mit Teilchenbeschleunigern oder Kernreaktoren realisiert werden. Auf der Erde werden Kernreaktionen in geringem Umfang durch Strahlung aus natürlicher Radioaktivität und durch kosmische Höhenstrahlung ausgelöst. In der Sonne finden dagegen Kernumwandlungen in großem Maßstab durch Fusion von Wasserstoff zu Helium statt.

Bei den meisten Kernumwandlungen entstehen radioaktive Nuklide, die teilweise erst mit längerer Lebensdauer zerfallen. Man kann die Phänomene der Radioaktivität weitgehend unabhängig von der Entstehung der Radionuklide betrachten. Dennoch lassen sich nach ihrer Herkunft drei Gruppen radioaktiver Stoffe auf der Erde unterscheiden:

1. Nuklide, deren Entstehung in die Anfänge der Erdgeschichte zurückreicht, die aber noch vorhanden sind, weil sie Lebensdauern besitzen, die nicht viel kürzer als das Erdalter sind.

2. Nuklide, die durch natürliche und kosmische Strahlung immer wieder neu gebildet werden wie ^{3}H und ^{14}C (beispielsweise entstehen im Mittel 2,4 Atome ^{14}C pro Sekunde und cm^2 Erdoberfläche).

3. Nuklide, die in kerntechnischen Anlagen von Menschenhand hergestellt werden.

Aus den beiden ersten Gruppen ergibt sich die natürliche, aus der dritten die zivilisatorische Strahlenbelastung. Das Gefährdungspotential der dritten Gruppe ist wegen der teilweise extrem hohen Quellstärken am höchsten. Dennoch ist darauf hinzuweisen, daß die physikalische Wirkung einer Strahlung nur von deren Art und der in der Materie deponierten Energie abhängt, nicht aber von der Zugehörigkeit zu einer der drei Gruppen.

Analog zu den Kernzerfällen kann auch die Elektronenhülle von Atomen und Molekülen durch Einwirkung von außen in Zustände versetzt werden, die zu Strahlungsemission führen. Die Energie dieser Strahlung – es handelt sich um Photonen oder Elektronen – ist jedoch erheblich geringer als bei Kernzerfällen. Außerdem erfolgen die Zerfälle in der Atomhülle im allg. unmittelbar ($< 10^{-8}$ s) nach Bildung der entsprechenden Zustände. Daher betrachtet man diese Übergänge nicht als eine von ihrer Entstehung losgelöste Stoffeigenschaft wie die Radioaktivität.

Dennoch sind die Prozesse, die zu Atomübergängen führen, aus mehreren Gründen von Interesse. Sie sind länger bekannt als die Kernzerfälle. Erst die Arbeiten von Wilhelm Conrad Röntgen (1845–1923) und Henri Becquerel (1852–1908) über Strahlung aus der Atomhülle haben ja zur Entdeckung der Kernstrahlung geführt. Auch ergeben sich für die Beschreibung der Übergänge in Elektronenhülle und Kern manche Parallelitäten. Außerdem werden einige Kernzerfälle von nachfolgenden Übergängen in der Hülle begleitet. Schließlich sind die Wechselwirkung von Strahlung mit Materie und die sich daraus ergebenden Nachweistechniken für Strahlung mit Übergängen in der Elektronenhülle und den sie auslösenden Prozessen verknüpft. Deshalb ist im folgenden die Behandlung der Atomübergänge an den Anfang gestellt.

4.2 Atomübergänge

4.2.1 Energiebetrachtungen

Die Elektronen der Hülle eines Atoms bestehen aus verschiedenen Gruppen, die dadurch gekennzeichnet sind, daß ihr mittlerer Abstand vom Kern schrittweise größer wird. Man spricht deshalb auch im alten Bild des Bohrschen Atommodells von Elektronenschalen. Diese müssen jedoch, wie in Abschn. 2.2 ausgeführt, im quantenmechanischen Sinne als ausgedehnte räumliche Bereiche verstanden werden, in denen die Elektronen einer Hauptquantenzahl n anzutreffen sind. Die Elektronenschalen sind immer auf den Kern zentriert. Sie können recht komplizierte Formen haben und sich teilweise überlappen. Die Schalen werden von innen nach außen gemäß der

Hauptquantenzahl numeriert ($n = 1, 2, 3, 4, 5, 6 \ldots$), man spricht bei den äußeren Schalen auch von „höheren" Schalen. Anstelle der Ziffern werden die Schalen auch durch die großen Buchstaben K, L, M, N... gekennzeichnet. Die einzelnen Schalen beherbergen Elektronen jeweils nur bis zu einer charakteristischen, maximalen Anzahl (Besetzungszahl). Die innerste Schale ($n = 1$), die K-Schale, kann zwei, die nächste acht, und die äußeren Schalen der schweren Atome können bis zu $2n^2$ Elektronen aufnehmen (s. Spalte 2 in Abb. 2.1).

Die Bindungsenergie der Elektronen in den einzelnen Schalen nimmt von innen nach außen ab. Wie in Abschn. 3.2 gezeigt, ist die Bindungsenergie diejenige Energie, die frei wird, wenn ein Elektron aus großer Entfernung in eine Schale eingefangen wird. Umgekehrt muß diese Energie aufgewendet werden, um ein Elektron gegen die elektrische Anziehung durch die Protonen des Kerns aus einer Elektronenschale zu entfernen. Beispielsweise beträgt die Ionisationsenergie des (einzigen) Elektrons des Wasserstoffs 13,6 eV und die der Elektronen in der innersten Schale von Blei 88 keV.

Im Normalfall sind die Schalen eines elektrisch neutralen Atoms, von innen beginnend, mit insgesamt soviel Elektronen besetzt, wie die Ordnungszahl des betreffenden Elements angibt. Weicht die Anzahl der Elektronen eines Atoms von der Kernladungszahl ab, so spricht man von positiv bzw. negativ geladenen Atomionen. Positive Ionen sind bei den späteren Betrachtungen von großer Bedeutung. Verbinden sich verschiedene Atome zu Molekülen, so treten nur die jeweils äußersten Schalen in Wechselwirkung und erfahren gewisse Veränderungen, die die chemische Bindung bewirken. Die inneren Schalen bleiben dabei weitgehend unbeteiligt. Analog zu den Atomen erhält man Molekülionen, wenn die Zahl aller Elektronen von der Summe aller Kernladungen des Moleküls abweicht.

Atomen, Molekülen oder auch Ionen kann von außen Energie zugeführt und dort vorübergehend – meistens nur für winzige Bruchteile von Sekunden – gespeichert werden. Diese sogenannte Anregung erfolgt dergestalt, daß ein Elektron auf einen unbesetzten Platz in einer weiter außen liegenden (weniger gebundenen) Schale angehoben wird. Zusätzlich zu diesen Elektronensprüngen können in Molekülen durch Energieabsorption Rotationen des Moleküls um eine Symmetrieachse und Schwingungen von Atomen oder Atomgruppen gegeneinander angeregt werden.

Anregungs- und Ionisierungsenergie können den Atomen bzw. Molekülen auf verschiedene Weise zugeführt werden. Grundsätzlich sind zwei Wege zu unterscheiden:
1. Zusammenstöße mit anderen Teilchen und
2. Absorption von elektromagnetischer Strahlung (Photonen).

Im einzelnen finden sehr unterschiedliche Anregungsprozesse statt, je nach Größe der Energiezufuhr. Diese kann von der Anregung von Molekülrotationen (geringe Energie, Größenordnung meV), über die Anregung durch Elektronensprünge in leichten Atomen (eV) bis hin zur K-Schalenionisation (etwa 100 keV bei Uran) über viele Zehnerpotenzen variieren.

Zur Veranschaulichung der verschiedenen Bindungsenergien in Atomen (später auch in Kernen) wählt man häufig das sogenannte Energieniveauschema als graphische Darstellungsform. Als Nullniveau für die Energie wird der Zustand gewählt, in dem das betrachtete Elektron ungebunden ist, sich also weit weg vom Kern befindet. Die Bindungszustände (Bindungsenergie negativ) werden von dort aus nach unten aufgetragen. Das niedrigste Niveau entspricht der Bindungsenergie der K-Schale, darüber befinden sich die Niveaus der L, M...-Schalen (s. Abb. 4.1).

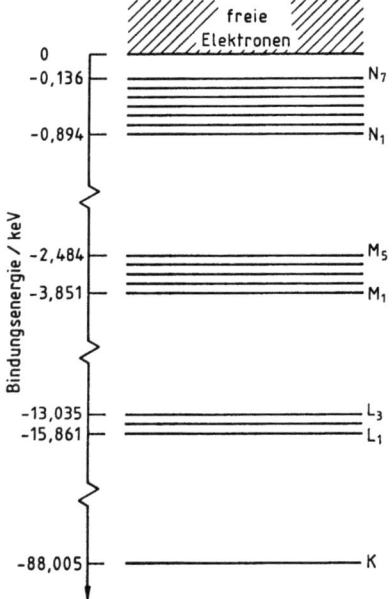

Abb. 4.1. Schema der Elektronenbindungsenergien in Blei (nicht maßstabsgerecht)

Die einzelnen Schalen sind in einige Unterschalen mit geringen Energieunterschieden (im Vergleich zur Bindungsenergie) aufgespalten. Die Aufspaltung kommt durch die Spin-Bahn-Kopplung (s. Abschn. 3.3) zustande. Die K-Schale ist nicht aufgespalten. Oberhalb der Nullinie sind die Elektronen frei.

Weiterhin geht aus Abb. 4.1 hervor, daß die Bindungsenergien der Elektronen in den Haupt- und Unterschalen mit zunehmender Hauptquantenzahl n stark abnehmen. Die Energieskala ist nicht maßstabsgerecht; die Unterschalen und die höheren Schalen liegen in Wirklichkeit viel dichter beieinander. Diese Abnahme der Bindungsenergien der äußeren Schalen liegt im Z^2/n^2-Gesetz (s. Abschn. 3.3), aber auch darin begründet, daß die positive Kernladung, die die Elektronen anzieht, durch die Elektronen innerer Schalen abgeschirmt wird.

Die Ionisation äußerer Schalen von gasförmigen Atomen oder Molekülen durch Teilchen- oder Photonenstrahlung und die anschließende Bewegung der Elektronen und Restionen in einem elektrischen Feld bilden die Grundlagen für die Wirkungsweise der für die Strahlungsmessung wichtigen Gasionisationsdetektoren (s. Abschn. 7.2.1). Auf der Ionisierung innerer Schalen beruht die Energiebestimmung von Gammastrahlung mit sog. Gammaspektrometern (s. Abschn. 7.3.2). Die Ionisierung innerer Schalen hat außerdem die wichtige Konsequenz, daß anschließend eine energiereiche Photonenstrahlung emittiert wird (Röntgenstrahlung s. u.).

Festkörper haben amorphe oder kristalline Struktur. In Kristallen sind die Atome in regelmäßigen Abständen angeordnet. Die Nähe der Nachbaratome wirkt sich auf die jeweils äußersten Elektronenschalen aus. Diese Valenzelektronen „spüren" die von den benachbarten Atomen ausgehenden elektrischen Kräfte. Das hat zur Folge, daß anstelle scharfer Energiezustände für die äußersten Elektronen breite Energiebänder treten. Die Struktur dieser Bänder hängt wesentlich davon ab, wieviele Valenzelektronen die den Kristall bildenden Atome haben und welche Art von Bindung sie bilden. Das sog. Bändermodell für die Energien der äußeren Elektronen im Festkörper liefert auch die entscheidenden Kriterien für die Frage der elektrischen Leitfähigkeit des betreffenden Stoffes (s. Abb. 4.2).

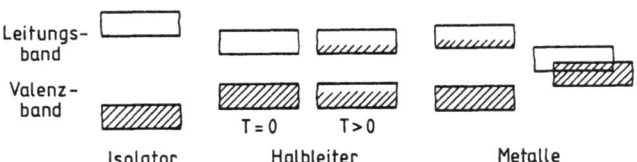

Abb. 4.2. Bandstruktur in Isolatoren, Halbleitern und Metallen (schematisch)

Kristalline Festkörper lassen sich je nach Struktur der Bänder in Nichtleiter (Isolatoren), Halbleiter und Leiter (Metalle) einteilen.

Bei Festkörpern formieren sich aus den äußeren, nicht voll besetzten Schalen der freien Atome im Kristallverband zwei Bänder, von denen das tieferliegende, Valenzband genannt, voll besetzt ist, das höherliegende sog. Leitungsband jedoch nicht. Enthält dieses gar keine Elektronen, so liegt ein Isolator vor, eine Stromleitung ist nicht möglich: die Elektronen im Valenzband sind an ihren Ort fixiert, ein Anheben der Elektronen in das Leitungsband erfolgt nur bei größerer äußerer Energiezufuhr.

Ähnlich liegen die Verhältnisse bei den Halbleitern, mit dem Unterschied, daß Leitungs- und Valenzband dicht übereinanderliegen. Deshalb können Elektronen schon durch Wärmezufuhr oder bei Einbau von Fremdatomen in das Leitungsband gelangen, wodurch eine (geringe) Stromleitung ermöglicht wird.

Atome, die wenige (bis zu drei) Elektronen in der äußeren Schale haben, können Kristalle mit sog. Metallbindung bilden. Aufgrund des Einflusses der Nachbaratome sind diese Elektronen so wenig an ihr ursprüngliches Atom gebunden, daß sie leicht zu den Nachbarn überwechseln können. Im Bändermodell bedeutet dies, daß das Leitungsband nicht mehr leer, sondern teilweise mit Elektronen besetzt ist. Bei einigen Stoffen kommt es auch zu Überlappung von Valenz- und Leitungsband. In beiden Fällen erhält man nicht völlig aufgefüllte Bänder, deren Elektronen im elektrischen Feld leicht auf benachbarte freie Plätze im Leitungsband überwechseln können. Dadurch wird eine Stromleitung der Metalle möglich. Die Bandstruktur für die verschiedenen Fälle ist in Abb. 4.2 schematisch dargestellt.

Mit dem Bändermodell läßt sich die Wirkungsweise der beiden Arten von Festkörperdetektoren erklären, die für die Energiebestimmung von Teilchen- und Photonenstrahlung von Bedeutung sind, nämlich die Halbleiterdetektoren und die Szintillationsdetektoren (s. Abschn. 7.2).

4.2.2 Atomzerfälle

Die meisten angeregten Atomzustände existieren nur für eine sehr kurze Zeit (ca. 10^{-12} s bis 10^{-8} s). Danach zerfallen sie unabhängig von der Art ihrer Entstehung, wobei der durch die Anregung freigewordene Platz durch ein Elektron aus einer äußeren Schale besetzt wird. Ein solches Elektron wechselt dann aus einer weniger fest gebundenen Schale in eine fester gebundene über. Die Differenz der Bindungsenergien wird als Photon der Energie hf abgestrahlt. Allerdings kommt nicht jeder energetisch mögliche Übergang in Betracht; vielmehr kann nur ein Übergang, der nach quantentheoretischen Auswahlregeln erlaubt ist, zu einer Strahlungsemission führen.

Da die Übergänge zwischen Zuständen mit definierten Energien erfolgen, sind nur diskrete Energiedifferenzen und damit nur ganz bestimmte Frequenzen für die emittierte Strahlung möglich (Linienspektrum, Spektrallinien). Grundsätzlich reicht das Linienspektrum der möglichen Atomzerfälle von infrarotem Licht über sichtbares und ultraviolettes Licht bis hin zur Röntgenstrahlung. Die von der Hauptquantenzahl abhängigen Bindungsenergien nehmen mit steigender Ordnungszahl Z zu. Dementsprechend erhält man geringe Energiedifferenzen zwischen allen Schalen der leichten und zwischen den äußeren Schalen der schweren Atome.

Hohe Energiedifferenzen treten nur bei Übergängen zwischen inneren Schalen der schweren Atome auf („Röntgen-Strahlung"). Eine exakte Definition des Frequenzbereichs der Röntgenstrahlung existiert nicht. Im allgemeinen versteht man darunter eine Strahlung mit Photonenenergien zwischen etwa 1 und 100 keV, die aus inneren Schalen der Atomhülle stammt. Im Gegensatz dazu rührt die γ-Strahlung aus Übergängen zwischen Kernzuständen her.

Da sich die Energielagen der Elektronenschalen in Atomen benachbarter Elemente unterscheiden, sind auch die entsprechenden Energien der Röntgenlinien unterschiedlich. Dies bietet die Möglichkeit, mit frequenzempfindlichen Nachweisgeräten die verschiedenen Elemente anhand ihrer Röntgenstrahlung zu identifizieren. Man nennt die Röntgenstrahlung mit diskreten Linien auch „charakteristische" Röntgenstrahlung, im Unterschied zur Bremsstrahlung, die im gleichen Energiebereich auftreten kann und ein kontinuierliches, nicht für ein Element charakteristisches Spektrum aufweist (s. Abschn. 6.3.2).

Die Entstehung charakteristischer Röntgenstrahlung setzt das Vorhandensein von freien Elektronenplätzen in inneren Schalen voraus. Solche Löcher können einerseits dadurch entstehen, daß bei einigen Kernumwandlungen Elektronen aus inneren Schalen entfernt werden. Dies wird weiter unten im Zusammenhang mit Beta- und Gammazerfällen behandelt. Andererseits führt, wie bereits erläutert, die Anregung und Ionisation mit geladenen Teilchen und elektromagnetischer Strahlung hinreichender Frequenz zu freien Plätzen in inneren Schalen.

Ein Atomzerfall kann auch strahlungslos, d. h. ohne Emission von elektromagnetischer Strahlung, ablaufen. Die freiwerdende Energie wird stattdessen dafür aufgewandt, ein Elektron aus einer höheren Schale abzutrennen und aus dem Atom zu emittieren. Dieser von dem französischen Physiker Pierre Victor Auger (*1899) entdeckte und nach ihm als „Auger-Effekt" benannte Prozeß konkurriert zur Strahlungsemission und ist bei niedrigen Ordnungszahlen gegenüber der K-Strahlung vorherrschend.

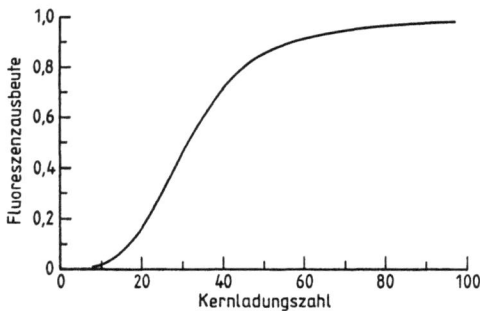

Abb. 4.3. Fluoreszenzausbeute beim Übergang eines Elektrons in ein Loch in der K-Schale als Funktion der Kernladungszahl Z

Abbildung 4.3 zeigt die sog. „Fluoreszenzausbeute" ω_κ für die K-Röntgenstrahlung, die beim Übergang eines Elektrons aus einer höheren Schale in die K-Schale entsteht, als Funktion der Kernladungszahl Z. Die Fluoreszenzausbeute beschreibt die Wahrscheinlichkeit dafür, daß ein Loch in der K-Schale zur Emission eines K-Röntgenphotons führt. Es gilt $0 \leq \omega_\kappa \leq 1$. Die restlichen Übergänge erfolgen unter Aussendung eines Auger-Elektrons.

4.3 Kernzerfälle

Ähnlich wie beim Aufbau der Elektronenhülle der Atome und Moleküle besitzt auch der Aufbau der Kerne aus Protonen und Neutronen gewisse Konfigurationsmerkmale. Wegen des komplizierten Zusammenwirkens der anziehenden Kernkräfte zwischen allen Nukleonen und der abstoßenden Coulombkräfte zwischen den Protonen ist ein erfolgreiches und relativ einfaches klassisches Modell, wie etwa die Bohrsche Atomvorstellung, von vornherein nicht zu erwarten. Die Schwierigkeit rührt daher, daß nicht – wie in der Elektronenhülle – eine einzelne Kraft (dort die Coulombkraft zwischen Kernladung und Elektronenladungen) stark überwiegt.

Es gibt verschiedene Theorien und Modelle, die jeweils typische Teilbereiche der Kerneigenschaften zu beschreiben bzw. vorherzusagen vermögen. Daraus resultiert ein gesichertes Verständnis der Phänomene der Kernzerfälle, die im folgenden in qualitativer Form zusammenfassend dargestellt werden.

Die für den Aufbau des Atomkerns wichtigen Größen sind die in der jeweiligen Konfiguration gespeicherte Energie und der Gesamtdrehimpuls, der sich durch das Zusammenwirken von Eigenrotation und Bahnbewegung der Nukleonen ergibt. Für jedes Nuklid (A, Z) existieren im allgemeinen mehrere Konfigurationsmöglichkeiten, die durch ihre jeweilige Gesamtbindungsenergie und durch die Anordnung der Drehimpulse gekennzeichnet sind. Der Zustand mit der größten (negativen) Bindungsenergie wird als Grundzustand, die übrigen werden als Anregungszustände bezeichnet.

Glücklicherweise lassen sich Energiebetrachtungen bei Kernzerfällen anstellen, ohne Details der quantentheoretischen Behandlung ausführen zu müssen. Dagegen stößt bereits eine qualitative Beschreibung der Drehimpulseigenschaften auf erhebliche Schwierigkeiten, so daß auf deren Darstellung weitgehend verzichtet werden muß. Wir beschränken uns deshalb darauf, jeweils auf die besonderen Konsequenzen dieses an sich gut verstandenen Teils der Kernphysik hinzuweisen.

Kernzerfälle sind spontane, d.h. ohne äußere Einwirkung ablaufende Umwandlungen in der Kernstruktur, bei denen Energie freigesetzt wird.

Diese Energie verteilt sich auf die emittierten Teilchen oder Photonen und mit einem geringen Anteil auf den Rückstoß des gebildeten Endkerns. Die häufigsten Zerfallsarten sind, benannt nach den dabei emittierten Teilchen, α-, β- und γ-Zerfall.

4.3.1 Gammazerfall

Ein Gammazerfall findet statt, wenn ein Nuklid $(A, Z)^*$ in einem angeregten Zustand vorliegt (der Stern symbolisiert die Anregung) und in einen fester gebundenen Zustand unter Emission eines Photons übergeht:

$$(A, Z)^* \rightarrow (A, Z) + \gamma \text{ (Photon)} \quad .$$

Der Übergang erfolgt ohne Änderung von A und Z unter Aussendung eines oder mehrerer Photonen, deren Energie hf (fast) gleich der Differenz der Bindungsenergie des Nuklids im Ausgangs- und Endzustand ist (der Rückstoß ist hier sehr klein). Dies wird üblicherweise in einem Niveauschema dargestellt (s. Abb. 4.4).

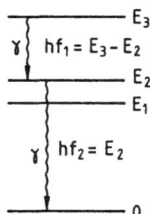

Abb. 4.4. Schema der angeregten Kernzustände mit möglichen γ-Übergängen

$E_{1,2,3...}$ bedeuten die Anregungsenergien bezogen auf den Grundzustand, dessen Energie als Null angenommen wird.

Die Energien der emittierten Gammaquanten ergeben sich aus den entsprechenden Differenzen der Anregungsenergien, im Beispiel der Abb. 4.4 gilt

$\gamma_1 : hf_1 = E_3 - E_2 \quad ;$
$\gamma_2 : hf_2 = E_2 - 0 \quad .$

Ausführliche Niveauschemata enthalten außer den Energien auch Angaben zu den Gesamtdrehimpulsen der verschiedenen Zustandskonfigurationen. Daraus lassen sich Schlüsse ziehen, ob ein γ-Übergang zwischen zwei Zuständen überhaupt möglich ist. Denn wie in Abb. 4.4 angedeutet, kommen nicht zwischen allen Niveaus γ-Übergänge vor. Damit ein solcher γ-Zerfall stattfinden kann, müssen gewisse Auswahlregeln, die die Drehimpulse betreffen, erfüllt sein. Außerdem ist bei γ-Zerfällen, im Unterschied zu den

Röntgenübergängen, für verschiedene Radionuklide keine Systematik in den Linienlagen und -intensitäten zu erkennen. Die nach den Auswahlregeln möglichen Übergänge erfolgen überwiegend sehr schnell nach dem Entstehen eines solchen angeregten Zustandes (Lebensdauern im ps-Bereich). Manche Zustände, man nennt sie metastabile oder isomere Zustände, zerfallen erst nach beträchtlichen Verzögerungen. Andere Zustände zerfallen, wie bereits gesagt, überhaupt nicht unter γ-Emission. Allgemein läßt sich als Trend feststellen, daß γ-Übergänge bevorzugt auftreten, wenn die Energiedifferenzen hoch und die Unterschiede der Drehimpulse von Anfangs- und Endniveau klein sind. Die meisten γ-Energien liegen zwischen etwa 50 keV und 2 MeV.

Spontaner γ-Zerfall tritt häufig im Anschluß an Alpha- oder Betazerfälle auf, wenn bei diesen Zerfällen der Endkern nicht im Grundzustand, sondern in einem angeregten Zustand zurückbleibt. Dabei sind oft Übergänge zu verschiedenen angeregten Zuständen möglich, die dann gemäß den Auswahlregeln unter Emission eines oder mehrerer γ-Quanten zerfallen. Ein solcher radioaktiver Stoff kann an seinem charakteristischen Spektrum der γ-Energien gut erkannt werden. Beispiele werden in Abb. 4.8 angeführt.

In Festkörpern kann es vorkommen, daß der Rückstoß nicht vom emittierenden Kern, sondern vom ganzen Kristallverband aufgenommen wird. Dann wird die übertragene Rückstoßenergie so klein, daß das Photon praktisch die volle Energie E^* des Kernübergangs mitnimmt. Es kann in einem anderen, gleichartigen Festkörper reabsorbiert werden, wenn auch bei diesem die Rückstoßenergie kompensiert wird („rückstoßfreie Resonanzfluoreszenz", „Mößbauer-Effekt", entdeckt von Rudolf Mößbauer (*1929)). Diese Kompensation wird z. B. dadurch erreicht, daß der Absorber in Richtung auf die Quelle zu bewegt wird. Auf diese Weise erhält man besonders scharfe Absorptionslinien. Der Mößbauer-Effekt hat eine Fülle von Anwendungen in der Kern- und Festkörperphysik sowie in der Chemie gefunden und hat wesentlich zum Verständnis des Kernmagnetismus in Kristallen beigetragen.

Ein Kern kann seine Anregungsenergie alternativ auch strahlungslos, d.h. ohne γ-Emission, abgeben. Ein solcher Übergang erfolgt unter Beteiligung der Elektronenhülle: der angeregte Kernzustand wandelt sich in einen tieferliegenden um, indem die freiwerdende Energie ΔE dazu aufgewendet wird, ein Elektron mit der Bindungsenergie E_B aus der Hülle herauszulösen und das Atom zu ionisieren. Die restliche Energie

$$T = \Delta E - E_B$$

erhält das Elektron als kinetische Energie. Dieser mit dem γ-Zerfall konkurrierende Zerfall wird „innere Konversion" (IC: engl.: Internal Conversion) genannt.

Das dabei entstandene „Loch" in der entsprechenden Elektronenschale wird unmittelbar danach unter Aussendung eines Röntgenphotons oder eines Augerelektrons durch ein Elektron aus einer äußeren Schale wieder aufgefüllt.
Die Konkurrenz zwischen IC und γ-Zerfall wird durch den „Konversionskoeffizienten" α beschrieben. Er ist definiert als

$$\text{Konversionskoeffizient } \alpha = \frac{\text{Zahl der emittierten Elektronen}}{\text{Zahl der emittierten } \gamma\text{-Photonen}}.$$

α wächst proportional zu Z^3 und nimmt mit einer hohen Potenz von ΔE ab, so daß vorwiegend energiearme Übergänge in schweren Kernen durch Konversion zerfallen. Vergleicht man nur die Zahl der aus der K-Schale stammenden Konversionselektronen mit der Zahl der γ-Quanten (Photonen) eines Übergangs, so erhält man den partiellen Konversionskoeffizienten α_K; entsprechend kann man α_L, α_M... definieren. Es gilt

$$\alpha = \alpha_K + \alpha_L + \alpha_M + \dots .$$

Die (historisch begründete) Definition von α ist verschieden von der Definition der Fluoreszenzausbeute ω (s. o.); während ω nur Werte zwischen 0 und 1 annehmen kann, erreicht α bei vollständiger Konversion unendlich große Zahlenwerte.

Es ist darauf hinzuweisen, daß ein einzelner Kern im angeregten Zustand nur entweder durch γ-Emission oder durch IC zerfällt. Das durch α beschriebene Konversionsverhältnis kann nur im Mittel über viele Zerfälle gemessen werden.

4.3.2 Betazerfall

Beta-Zerfälle werden durch die schwache Wechselwirkung verursacht. Man unterscheidet drei Arten: β^+-Zerfall, β^--Zerfall und Elektroneneinfang EC (engl.: Electron Capture). Die dabei auftretende Strahlung („β-Strahlung") besteht aus Positronen (β^+) und Neutrinos oder Elektronen (β^-) und Antineutrinos (vgl. Abschn. 2.3); beim EC-Zerfall wird nur ein Neutrino emittiert. Beta-Zerfälle kommen bei Isotopen nahezu aller Elemente vor. Man kennt etwa 20 natürliche und weit über 1000 künstlich erzeugbare β-Strahler. β^--Zerfälle spielen eine bedeutende Rolle beim Zerfall der Kernspaltungsprodukte.

Die Neutrinos haben verschwindend kleine Ruhmassen und können Materie nahezu ungehindert durchdringen. Dies bedeutet, daß sie nicht abgeschirmt und nur mit riesigem experimentellem Aufwand nachgewiesen werden können. Deshalb blieb der β-Zerfall anfänglich unverstanden. Obschon bei Zerfall eines Nuklids zu einem bestimmten Endzustand ein fester Energiebetrag (Differenz der Bindungsenergien, s. Abschn. 3.3) frei wird, hatte man festgestellt, daß die β-Strahlung eines Präparates nicht monoenergetisch ist, sondern eine kontinuierliche Energieverteilung bis zu einer Maximalenergie aufweist. Der Energieerhaltungssatz schien also beim β-Zerfall verletzt. Im Jahr 1933 folgerte Wolfgang Pauli (1900–1958), daß noch ein weiteres Teilchen emittiert würde, welches sich der Wechselwirkung mit Materie (und damit dem Nachweis) entzieht, damals ein kühnes Postulat. Erst im Jahr 1956 gelang die Beobachtung einer von Neutrinos ausgelösten Kernreaktion. Seitdem besteht kein Zweifel mehr an der Richtigkeit der Neutrino-Hypothese.

Bei einem einzelnen β-Zerfall verteilt sich die für die emittierten Teilchen zur Verfügung stehende Energie auf β^+ und ν_e bzw. β^- und $\bar{\nu}_e$. Im Mittel über sehr viele Zerfallsereignisse ergibt sich jedoch eine wohlbestimmte Verteilung der β-Energien, das sogenannte β-Spektrum. Heute vermag die Theorie des β-Zerfalls die Form solcher β-Spektren genau vorherzusagen. In Abb. 4.5 ist ein β-Spektrum schematisch darstellt. Es ist gekennzeichnet durch eine maximale β-Energie, die der vollen Zerfallsenergie entspricht und bei der das Neutrino eine verschwindend kleine Energie erhält, sowie einem Intensitätsmaximum, das zwischen $\frac{1}{2}T_{\beta,max}$ und $\frac{1}{3}T_{\beta,max}$ liegt.

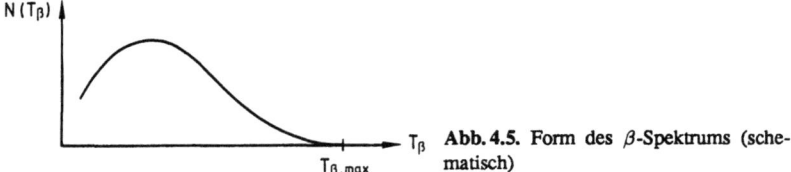

Abb. 4.5. Form des β-Spektrums (schematisch)

Nuklide sind β-instabil, wenn ihr Verhältnis von Protonenzahl zu Neutronenzahl in der einen oder anderen Richtung vom Stabilitätsgebiet (s. Abb. 2.2) abweicht. Dann wandelt sich im Kern ein Proton bzw. Neutron in ein Neutron bzw. Proton unter Aussendung der Teilchen e^+ und ν_e bzw. e^- und $\bar{\nu}_e$ um. Dieser Vorgang kann sich gegebenenfalls wiederholen, bis ein stabiler Kern erreicht wird.

β^+-Zerfall : $(A,Z) \rightarrow (A,Z-1) + e^+ + \nu_e$,

β^--Zerfall : $(A,Z) \rightarrow (A,Z+1) + e^- + \bar{\nu}_e$.

Der β^--Zerfall ist auch für ein freies Neutron, wie es z. B. bei der Kernspaltung entsteht, gemäß der Gleichung

$n \rightarrow p + e^- + \bar{\nu}_e$

möglich. Die Halbwertszeit dieses Zerfalls beträgt etwa zehn Minuten.

Alternativ zum β^+-Zerfall tritt der sogenannte Elektroneneinfang EC auf. Hierbei erfolgt die Umwandlung eines Protons in ein Neutron im Kern durch Einfangen eines Elektrons aus einer inneren Atomschale, meistens aus der K-Schale:

$$\text{EC}: (A, Z) + e^- \to (A, Z-1) + \nu_e \quad .$$

Bei diesem Zerfall wird nur ein Neutrino, das sich jedoch der Beobachtung entzieht, emittiert. Da das dabei entstandene Loch in der inneren Schale durch ein Elektron aus einer höheren Schale aufgefüllt wird, kann ein Elektroneneinfangsprozeß aber anhand der Emission der charakteristischen Röntgenstrahlung des Tochterelements oder von Augerelektronen erkannt werden.

Das Verhältnis der Übergangswahrscheinlichkeiten für EC- und β^+-Zerfälle ist – soweit β^+-Zerfälle überhaupt möglich sind (s. u.) – proportional zu Z^3. β^+-Zerfälle werden daher nur bei leichten und mittelschweren Kernen beobachtet; bei schweren Kernen findet man nur EC-Übergänge.

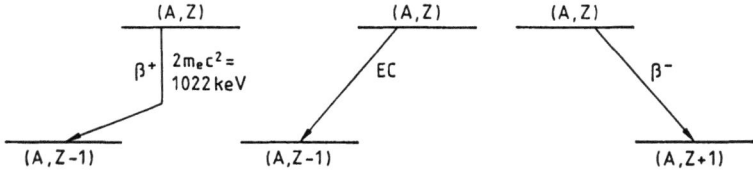

Abb. 4.6. Schematische Energiediagramme für die drei Arten des β-Zerfalls

Abbildung 4.6 zeigt schematische Energiediagramme der verschiedenen Betazerfallsarten. Die in solchen Zerfallsdiagrammen angegebenen Energieniveaus gehen von den Nuklidmassen $M(A, Z)$ aus, d. h. die Massen m_e der Hüllelektronen sind einbezogen.

Wenn man die (kleine) Bindungsenergie der Hüllelektronen außer Betracht läßt, bedeutet dies für den β^--Zerfall, daß sich die Masse des Ausgangskerns $\{M(A, Z) - Zm_e\}$ aufteilt in die Masse des Endkerns $\{M(A, Z+1) - (Z+1)m_e\}$, die Masse des β-Teilchens und die zur Zerfallsenergie ΔE äquivalente Masse ΔM. Es gilt also für den β^--Zerfall:

$$\Delta E = \{M(A, Z) - Zm_e - [M(A, Z+1) - (Z+1)m_e + m_e]\}c^2$$
$$\Delta E = \{M(A, Z) - M(A, Z+1)\}c^2 \quad .$$

Entsprechend ergibt sich für den β^+-Zerfall:

$$\Delta E = \{M(A, Z) - Zm_e - [M(A, Z-1) - (Z-1)m_e + m_e]\}c^2$$
$$\Delta E = \{M(A, Z) - M(A, Z-1) - 2m_e\}c^2 \quad .$$

Demnach muß, damit ein β^+-Zerfall stattfinden kann, die Differenz der Ruhenergien von Ausgangs- und Endnuklid mindestens $2m_e c^2 = 2 \cdot 511$ keV betragen; sonst ist $\Delta E < 0$, d. h. ein Zerfall ist nicht möglich. Nur die über 1022 keV hinausgehende Energie steht Positron und Neutrino als kinetische Energie zur Verfügung. Dies ist in Abb. 4.6 durch die besondere Darstellung des Zerfallspfeils angedeutet.

Für den Elektroneneinfang gilt entsprechend:

$$\Delta E = \{M(A, Z) - Zm_e + m_e - [M(A, Z - 1) - (Z - 1)m_e]\}c^2$$
$$\Delta E = \{M(A, Z) - M(A, Z - 1)\}c^2 \ .$$

Elektroneneinfang kann daher wie der β^--Zerfall immer stattfinden, wenn die Masse des Ausgangsatoms größer ist als die des Endatoms. EC-Übergänge sind auch bei geringen Differenzen der Atommassen möglich, wenn, wie oben gezeigt, ein β^+-Zerfall nicht eintreten kann. Ist die Differenz der Atommassen größer als 1022 keV, konkurrieren β^+-Zerfall und EC in der oben beschriebenen Weise miteinander.

Wie beim γ-Zerfall gibt es auch beim β-Zerfall Auswahlregeln, die Zerfälle mit kleinen Unterschieden zwischen den Drehimpulsen von Ausgangs- und Endkern begünstigen. Für große Drehimpulsunterschiede ergeben sich lange Lebensdauern.

4.3.3 Alphazerfall

Alphazerfall tritt hauptsächlich bei Elementen mit $Z > 82$ auf und trägt wesentlich zur natürlichen Radioaktivität aus den Zerfallsreihen von ^{238}U, ^{235}U und ^{232}Th bei (s. Abschn. 5.3). Die emittierten α-Teilchen sind ^{4}He-Kerne. Demnach ändert sich bei einem α-Zerfall die Massenzahl um vier und die Ordnungszahl um zwei Einheiten, z. B. $^{238}_{92}$U $\rightarrow$ $^{234}_{90}$Th + $^4_2$He + ΔE.

Die Zerfallsenergie ΔE entspricht der Differenz aus der Masse des ^{238}U-Kerns und der Summe der Massen von ^{234}Th- und ^{4}He-Kern. Das α-Teilchen erhält aus Impulserhaltungsgründen (Rückstoß) den Anteil $[m_{Th}/(m_{Th} + m_\alpha)]\Delta E$ als kinetische Energie. α-Energien liegen bei den Zerfällen der schweren Kerne zwischen 4 und 10 MeV. Abbildung 4.7 zeigt schematisch das Energiediagramm eines α-Zerfalls.

Zur Beschreibung des zeitlichen Ablaufs der radioaktiven Zerfälle benutzt man die sog. Halbwertszeit, also die Zeit, nach der eine ursprünglich vorhandene Menge eines radioaktiven Stoffes zur Hälfte zerfallen

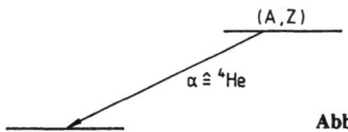

Abb. 4.7. Energiediagramm des α-Zerfalls (schematisch)

ist (ausführlich s. Kap. 5). Die Halbwertszeiten der α-Zerfälle differieren um viele Größenordnungen zwischen $3 \cdot 10^{-7}$ s (^{212}Po) und $1,4 \cdot 10^{10}$ a (^{232}Th). Es existieren umfangreiche Tabellenwerke, die Energiediagramme und Details der Zerfälle für alle bekannten Radionuklide enthalten. Abbildung 4.8 zeigt die Zerfallsschemata einiger wichtiger Radionuklide.

4.3.4 Weitere Zerfallsmöglichkeiten

Die bisher besprochenen Zerfallsarten bilden den überwiegenden Teil der natürlichen und künstlichen Radioaktivität in unserer Umwelt. Die Kernphysik kennt darüberhinaus noch weitere Zerfallsarten, die in Forschung und Technik eine zum Teil bedeutende Rolle spielen, für Fragen der Strahlenbelastung von Mensch und Umwelt jedoch ohne Bedeutung sind. Zwei dieser Zerfallsmöglichkeiten sollen hier erwähnt werden. Bei sehr schweren Elementen, etwa oberhalb der Kernladungszahl 90, wird neben dem α-Zerfall in zunehmendem Maße „spontane Spaltung" als Zerfallsart beobachtet. Der Kern spaltet dabei ohne äußere Einwirkung in zwei, nicht gleich große Bruchstücke. Beispielsweise zerfällt das Nuklid $^{254}_{96}$Cf zu 99 % durch Spontanspaltung. Die spontane Spaltung begrenzt die Möglichkeit des Auffindens immer schwererer Elemente.

Bei der Kernspaltung werden neben den beiden primären Spaltbruchstücken auch einige schnelle Neutronen ausgesandt. Sie heißen prompte Neutronen, da sie im Augenblick der Spaltung emittiert werden.

Nach Zeiten bis zu Minuten treten zusätzliche „verzögerte" Neutronen auf. Sie folgen dem β-Zerfall von Spaltprodukten, wenn der Folgekern hoch angeregt und die Bindungsenergie des letzten Neutrons niedrig ist. Ein Beispiel ist der Zerfall von ^{87}Br (s. Abb. 4.8).

$$^{87}_{35}\text{Br} \xrightarrow{\beta^-} {}^{87}_{36}\text{Kr}^* \rightarrow {}^{86}_{36}\text{Kr} + {}^{1}_{0}n \quad .$$

Diese verzögerten Neutronen spielen eine wichtige Rolle bei der Regelung des Neutronenflusses im Reaktor (s. Abschn. 9.4).

Neben spontan ablaufenden Kernzerfällen können Kernumwandlungen auch durch Bestrahlung mit energiereichen Projektilen, z. B. Elektronen, Protonen, Neutronen, leichten oder schweren Kernen oder Photonen eingeleitet werden. Das allgemeine Schema einer solchen, in vielen Aspekten einer chemischen Reaktion vergleichbaren Kernreaktion ist:

Ausgangskern A + energiereiches Projektil a
$\rightarrow$
Endkern B + Reaktionsprodukte b + Energie, mit der die
Reaktionsprodukte auseinanderfliegen

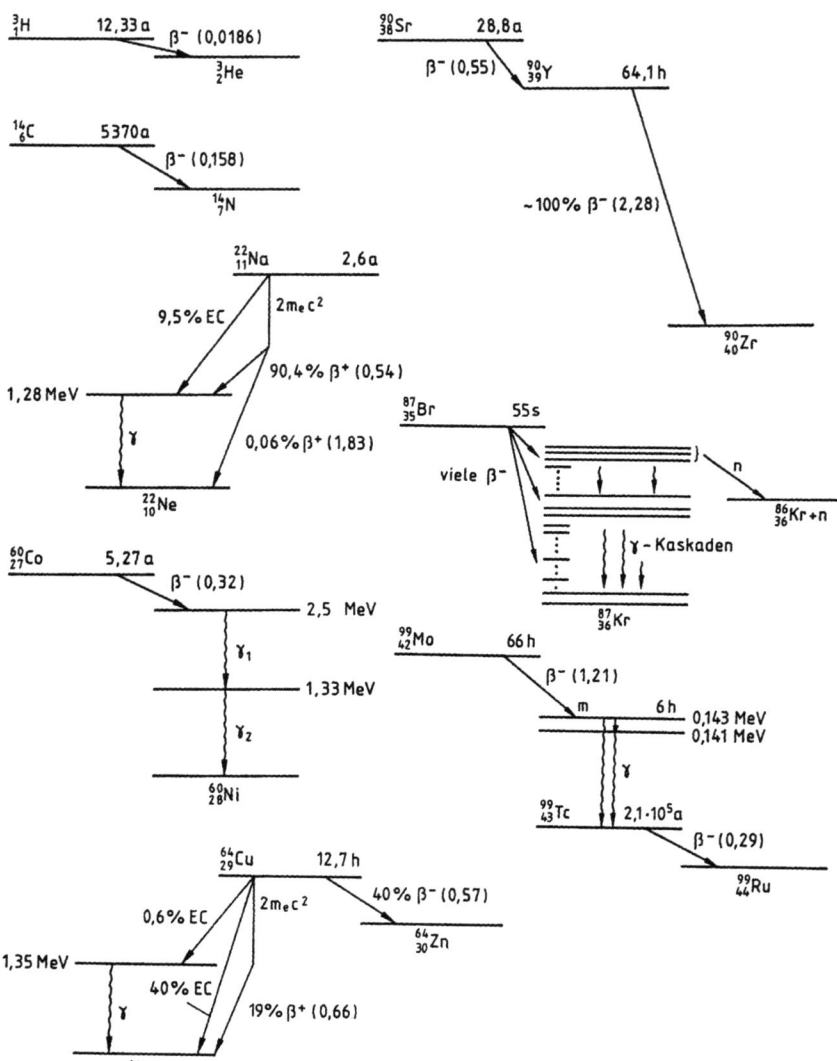

Abb. 4.8. Zerfallsschemata wichtiger Radionuklide (bei einigen sind nur wichtige Übergänge eingezeichnet, α- und β-Energien in MeV sind in Klammern angegeben):
^{3}H[1], ^{14}C[1], ^{22}Na[2], ^{60}Co[2], ^{64}Cu[3], ^{87}Br[4], ^{90}Sr[5], ^{99}Mo/^{99}Tc[6], ^{125}I[7], ^{131}I[8], ^{137}Cs[5], ^{212}Pb[9], ^{226}Ra[9]

(1) Entstehen in geringer Konzentration durch Einwirkung kosmischer Höhenstrahlung in der Atmosphäre
(2) In Forschung und Technik häufig verwendete Prüfstrahler
(3) Zerfällt sowohl durch β^{+}- als auch durch β^{-}-Zerfall
(4) Möglichkeit der Emission verzögerter Neutronen

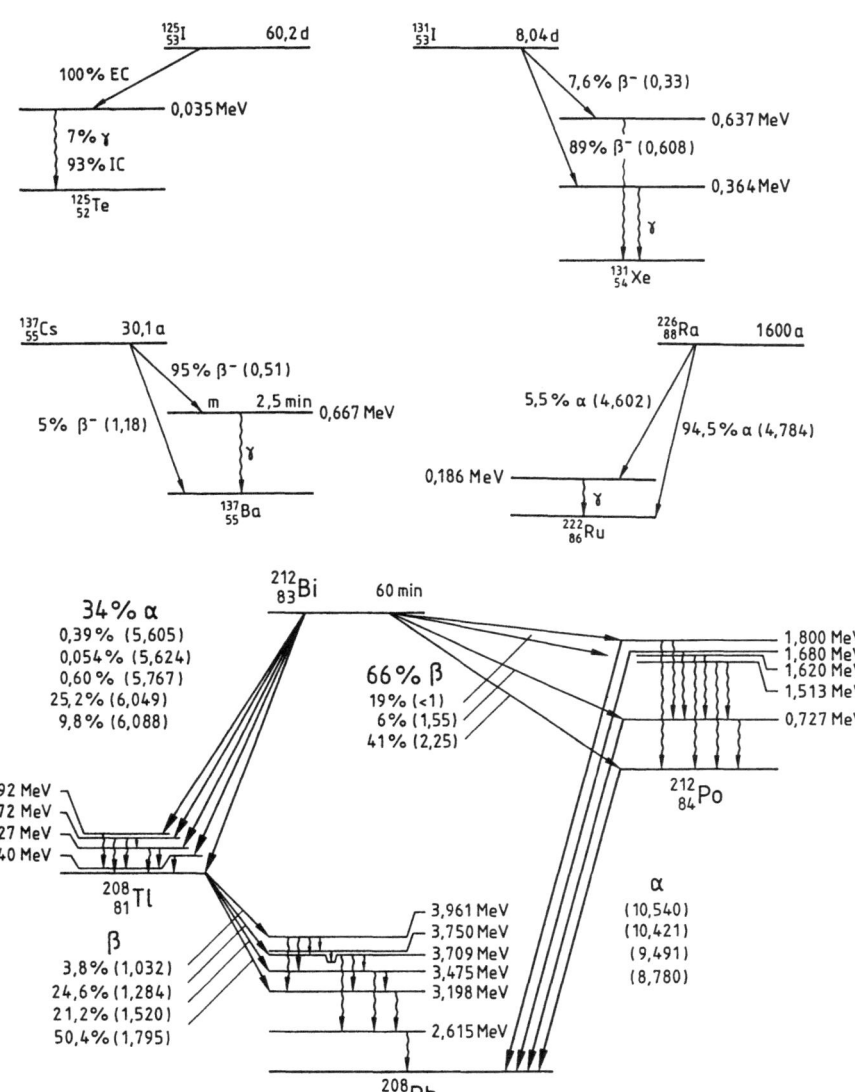

(5) Langlebige Spaltprodukte
(6) ^{99}Tc ist ein sehr langlebiges Spaltprodukt ($T_{1/2} \approx 2 \cdot 10^5$ a), der isomere γ-Übergang ($T_{1/2} \approx 6$ h), der nach dem Zerfall des Mutternuklids ^{99}Mo folgt, wird in der nuklearmedizinischen Diagnostik verwendet
(7) Wichtiges Indikatornuklid in der biochemischen Forschung
(8) Kurzlebiges, leicht flüchtiges Spaltprodukt, Hauptkomponente der Tschernobylstrahlung 1986 in Deutschland
(9) Glieder der natürlichen Zerfallskette des ^{232}Th bzw. des ^{238}U; wichtige Prüfstrahler

Tabelle 4.1. Übersicht der verschiedenen Kernzerfallsarten

Zerfall	Wechselwirkung	Ausgangsnuklid/Endnuklid	Emittierte Teilchen (Symbol)	Konkurrierende Zerfallsart	Folgeprozesse	Form des Energiespektrums
Alpha	Kernkraft, Coulombkraft[a]	$(A,Z)/(A-4, Z-2)$	⁴He-Kern (α)	spontane Spaltung	γ-Zerfälle	scharfe Energie der α-Teilchen
Beta-minus	schwache Ww., Coulombkraft[a]	$(A,Z)/(A,Z+1)$	Elektron (β^-) Antineutrino ($\bar{\nu}_e$)	Neutronenemission[b]	evtl. nachf. Gammaübergänge	kontinuierliche Verteilung der β^--Energien bis zu T_{max}
Beta-plus	schwache Ww., Coulombkraft[a]	$(A,Z)/(A,Z-1)$	Positron (β^+) Neutrino (ν_e)	Elektroneneinfang	Zerstrahlung der Positronen	kontinuierliche Verteilung der β^+-Energien, feste Maximalenergie
Elektroneneinfang (EC)	schwache Ww.	$(A,Z)/(A,Z-1)$	Neutrino (ν_e)	Beta-plus-Zerfall[c]	Emission von Augerelektronen, Röntgenphot.	scharfe Energie von Neutrino; Augerelektronen, Röntgenphot.
Gamma	el.-mag. Ww.	$(A,Z)_{\text{anger.}}/(A,Z)_{\text{Grundzust.}}$	Photon (γ)	Innere Konversion	evtl. weitere Gammaübergänge	scharfe γ-Energie
Innere Konversion	el.-mag. Ww.	$(A,Z)_{\text{anger.}}/(A,Z)_{\text{Grundzust.}}$	Konversionselektron	Gammaübergang	Emission von Augerelektronen, Röntgenphot.	scharfe Energie der Konversionselektronen; Augerelektronen, Röntgenphot.
Spontane Spaltung	Kernkraft, Coulombkraft[a]	(A,Z)/zwei verschieden große Spaltprodukte	einige Neutronen	Alpha-Zerfall	β,γ-Zerfälle der Spaltprodukte	Überlagerung verschiedener Spaltproduktverteilungen

[a] Die Coulombkraft beeinflußt u.a. das Auseinanderfliegen der geladenen Endprodukte
[b] Nur bei hoch angeregten Spaltprodukten von Bedeutung
[c] Nur möglich, wenn $M(A,Z) - M(A,Z-1) \geq 2m_e c^2$

abgekürzt:

$$A + a \to B + b + \text{Energie} \quad \text{oder} \quad A(a,b)B \quad .$$

Eine spezielle Kernreaktion, die durch Bestrahlen mit sehr langsamen Neutronen ausgelöst wird, ist die künstlich induzierte Spaltung, z. B. eines Isotops des schwersten natürlich vorkommenden Elements Uran, nämlich des ^{235}U. Durch Einbau eines zusätzlichen Neutrons entsteht ein gg-Kern, wobei außer den Bindungsenergiebeiträgen der Terme B_0 bis B_3 der Weizsäcker-Formel (s. Abschn. 3.5) die Paarungsenergie frei wird. Diese Energie reicht aus, um eine künstliche Kernspaltung zu erzeugen. Da hierbei auch einige Neutronen frei werden, die ihrerseits neue Kernspaltungen auslösen können, wird eine Kettenreaktion möglich (s. Abschn. 9.2).

4.3.5 Zusammenfassung

In Tabelle 4.1 sind die charakteristischen Merkmale der wichtigsten Kernzerfallsarten zusammengefaßt.

Da Elektroneneinfang und innere Konversion Löcher in den Elektronenschalen erzeugen, sind die hieraus resultierenden Atomzerfälle, die zur Emission von Röntgenphotonen oder Augerelektronen führen, ebenfalls aufgeführt. Die Angaben über die Form des Spektrums beziehen sich auf einen Übergang zu einem bestimmten Endzustand. In Fällen, bei denen der Zerfall zu mehreren verschiedenen Endzuständen erfolgen kann, er hält man Überlagerungen der entsprechenden Energiespektren.

5 Zeitliches Verhalten

5.1 Zerfallsgesetz und Aktivität

Eine radioaktive Quelle strahlt nicht mit zeitlich konstanter Intensität, da sie sich mit der Zeit „verbraucht". Sind am Anfang (zur Zeit $t = 0$) N_0 radioaktive Kerne vorhanden, so wird zu einer späteren Zeit t nur eine Anzahl $N(t)$ der Kerne noch nicht zerfallen sein. Das Zerfallsgesetz für radioaktive Quellen beschreibt den Zusammenhang zwischen der Anzahl N und der Zeit t.

Wir gehen aus von der Tatsache, daß die Kerne spontan zerfallen. Dies bedeutet, daß man nur eine Wahrscheinlichkeit $\lambda\, dt$ dafür angeben kann, daß ein Kern zwischen den Zeitpunkten t und $(t + dt)$, also im Zeitintervall dt, zerfällt. Aber man kann prinzipiell nicht vorhersagen, in welchem Zeitintervall der einzelne Kern wirklich zerfallen wird. Die Größe λ (physikalische Einheit: s^{-1}) ist eine für jeden radioaktiven Strahler charakteristische Größe, die von äußeren Einflüssen (Druck, Temperatur, elektromagnetische Felder) völlig unabhängig ist. Jedoch kann die chemische Bindung bei solchen Zerfällen eine Rolle spielen, die unter Beteiligung der Elektronenhülle stattfinden (wie Elektroneneinfang, EC, und innere Konversion, IC). Es ist eine inzwischen weitgehend gelöste Aufgabe der Kernphysik, die individuellen Werte von λ für jedes radioaktive Nuklid und für angeregte Kernzustände aus der Kernstruktur, den Wechselwirkungen, der verfügbaren Energie, den Spins und anderen Quantenzahlen zu verstehen. Der interessierte Leser wird auf die Lehrbücher der Kernphysik (s. Literaturliste am Schluß des Buches) zum Studium dieses Problemkreises verwiesen.

Besteht die radioaktive Quelle aus einer großen Anzahl N von Atomen (z. B. enthält 1 g ^{226}Radium etwa $2,7 \cdot 10^{21}$ Atome), dann zerfallen im statistischen Mittel während des Zeitintervalls dt die Anzahl $N\lambda\, dt$ von Kernen. Um diese Zahl nimmt N im Zeitintervall dt ab (daher ein Minuszeichen), also

$$-dN = \lambda N dt \quad , \quad \frac{dN}{N} = -\lambda\, dt \quad .$$

Durch Integration über die Zeit von 0 bis t folgt das Zerfallsgesetz

$$N(t) = N_0 \exp(-\lambda t) \quad , \tag{5.1}$$

wobei N_0 die Anzahl der Kerne am Anfang ($t = 0$) ist; zur Exponentialfunktion siehe Abschn. 2.4. Man kann die Größe $\exp(-\lambda t)$ auch als Potenz der Zahl 2 darstellen (mit dem auszurechnenden Exponenten x):

$$\exp(-\lambda t) = 2^x \quad .$$

Bildung des natürlichen Logarithmus auf beiden Seiten liefert

$$-\lambda t = x \ln 2 \quad , \qquad \text{also} \qquad x = -\frac{\lambda t}{\ln 2} \quad .$$

Damit schreibt sich (5.1) als

$$N = N_0 2^{-\lambda t / \ln 2} = N_0 2^{-t/T} \quad \text{mit} \quad T = \frac{\ln 2}{\lambda} \quad . \tag{5.2}$$

T wird „Halbwertszeit" genannt, denn nach der Zeit $t = T$ ist die Hälfte der ursprünglich vorhandenen Kerne zerfallen, nach $2T$ ist nur noch ein Viertel der Kerne vorhanden usw. (s. Abb. 5.1).

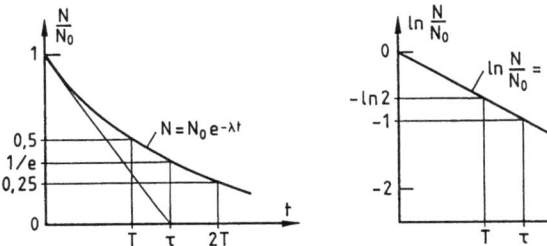

Abb. 5.1. Zeitlicher Zerfall der Anzahl N der Atome eines radioaktiven Präparates. (*Links*) lineare, (*rechts*) halblogarithmische Darstellung

Nach 10 Halbwertszeiten ist nur der Bruchteil $2^{-10} \approx 10^{-3}$, also ein tausendstel der Ausgangssubstanz, nicht zerfallen. Die Größe $1/\lambda = \tau$ nennt man die „mittlere Lebensdauer" des zerfallenden Zustandes, sie hängt mit der Halbwertszeit zusammen (es gilt $\ln 2 = 0{,}693$) über

$$\tau = 1{,}443\, T \quad .$$

Beim Nachschlagen von Tabellenwerten ist darauf zu achten, ob die Halbwertszeit oder die Lebensdauer angegeben ist; die Darstellung ist nicht einheitlich. Die Zahl der in der Zeiteinheit (Sekunde) zerfallenden Kerne nennt man die „Aktivität" A der Quelle (nicht zu verwechseln mit der Fläche A, siehe Kap. 2). Mit dem Zerfallsgesetz ergibt sich

$$\text{Aktivität } A = \lambda N = \lambda N_0 \exp(-\lambda t) = A_0 \exp(-\lambda t) \quad . \tag{5.3}$$

Die (zeitlich exponentiell abfallende) Aktivität ist eine Meßgröße, Meßgerät ist z. B. ein Teilchenzähler. Sie ist – nach einigen Korrekturen (siehe unten) – als Zahl der Zerfallsereignisse pro Sekunde die Strahlstärke der Quelle, die in Abschn. 2.4 mit I_0 bezeichnet wurde. Die Maßeinheit für die Aktivität ist

$$1\,\text{Bq (Becquerel)} = 1\,\text{Zerfall/s} = 1\,\text{s}^{-1}\ .$$

Früher wurde die Aktivität von 1 g ^{226}Ra als Einheit benutzt und als 1 Ci (= Curie, nach Marie Curie (1867–1934)) bezeichnet. Mit der Halbwertszeit des ^{226}Ra (T = 1600 a) und der oben angegebenen Zahl der Atome in 1 g Ra ergibt sich näherungsweise (später bei der Festsetzung des Ci so definiert):

$$1\,\text{Ci} = 3,7 \cdot 10^{10}\,\text{Bq} = 37\,\text{GBq}\ .$$

Es handelt sich dabei nicht notwendig um die Zahl der emittierten Teilchen (γ, e$^-$, α,... sondern um die mittlere Zahl der Zerfallsakte pro Sekunde. Dieser Unterschied muß stets bedacht werden. Zum Beispiel sendet eine ^{60}Co-Quelle pro Zerfallsakt ein β-Teilchen und zwei γ-Quanten aus.

Das Becquerel ist eine sehr kleine Einheit. Strahlenschutzmaßnahmen sind – je nach Art und Energie der ausgesandten Teilchen – erst bei Aktivitäten der Größenordnung kBq oder MBq erforderlich.

Anmerkung: Oben wurde die Dimension s^{-1} als Hz bezeichnet (Frequenzeinheit). Der Unterschied zwischen Frequenz und Zerfallsrate besteht darin, daß bei periodischen Schwingungen der Abstand zwischen zwei Maxima zeitlich überall der gleiche ist (regelmäßige Zeitabfolge), während die radioaktiven Zerfälle unregelmäßig (statistisch) erfolgen, also mit zeitlich veränderlichen Abständen. Daher soll die Einheit Hz nicht für die Aktivität benutzt werden.

Die Aktivität nach (5.3) ist eine sinnvolle Größe nur bei Vorliegen genügend starker Quellen, bei denen in der Meßzeit viele Teilchen zerfallen; die Aktivität ist dann der Mittelwert der Zahl der Zerfälle pro Zeit. Bei einer Einzelmessung kann sich ein vom Mittelwert abweichender Wert ergeben (s. Abschn. 5.5). Für ein einzelnes strahlendes Atom ist der Begriff der Aktivität sinnlos.

Die Zählrate in einem Teilchenzähler ist i. a. kleiner als die Aktivität, da gemäß den in Kap. 2 angestellten Überlegungen der Raumwinkel, den der Zähler bietet, die Selbstabsorption in der Quelle, die Absorption im Medium zwischen Quelle und Zähler, evtl. Richtungsanisotropien und die Ansprechwahrscheinlichkeit des Zählers selbst berücksichtigt werden müssen (s. u.).

Hat die Quelle eine Aktivität von 1 kBq = 10^3 Bq = 1 Zerfall pro Millisekunde, dann muß der Zähler (abgesehen von den oben genannten Einflüssen) so beschaffen sein, daß er mehr als 1000 Ereignisse pro s auflösen kann; bei 1 MBq = 1(μs)$^{-1}$ muß er 1 Million Ereignisse pro s oder 1 Ereignis pro Mikrosekunde verarbeiten. Die nachgeschaltete elektronische Apparatur muß diesen Zählraten gewachsen sein. Dies hat zur Entwicklung der Mikro- und Nanosekunden-Pulstechnik geführt. Auflösungszeiten um 1 ns sind heute Stand der Technik. Der Aufwand dafür ist erheblich und verursacht entsprechende Kosten.

5.2 Mehrere Zerfallsmöglichkeiten, Beispiel ^{40}K

Hat ein Kern mehrere Zerfallsmöglichkeiten, so addieren sich die Zerfallswahrscheinlichkeiten, weil es sich um voneinander unabhängige Prozesse handelt:

$$\lambda = \lambda_1 + \lambda_2 + \ldots$$

Wir diskutieren hier den Fall zweier Zerfallsmöglichkeiten am Beispiel des Zerfalls des Nuklids ^{40}K, das wesentlich zur natürlichen Strahlenbelastung des Menschen beiträgt, da es zu 0,0117 % im natürlichen Kalium enthalten ist. Seine Halbwertszeit $T = 1,28 \cdot 10^9$a ist so lang, daß Reste seit der Entstehung der Erde vor etwa $4,6 \cdot 10^9$a noch nicht zerfallen sind. Das Zerfallsschema ist in Abb. 5.2 angegeben.

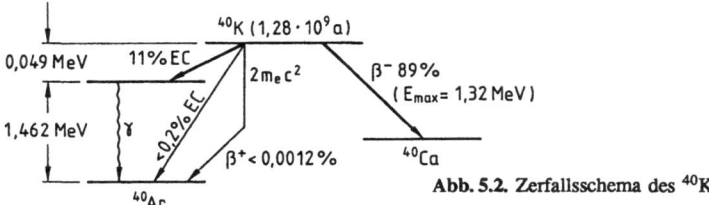

Abb. 5.2. Zerfallsschema des ^{40}K

Die Zahl der vorhandenen Mutterkerne ^{40}K in einer Probe sei M, die Zahlen der Tochterkerne ^{40}Ca bzw. ^{40}Ar seien N_1 bzw. N_2. Dann gilt

$$M(t) = M_0 \exp[-(\lambda_1 + \lambda_2)t] \quad ;$$
$$dN_1 = \lambda_1 M \, dt \quad ; \quad dN_2 = \lambda_2 M \, dt \quad .$$

Wenn zur Zeit $t = 0$ die Tochterprodukte chemisch abgetrennt wurden, ist $N_1(0) = N_2(0) = 0$. Integration über die Zeit liefert

$$N_1(t) = \frac{\lambda_1}{\lambda_1 + \lambda_2} M(t)[\exp(\lambda_1 + \lambda_2)t - 1] \quad ,$$
$$N_2(t) = \frac{\lambda_2}{\lambda_1 + \lambda_2} M(t)[\exp(\lambda_1 + \lambda_2)t - 1] \quad .$$

Daraus folgt

$$\frac{N_1(t)}{N_2(t)} = \frac{\lambda_1}{\lambda_2}.$$

Das Verhältnis der Atomzahlen der Tochterprodukte ist also zeitunabhängig und gleich dem Verhältnis der Zerfallswahrscheinlichkeiten. Für das Beispiel des ^{40}K ergeben sich bei dem gemessenen Verzweigungsverhältnis $\lambda_1/(\lambda_1 + \lambda_2) = 11\,\%$ und der Halbwertszeit $T = \ln 2/(\lambda_1 + \lambda_2) = 1{,}28 \cdot 10^9$ a die Einzelwerte der Zerfallskonstanten

$$\lambda_1 = 5{,}96 \cdot 10^{-11} \mathrm{a}^{-1} \quad \text{und} \quad \lambda_2 = 4{,}77 \cdot 10^{-10} \mathrm{a}^{-1}$$

für den β-Zerfall zum ^{40}Ca bzw. für den EC-Zerfall zum ^{40}Ar. Für das ^{40}K ist $\lambda = \lambda_1 + \lambda_2 = 5{,}37 \cdot 10^{-10} \mathrm{a}^{-1} = 1{,}71 \cdot 10^{-17} \mathrm{s}^{-1}$. Für die spezifische Aktivität von natürlichem Kaliummetall folgt daraus $A/m = 30{,}8\,\mathrm{Bq/g} = 30{,}8\,\mathrm{kBq/kg}$.

Kalium ist ein natürlicher Bestandteil des menschlichen Körpers. Der Standardmensch hat eine Masse von 70 kg mit einem Massenanteil von 0,2 % Kalium, also 140 g K. Die Aktivität des Standardmenschen aufgrund des ^{40}K-Zerfalls beträgt demnach 4310 Bq. Nur 11 % der Zerfallsakte führen zur γ-Emission, deren Photonen mit einer Energie von 1,462 MeV sehr durchdringend sind. Sie können außerhalb mit einem Ganzkörperdetektor (Szintillationsdetektor aus organischem Material, s. Kap. 7) registriert werden. Allerdings verlassen nur etwa 70 % der Photonen den Körper, der Rest wird in den Knochen oder im Gewebe absorbiert. Bei einer Ansprechwahrscheinlichkeit des Detektors von rund 10 % kann man somit mit einer typischen Zählrate von etwa $35\,\mathrm{s}^{-1}$ rechnen.

Als nächstes soll die Energiedeposition durch den ^{40}K-Zerfall im Körper abgeschätzt werden. Der EC-Prozeß hinterläßt ein Loch in der Schale, aus der das Elektron eingefangen wurde, das sich über den Augereffekt oder die Emission von charakteristischer Röntgenstrahlung (s. Kap. 4) auffüllt. Beim ^{40}K wird dabei im Mittel eine Energie von etwa 5 keV frei. Von der nachfolgenden γ-Strahlung werden – rund gerechnet – 30 % im Körper absorbiert. Die (hier seltenen) Konversionsprozesse können außer Acht gelassen werden. Somit liefert der Zerfallszweig zum ^{40}Ar pro Zerfall insgesamt $0{,}11(0{,}005 + 0{,}3 \cdot 1{,}462)\,\mathrm{MeV} = 0{,}049\,\mathrm{MeV}$. Beim β-Zerfall zum ^{40}Ca werden Elektronen emittiert, die – gemittelt über das β-Spektrum – eine Energie von 0,51 MeV deponieren. Somit liefert dieser Zerfallszweig einen Beitrag von $0{,}89 \cdot 0{,}51\,\mathrm{MeV} = 0{,}454\,\mathrm{MeV}$. Insgesamt ergibt sich eine mittlere Energiedeposition im Körper von 0,503 MeV pro Zerfall.

Die „Energiedosis" ist definiert als die vom Objekt durch ionisierende Strahlung absorbierte Energie pro Masse des Objekts. Sie ist ein ungefähres Maß für die Strahlenschädigung. Mit den obigen Zahlenwerten beträgt die Dosisrate (Dosis pro Zeiteinheit) unter der Annahme, daß das Kalium im wesentlichen gleichmäßig über den Körper verteilt ist,

4310 Zerfälle/s mal 0,503 MeV/Zerfall, geteilt durch 70 kg. Dies ergibt 31 MeV/(kg · s) = 5,0 · 10^{-12} J/(kg · s) = 0,16 mJ/(kg · a), das sind etwa 10 % der von natürlichen Einflüssen herrührenden Gesamtstrahlenbelastung des Menschen (s. Tabelle 8.4).

An diesem Beispiel kann man einen Eindruck davon gewinnen, wie schwierig es im einzelnen ist und wieviele Annahmen man machen muß, um aus einer spezifischen Aktivität (d. h. Aktivität pro Masse) auf die Strahlenbelastung zu schliessen. Die Verhältnisse liegen für jedes Nuklid anders und hängen auch davon ab, in welcher chemischen Verbindung die strahlende Substanz dem Körper zugeführt wird und in welchem Körperorgan sich die Aktivität konzentriert. Wir werden in Kap. 8 auf diese Problematik zurückkommen.

5.3 Zerfallsketten

Ist das Produkt (Index 2) eines einfachen Zerfalls der Muttersubstanz (Index 1) seinerseits radioaktiv, so verändert sich während des Zeitintervalls dt die Anzahl dN_2 der Produktkerne durch Bildung und Zerfall um

$$dN_2 = \lambda_1 N_1 \, dt - \lambda_2 N_2 \, dt \quad .$$

Sind anfänglich N_{10} Kerne der Muttersubstanz vorhanden, so gilt nach (5.1)

$$N_1 = N_{10} e^{-\lambda_1 t}$$

Liegt der Fall vor, daß zur Zeit $t = 0$ $N_2(0) = 0$ ist, so ergibt sich (Bestätigung durch Einsetzen):

$$N_2(t) = N_{10} \frac{\lambda_1}{\lambda_2 - \lambda_1} [\exp(-\lambda_1 t) - \exp(-\lambda_2 t)]$$

und für das als stabil angenommene zweite Tochterprodukt (Index 3) unter der Annahme $N_3(0) = 0$:

$$N_3(t) = N_{10} \left[1 - \frac{1}{\lambda_2 - \lambda_1} \{\lambda_1 \exp(-\lambda_2 t) - \lambda_2 \exp(-\lambda_1 t)\} \right] \quad .$$

Für alle Zeiten gilt demnach

$$N_1(t) + N_2(t) + N_3(t) = N_{10} \quad .$$

Für kleine Zeiten wächst $N_2(t)$ proportional zu t an, $N_3(t)$ proportional zu t^2. Die Aktivitäten bestimmen sich daraus gemäß (5.3). Für große Zeiten wird $N_1 \to 0$ und $N_2 \to 0$, d. h. schließlich bleibt nur das stabile Endprodukt übrig. Für $\lambda_2 > \lambda_1$ durchläuft die Aktivität $A_2(t)$ ein Maximum im

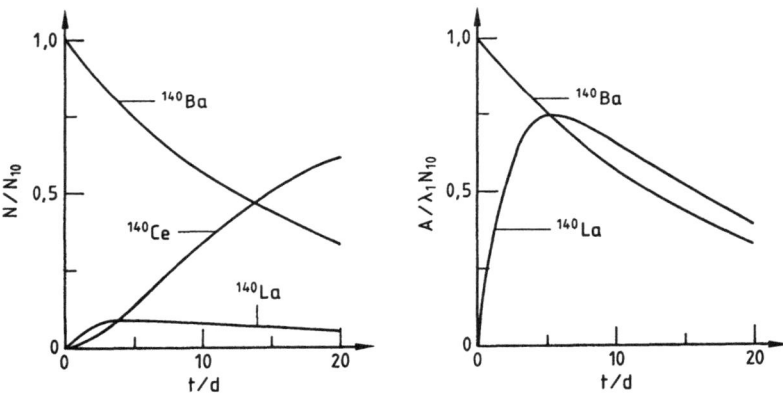

Abb. 5.3. Zeitabhängigkeiten der Atomzahlen (*links*) und Aktivitäten (*rechts*) beim Zerfall $^{140}Ba \rightarrow {}^{140}La \rightarrow {}^{140}Ce$

Zeitpunkt

$$t_{max} = \frac{1}{\lambda_2 - \lambda_1} \ln \frac{\lambda_2}{\lambda_1},$$

zu dieser Zeit sind die Aktivitäten A_1 und A_2 gleich. Für sehr große Zeiten fallen beide Aktivitäten mit der Halbwertszeit der Muttersubstanz ab. Als Beispiel betrachten wir den Zerfall (s. Abb. 5.3)

$$^{140}Ba \xrightarrow[T=12,6\,d]{\beta^-} {}^{140}La \xrightarrow[T=1,67\,d]{\beta^-} {}^{140}Ce \quad .$$

Hier ergibt sich $t_{max} = 5.67$ d. Wie man sieht, ist die Aktivität des ^{140}La für $t > t_{max}$ größer als die der Muttersubstanz ^{140}Ba. Dieses zunächst paradox erscheinende Ergebnis erklärt sich dadurch, daß die Gesamtzahl der Zerfälle für beide Strahler gleich sein muß; was beim ^{140}La für $t < t_{max}$ fehlt, muß später „nachgeholt" werden. Ein ähnliches Ergebnis liefert auch der Zerfall

$$^{90}Sr \xrightarrow[T=28,5\,a]{\beta^-} {}^{90}Y \xrightarrow[T=64,1\,h]{\beta^-} {}^{90}Zr \quad ,$$

der bei der Betrachtung der Strahlenbelastung aus dem Fallout von Kernwaffenversuchen und aus Reaktorunfällen eine große Rolle spielt, weil die Halbwertszeit von ^{90}Sr fast so groß ist wie das menschliche Lebensalter. Hier ist die Halbwertszeit der Muttersubstanz so lang im Vergleich mit derjenigen der Tochtersubstanz, daß eine Darstellung wie in Abb. 5.3 vom didaktischen Gesichtspunkt nicht sehr ergiebig ist.

Sind auch die Tochterprodukte (Index 3,4...) radioaktiv, so spricht man von einer Zerfallsreihe. Solche Reihen werden beim Zerfall von schweren

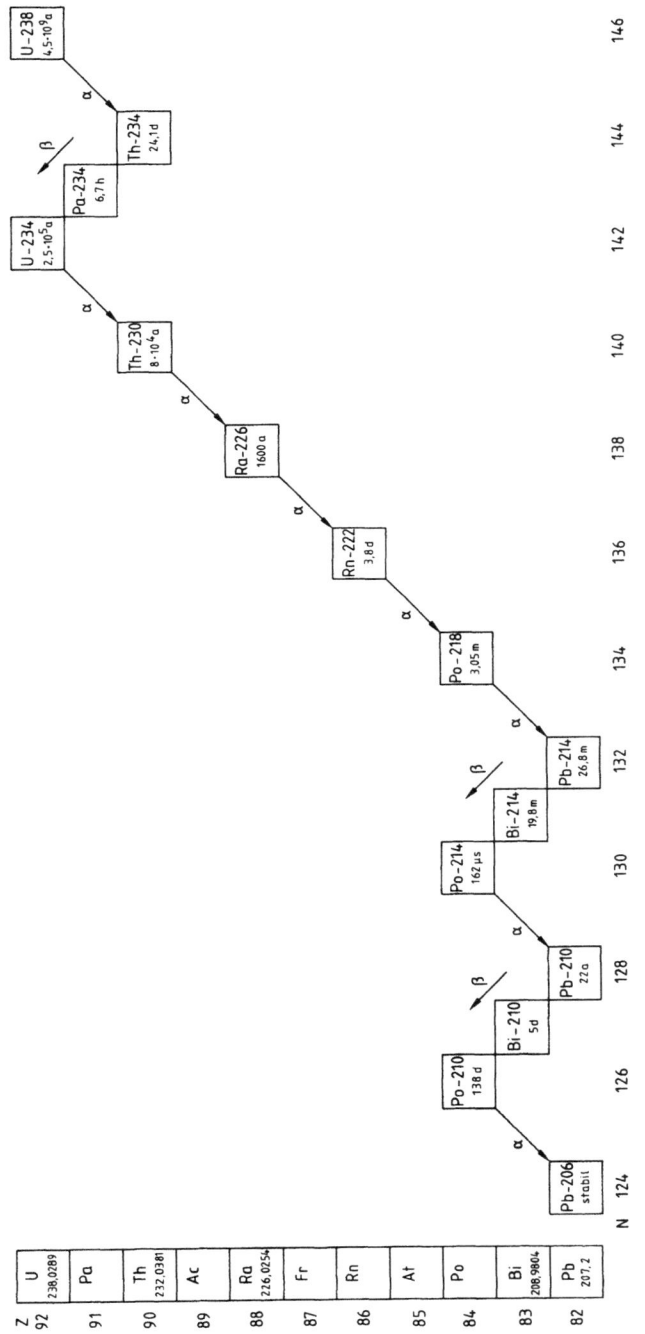

Abb. 5.4. Zerfallsreihe des ^{238}U (Auszug aus der Nuklidkarte)

Tabelle 5.1. Natürliche Zerfallsreihen

Bezeichnung	Mutternuklid	stabiles Endprodukt	Halbwertszeit des Mutternuklids	Zerfälle
$4n$	$^{232}_{90}$Th	$^{208}_{82}$Pb	$1{,}405 \cdot 10^{10}$ a	$6\alpha, 4\beta^-$
$4n+1$	$^{237}_{93}$Np	$^{209}_{83}$Bi	$2{,}14 \cdot 10^6$ a	$7\alpha, 4\beta^-$
$4n+2$	$^{238}_{92}$U	$^{206}_{82}$Pb	$4{,}468 \cdot 10^9$ a	$8\alpha, 6\beta^-$
$4n+3$	$^{235}_{92}$U	$^{207}_{82}$Pb	$7{,}038 \cdot 10^8$ a	$7\alpha, 4\beta^-$

Nukliden gefunden wie ^{232}Th [$4n$-Reihe; die Bezeichnung $4n$ rührt daher, daß die Nukleonenzahlen A aller Glieder ohne Rest durch die Zahl 4 teilbar sind], ^{237}Np [$(4n+1)$-Reihe], ^{238}U [$(4n+2)$-Reihe] und ^{235}U [$(4n+3)$-Reihe]. Die Muttersubstanzen (außer ^{237}Np) haben sehr lange Halbwertszeiten, so daß sie noch heute auf der Erde zu finden sind. Die vier Zerfallsreihen haben die in Tabelle 5.1 aufgeführten Eigenschaften. In Abb. 5.4 ist die Reihe des ^{238}U detailliert dargestellt.

Zerfallsreihen (vorwiegend mit β^--Aktivitäten oder Neutronenemission) kommen auch bei einer Anzahl von Spaltprodukten vor. Beispiele sind in Abb. 4.8 und in Kap. 9 angegeben. Für das Folgeprodukt mit dem Index $(i+1)$ gilt (s. o.)

$$dN_{i+1} = (\lambda_i N_i - \lambda_{i+1} N_{i+1}) dt \quad .$$

Die Änderung der Anzahl N_{i+1} wird formal zu null, d. h. N_{i+1} = const., wenn

$$\frac{N_{i+1}}{N_i} = \frac{\lambda_i}{\lambda_{i+1}} \quad \text{oder} \quad \frac{N_{i+1}}{T_{i+1}} = \frac{N_i}{T_i} = \text{const.}$$

Dann verhalten sich die Atomzahlen wie die Halbwertszeiten. Ein solches Gleichgewicht kann allerdings nie vollständig erreicht werden, da dann kein Nuklid mehr zerfallen würde, denn es wäre $dN_i/dt = 0$ für alle i Nuklide. Wenn aber die Muttersubstanz sehr langlebig ist im Vergleich zu allen Tochtersubstanzen, stellt sich nach etwa 10 Halbwertszeiten des längstlebigen Tochterprodukts angenähert ein „säkulares Gleichgewicht" ein, wobei $N_i/T_i \approx$ const. ist und also die Aktivitäten aller Folgeprodukte etwa gleich der Aktivität der Muttersubstanz sind.

5.4 Altersbestimmung von Mineralien

Als Beispiel betrachten wir die Altersbestimmung eines Uranminerals. Wird mit M die Zahl der Mutterkerne (hier ^{238}U, das mit einer Häufigkeit von

99,28 % der Atome im natürlichen Uran vorkommt), mit N die Zahl der stabilen Tochterkerne (hier ^{206}Pb) bezeichnet, so gilt, wenn das Alter der Probe groß ist gegen die Halbwertszeiten aller Zwischenprodukte, von denen wegen ihres schnellen Zerfalls nur sehr geringe Mengen vorhanden sind:

$$M(t) = M_0 \exp(-\lambda t)$$
$$N(t) = N_0 + M_0 - M(t) = N_0 + M_0(1 - \exp(-\lambda t))$$
$$\frac{N(t)}{M(t)} = \frac{N_0}{M_0} \exp(\lambda t) + \exp(\lambda t) - 1 \ .$$

Bestimmt man das zur Zeit t (heute) vorhandene Atomzahlverhältnis von ^{206}Pb zu ^{238}U, z. B. durch quantitative chemische Analyse, so kann man unter der Voraussetzung $N_0 = 0$ die Größe λt gewinnen. Ist λ bekannt, so folgt daraus das Alter t der Probe. Ist $N_0 \neq 0$, so ist eine massenspektrometrische Analyse der Isotopenzusammensetzung des Bleis erforderlich; aus der Abweichung von der Zusammensetzung, die an Blei aus uranfreien Lagerstätten gemessen wird, kann man auf den radiogenen Bleianteil schließen.

Mit folgender Überlegung (F. G. Houtermans, 1903–1966) kann man die aufwendigen chemischen Analysen umgehen: Die Zerfallsreihe des ^{238}U führt über das mit $T = 22,3$ a langlebige, radioaktive Bleiisotop ^{210}Pb, das im Gleichgewicht dieselbe Aktivität hat wie das ^{238}U. Also (der Index steht für die Nukleonenzahl):

$$A_{210} = \lambda_{210} N_{210} = \lambda_{238} N_{238} \ .$$

Andererseits gilt (s. o.)

$$\frac{N_{206}}{N_{238}} = \exp(\lambda_{238} t) - 1 \ .$$

Division ergibt

$$\frac{A_{210}}{N_{206}} = \frac{\lambda_{238}}{\exp(\lambda_{238} t) - 1} \ .$$

Links steht, wenn keine anderen stabilen Bleiisotope in der Probe vorhanden sind, die Aktivität des Bleis bezogen auf die Anzahl der (nicht notwendig quantitativ) abgetrennten Bleiatome. Zur Bestimmung des Alters t ist also nur die Kenntnis der Zerfallskonstanten des Urans sowie die Messung der in der Probe enthaltenen Bleimenge und deren Aktivität erforderlich.

Es gibt eine Reihe weiterer Altersbestimmungsmethoden, die jeweils voraussetzen, daß das Mutternuklid eine im Vergleich zu geologischen Zeiträumen lange Halbwertszeit hat und daß die Isotopenhäufigkeit der stabilen Tochtersubstanz in meßbarer Weise von der normalen abweicht. Außerdem darf sich das Mineral seit seiner Bildung chemisch nicht verändert haben. So kann man in günstig gelagerten Fällen aus dem Verhältnis

^{40}Ar/^{40}K($T = 1,28 \cdot 10^{10}$a) oder aus ^{87}Sr/^{87}Rb($T = 4,8 \cdot 10^{10}$a) Alterswerte erhalten, wenn man durch quantitative chemische Analysen neben der Konzentration der jeweiligen Muttersubstanz (K bzw. Rb) auch die Menge der Tochtersubstanz (Ar bzw. Sr) bestimmt sowie deren Isotopenzusammensetzung mißt (daraus ersieht man den radiogenen Anteil an ^{40}Ar bzw. ^{87}Rb).

Weitere Möglichkeiten der Altersbestimmung an jüngeren Proben (Willard F. Libby, 1908–1981) ergeben sich aus der Tatsache, daß die kosmische Strahlung durch Wechselwirkung mit der oberen Atmosphäre radioaktive Nuklide wie ^{14}C($T = 5730$ a) und ^{3}H($T = 12,32$ a) erzeugt, die über den biologischen Kreislauf in die Pflanzen und Oberflächengewässer gelangen. Lebende Pflanzen werden dadurch zu radioaktiven Strahlern; nach dem Absterben klingt die Aktivität ab, weil der biologische Kreislauf unterbrochen wird. Die heute gemessene Restaktivität erlaubt die Bestimmung des Zeitpunktes des Absterbens, also des Alters der Probe. So wird die Datierung von archäologischen Objekten und von Wasserproben möglich. Allerdings ergeben sich in jüngster Zeit Schwierigkeiten aufgrund der hohen künstlichen Produktion dieser Nuklide sowie der großtechnischen CO_2-Verunreinigung der Atmosphäre, die die natürlichen Verhältnisse nachhaltig stören.

Auch in der Kosmochemie tragen die Methoden der Radio- und Isotopenanalyse in zunehmendem Maße zur Erweiterung des Kenntnisstandes bei, z. B. bei der Untersuchung von Meteoriten und Mondproben.

5.5 Zerfallsstatistik

Sei A die Aktivität einer radioaktiven Quelle. Dann erwartet man in der Meßzeit t, die klein ist gegen die Lebensdauer (sonst muß die Zeitabhängigkeit nach (5.3) berücksichtigt werden), die Zahl $Z = \eta A t$ von Zählereignissen im Detektor, wobei η das (absolute) Ansprechvermögen des Nachweissystems ist (s. unten und Abschn. 7.2). Eine mehrfache Wiederholung der Messung liefert jedoch Meßwerte, die um einen Mittelwert $\bar{Z}$ streuen. Die Aktivität ergibt sich richtig also erst als $A = \bar{Z}/(\eta t)$. Tatsächlich gilt für Z die „Poisson-Verteilung" $W(Z, \bar{Z})$ (s. Anhang A5), nach der die Einzelwerte Z um den als „wahren" Wert $\bar{Z}$ angenommenen Mittelwert verteilt sind. Die Breite der Poisson-Verteilung wird durch die Varianz

$$\sigma = \sqrt{Z}$$

charakteristisiert (s. Anhang A5). Diese ist ein Maß für die Unsicherheit der Einzelmessung und wird als „einfacher statistischer Fehler der Einzelmessung" stets angegeben. Um eine Zerfallszahl auf 1 % genau zu messen, muß $Z \geq 10^4$ sein, denn dann ist $\sigma/Z = 10^{-2}$. Bei 0,1% Genauigkeit benötigt man die Messung vom mindestens 10^6 Zerfallsakten.

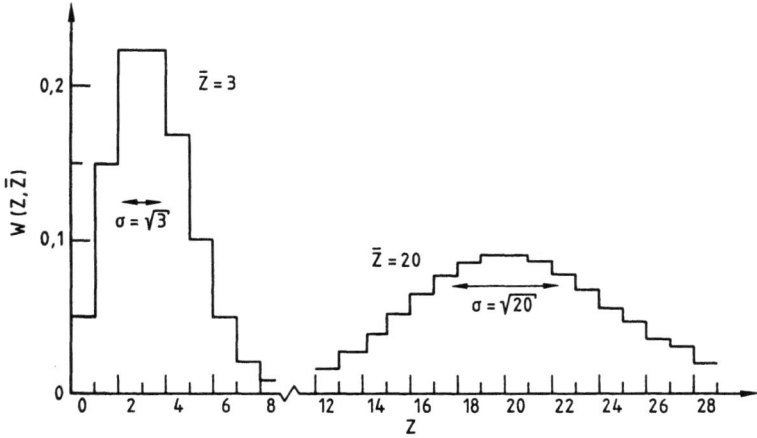

Abb. 5.5. Poisson-Verteilung $W(Z,\bar{Z})$ für $\bar{Z} = 3$ und $\bar{Z} = 20$

Die Poisson-Verteilung ist für die Werte $\bar{Z} = 3$ und $\bar{Z} = 20$ in Abb. 5.5 dargestellt, die Größe der Varianz ist jeweils eingezeichnet. Die Kurven sind auf die Gesamtflächen Eins normiert. Man sieht, daß bei $\bar{Z} = 3$ die Wahrscheinlichkeit, bei einer einmaligen Messung den Wert Null zu finden, immerhin noch 5 % beträgt, ebenso die Wahrscheinlichkeit, den Wert $Z = 6$ zu messen. Die einzelnen Zerfallsakte erfolgen zeitlich sehr ungleichmäßig („statistisch"). Für große Z und $\bar{Z}$ wird die Poissonverteilung immer symmetrischer um $\bar{Z}$ und kann in der Nähe des Maximums bis etwas über ($Z \pm \sigma$) hinaus durch die Normalverteilung (nach Gauß) angenähert werden:

$$W(Z,\bar{Z}) \to \frac{1}{\sigma\sqrt{2\pi}} \exp\left(-\frac{1}{2}\frac{(Z-\bar{Z})^2}{\sigma^2}\right)$$

mit $\sigma = \sqrt{Z}$.

Bei dieser Verteilung, die in Abb. 5.6 graphisch dargestellt ist, liegt mit etwa 68 % Wahrscheinlichkeit der Mittelwert $\bar{Z}$ im Intervall

$$Z - \sigma \leq \bar{Z} \leq Z + \sigma \quad,$$

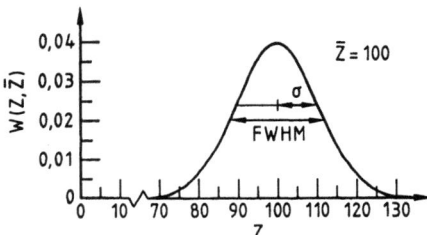

Abb. 5.6. Gauß-Verteilung

mit 96% Wahrscheinlichkeit im Intervall

$$Z - 2\sigma \leq \bar{Z} \leq Z + 2\sigma \quad .$$

Die Halbwertsbreite der Kurve (FWHM = full width at half maximum) hängt mit der Varianz σ zusammen:

$$\text{FWHM} = 2\sqrt{(2\ln 2)}\sigma = 2{,}36\sigma \quad .$$

Eine aus der Messung von Z und t (letzteres als fehlerfrei angenommen) abgeleitete „Zählrate" $\dot{Z} = Z/t$ hat die Meßunsicherheit

$$\sigma_{\dot{Z}} = \frac{\sigma_Z}{t} = \frac{\sqrt{(Z)}}{t} = \sqrt{\left(\frac{\dot{Z}}{t}\right)} \quad .$$

Die Messung wird mit der Wurzel aus der Meßzeit genauer.
Die relative Meßunsicherheit einer Anzahl Z von Zählereignissen ist

$$\sigma_{\text{rel}} = \frac{\sigma}{Z} = \frac{1}{\sqrt{Z}} \quad ,$$

die der Zählrate (Zahl der Zählereignisse pro Zeit)

$$\sigma_{\text{rel}} = \frac{1}{\dot{Z}}\sqrt{\frac{\dot{Z}}{t}} = \frac{1}{\sqrt{\dot{Z}t}} = \frac{1}{\sqrt{Z}} \quad ;$$

beide sind (selbstverständlich) gleich groß.

Die meisten Detektoren zeigen einen Nulleffekt $\dot{N}$, der hauptsächlich von der kosmischen Strahlung und von Radioaktivitäten in der Umgebung herrührt und also auch ohne Quelle gemessen wird. Der Nulleffekt muß von der mit Quelle gemessenen Zählrate $\dot{Z}$ abgezogen werden, um die Quellenaktivität aus $\dot{Z} - \dot{N}$ zu bestimmen. Auch der Nulleffekt genügt der Poisson-Verteilung. Mißt man mit Quelle während einer Zeit t_Q, ohne Quelle für eine Zeit t_N, dann ist die Meßunsicherheit der Quellenzählrate gegeben durch (Fehlerfortpflanzung)

$$\sigma_Q^2 = \sigma_Z^2 + \sigma_N^2 = \frac{A_Q + \dot{N}}{t_Q} + \frac{\dot{N}}{t_N} = A_Q\left[\frac{1}{t_Q} + \frac{\dot{N}}{A_Q}\left(\frac{1}{t_Q} + \frac{1}{t_N}\right)\right] \quad .$$

Die Unsicherheit wächst mit dem Verhältnis $\dot{N}/A_Q$ an. Man ist daher bestrebt, den Nulleffekt möglichst klein zu halten. Für die Aktivität der Quelle erhält man schließlich

$$A_Q = \frac{1}{\eta}(\dot{Z} - \dot{N} \pm \sigma_Q) \quad ,$$

wobei der Faktor $1/\eta$ folgende Einflüsse berücksichtigt:
- Raumwinkel, unter dem die Quelle den Detektor „sieht", unter Berücksichtigung der möglichen Richtcharakteristik der Quelle,
- Selbstabsorption in der Quelle,
- Absorption in Materialien zwischen Quelle und Detektor (Luft, Abschirmungen),
- Zahl der nachweisbaren Strahlteilchen pro Zerfall, z. B. emittiert ^{60}Co pro Zerfallsakt ein β-Teilchen und zwei γ-Quanten; bei mehreren Zerfallsmöglichkeiten sind die Verzweigungsverhältnisse zu berücksichtigen,
- Ansprechvermögen des Detektors.

Die Aktivitätsbestimmung vereinfacht sich beträchtlich, wenn man ein Eichpräparat desselben Nuklids mit bekannter Aktivität und gleicher geometrischer Form in derselben Anordnung mißt; das Verhältnis der Zählraten ist dann gleich dem Verhältnis der Aktivitäten. Bei einem Gemisch von mehreren Strahlern, wie es z. B. nach dem Unfall von Tschernobyl vorlag, ist die Bestimmung der gesamten Quellenaktivität besonders schwierig.

Bei der endgültigen Fehlerangabe für die Aktivität einer Quelle muß auch die Meßunsicherheit der Größe $1/\eta$ bestimmt und nach dem Fehlerfortpflanzungsgesetz in den Gesamtfehler einbezogen werden.

5.6 Radioaktiver Zerfall und Determinismus

Der Zeitpunkt des Zerfalls eines einzelnen Atoms bzw. Kerns läßt sich nicht vorhersagen. Hier soll die Frage diskutiert werden, ob den Atomen eine Art Freiheit zugeschrieben werden kann, aus der sie selbst bestimmen, wann sie zerfallen wollen.

In der klassischen Physik gibt es keine nicht vorhersehbaren Ereignisse, dort herrscht völliger Determinismus (von den modernen Betrachtungen chaotischer Systeme sei hier abgesehen). Das heißt der zeitliche Ablauf eines Prozesses ist genau festgelegt und wird durch Differentialgleichungen beschrieben (zum Beispiel ist das Newtonsche Gesetz „Kraft = Masse mal Beschleunigung" eine solche Differentialgleichung). Deren Lösung ist eindeutig gegeben, wenn die Ausgangssituation und die wirkenden Kräfte genau bekannt sind. Da dies nicht immer der Fall ist, kommt es zu unvorhergesehenen Ereignissen, die auftreten, wenn man Experimente unter nicht vollständig kontrollierten Bedingungen oft wiederholt wie etwa beim Scheibenschießen. Dabei treten Reibungen, Turbulenzen, Luftströmungsschwankungen usw. auf, die Abweichungen der Ergebnisse bewirken. Hierbei handelt es sich um nicht vorhergesehene Ereignisse, wenn man auch bei genauer Kenntnis aller Einflüsse eine exakte Vorhersage hätte treffen können. Oft wählt man absichtlich eine Situation so, daß man die Kenntnis der Anfangsbedingungen stört oder unterbindet, z. B. beim Würfeln durch Schütteln des Würfelbechers (dann erhält man – einen idealen Würfel vorausgesetzt – die Wahrscheinlichkeit 1/6 für jede gewürfelte Zahl, weiß aber im voraus nicht, welche Zahl erscheinen wird) oder beim Kartenmischen vor dem Skatspiel, dann ist nicht vorhersehbar, welche der Karten ein Spieler erhalten wird (auch hier kann man die Wahrscheinlichkeit für eine bestimmte Verteilung genau angeben).

Sei nun ein atomarer oder nuklearer Zerfallsakt betrachtet, bei dem ein energiereicherer Zustand in einen energieärmeren übergeht, wobei ein Teilchen oder Photon emittiert wird. Nach der Beschreibungsweise der Quantenmechanik erfolgt der Übergang nach einiger Zeit und dann plötzlich. Wann das Einzelsystem diesen Übergang ausführt, bleibt in der Theorie völlig offen (dies ist kein Manko der Theorie, sondern eine prinzipielle Unvorhersagbarkeit). Der Zeitpunkt kann auch nicht von außen beeinflußt werden. Nur die Wahrscheinlichkeit λdt, daß im Zeitintervall dt der Zerfall erfolgt, ist bekannt. Aus der Annahme, daß diese Wahrscheinlichkeit für alle Systeme im gleichen Zustand konstant und unabhängig von der Vorgeschichte ist und daß sich die Einzelprozesse gegenseitig nicht beeinflussen, d. h. daß die Atome nichts voneinander „wissen", folgt die Gültigkeit der Poisson-Statistik. Deren Voraussagen (s. z. B. Abb. 5.5) werden im Experiment uneingeschränkt bestätigt. Dies ist eine Form des Zufalls, bei der ein Element der Nicht-Vorhersagbarkeit auftritt, obwohl alle Versuchsbedingungen vollständig bekannt sind.

. Solche Situationen treten bei quantenmechanischen Prozessen häufig auf, nicht nur bei den radioaktiven Zerfällen. Dies hat zu Beginn der Ära der Quantenmechanik zu heftigen Diskussionen geführt. So kämpfte Einstein lange Zeit gegen die neue Theorie und wollte am klassischen Determinismus festhalten mit dem Argument: „Gott würfelt nicht".

Woher aber „weiß" das Atom, wann es zerfallen soll? Es ergibt sich die Denkmöglichkeit, daß das System über den Zerfallszeitpunkt aus freiem Willen entscheidet. Dabei wäre es nur an das statistische Gesetz gebunden, daß nämlich von vielen Systemen ein bestimmter Bruchteil (bis auf die vorgeschriebenen Schwankungen) in einem vorgegebenen Zeitintervall emittieren muß. Dieser „freie Wille" könnte als Zeugnis eines geistigen Elements im Bereich des Atomaren gedeutet werden.

Eine freie Willenshandlung setzt jedoch ein Motiv voraus, das die individuelle Entscheidung bestimmt. Wären derartige Motive vorhanden, könnten die Individualwahrscheinlichkeiten für alle atomaren Systeme im gleichen Zustand nicht genau gleich sein, wie dies für die Ableitung der Poissonverteilung (s. Anhang A5) vorausgesetzt wird. Also wäre diese Verteilung gestört. Die Tatsache, daß die Poisson-Statistik aber die experimentellen

Resultate richtig beschreibt, führt zu dem Ergebnis, daß den Atomen ein freier Wille oder eine geistige Individualität nicht zugebilligt werden kann. Der Zerfall ist somit ein rein stochastischer Prozeß im Sinne der Theorie der Statistik und gibt keinen Hinweis auf außerphysikalische Einflüsse.

6 Durchgang von Strahlung durch Materie

6.1 Überblick

Bisher haben wir uns mit den Eigenschaften der radioaktiven Strahler in der Quelle beschäftigt. Nun wenden wir uns dem weiteren Schicksal der emittierten Strahlung zu, wenn sie die Quelle verlassen hat und Materie durchdringt. Dies interessiert im wesentlichen aus drei Gründen:

1. Messung der Intensität, des Energiespektrums, der Winkelverteilung und etwaiger zeitlicher Korrelationen der Strahlteilchen,
2. Abschirmung der Strahlung zum Schutz der Menschen und Meßgeräte und
3. Feststellung der biologischen Wirkung der Strahlenexposition auf lebendes Gewebe, insbesondere auf den Menschen.

Die Mechanismen der Wechselwirkung von Strahlung mit Materie sind grundsätzlich verschieden, je nachdem ob es sich um geladene Teilchen (Protonen, schwerere Ionen, Elektronen), um ungeladene Teilchen (Neutronen, Neutrinos) oder um elektromagnetische Strahlung (Photonen) handelt.

Geladene Teilchen werden aufgrund der Coulomb-Wechselwirkung mit den elektrischen Feldern der Kerne und Elektronen der durchsetzten Materie in vielen Einzelprozessen gestreut. Dabei regen sie die Atome an oder ionisieren sie und werden schrittweise abgebremst, bis sie nach einer endlichen Reichweite zur Ruhe kommen. Solange ihre Geschwindigkeit groß ist, fliegen sie fast geradlinig. Erst bei niedrigen Energien spielen Streuprozesse eine Rolle, die zu Winkelablenkungen führen. Dies ist besonders bei Elektronen zu beobachten, die öfter um große Winkel gestreut werden können. Für die Bremsung von Elektronen ist zusätzlich zum Energieverlust durch Anregung und Ionisation die Erzeugung von elektromagnetischer Strahlung (Bremsstrahlung, s. Abschn. 6.3.2) wichtig; für schwere Teilchen ist dieser Prozeß von untergeordneter Bedeutung.

Neutronen reagieren nicht mit den Materieelektronen, sondern nur über die starke, kurzreichweitige Kernkraft mit den Atomkernen der Materie, also nur dann, wenn sie zentral oder fast zentral auf einen Kern treffen. Ihre Ausbreitung in Materie erfolgt aufgrund von Streuprozessen ähnlich wie bei Billardkugeln auf Zickzackwegen, wobei ihre Energie bei jedem

Stoß geringer wird, bis sie ins Temperaturgleichgewicht mit dem Material gekommen sind. Dann diffundieren sie weiter, bis sie schließlich in einem Kern eingefangen werden oder eine Kernreaktion auslösen. Die Bremsung erfolgt umso schneller, je näher die Masse der Stoßpartner bei der Neutronenmasse liegt, also am schnellsten in wasserstoffhaltigen Substanzen (z. B. Wasser, Paraffin), denn auf einen gleichschweren Partner kann am meisten Energie übertragen werden.

Neutrinos unterliegen nur der schwachen Wechselwirkung und reagieren daher fast gar nicht mit Materie. So könnte die Hälfte von mit 1 MeV Energie von der Erde zur Sonne geschossenen Neutrinos die Sonne erreichen, selbst wenn die ganze Strecke mit Erdkörpern belegt wäre. Im Rahmen unserer Betrachtungen sind sie uninteressant; sie verlassen die Quelle, ohne merkbar mit der durchsetzten Materie in Wechselwirkung zu treten.

Photonen verhalten sich wiederum anders. Sie durchsetzen unbeeinflußt eine gewisse Materieschicht, bis sie mit einem Atom zusammenstoßen und dabei ihren Impuls und ihre Energie vollständig an das Atom abgeben (Photoeffekt). Das Photon ist anschließend verschwunden. Ein zweiter, wichtiger Prozeß ist der Compton-Effekt, bei dem während des Stoßes mit einem (als frei betrachteten, also fast ungebundenen) Elektron ein Teil der Photonenenergie auf dieses übertragen und dabei die Richtung und die Energie bzw. Frequenz des Photons geändert wird. Schließlich können Photonen im Feld eines Atomkerns ein Elektron-Positron-Paar erzeugen (Paarbildung). Dazu muß die Energie des Photons größer sein als die Summe der Ruhenergien von Positron und Elektron (also 1,022 MeV). Die Materialschädigung rührt in all diesen Prozessen nicht von den Photonen selbst, sondern von den sekundär erzeugten (energiereichen) Elektronen her. Es sei hier nur angemerkt, daß es weitere Streu- und Absorptionsmechanismen für Photonen gibt (Rayleigh- und Delbrück-Streuung, Kernphotoeffekt u. a.), die aber im vorliegenden Zusammenhang von untergeordneter Bedeutung sind. Für ein Strahlenbündel aus vielen Photonen gilt das in Abschn. 2.4 behandelte, exponentielle Schwächungsgesetz, eine endliche Reichweite wie bei geladenen Teilchen gibt es nicht.

In Tabelle 6.1 sind typische Werte zur Reichweite von geladenen Teilchen bei verschiedenen Einfallsenergien bzw. zur Schichtdicke für die Absorption von 99,9 % der Anfangsintensität von Röntgen- und γ-Strahlung zusammengestellt. Photonen setzen ihre Energie bei der Wechselwirkung mit dem Absorber in Elektronenenergie um. Für die Sekundärelektronen gelten dann die Werte der Zeile „Elektronen". Neutronen lassen sich in dieses Schema nicht einfügen (s. Abschn. 6.4), sie werden typischerweise von bis zu 1 m dicken Beton- oder Eisenwänden zusammen mit Paraffin (zur Neutronenbremsung) abgeschirmt.

Im folgenden werden die Mechanismen der Wechselwirkung von Strahlung mit Materie für die verschiedenen Strahlungsarten im einzelnen disku-

Tabelle 6.1. Typische Werte zur Reichweite von geladenen Teilchen bzw. zur Schichtdicke für die Absorption von Röntgen- und γ-Strahlung auf 1‰ der Anfangsintensität

Strahlungsart	Reichweite (mm)								
	in Luft			in Wasser			in Blei		
Teilchenenergie/keV	50	500	5000	50	500	5000	50	500	5000
α-Teilchen	1,2	2,7	30	0,0015	0,0035	0,04	0,0001	0,0003	0,009
Protonen	1,2	8	320	0,0015	0,010	0,40	0,0004	0,0023	0,10
Elektronen	30	115	20000	0,04	1,5	25	0,004	0,14	3,0
	Schichtdicke (mm) zur Absorption von 99,9% der Intensität								
Photonen	$3\cdot 10^5$	$6\cdot 10^5$	$2\cdot 10^6$	350	800	2700	1,6	36	140

tiert. Dabei wird die Energie der einfallenden Teilchen auf maximal 10 MeV beschränkt. Größere Energien treten bei der radioaktiven Strahlung kaum auf.

Die auf die Materie übertragene Energie führt zu Anregungen und Ionisationen im Material. Die Anregungen können z. B. in einem Szintillator eine Lichtemission hervorrufen, in einem Halbleiter Teilchen-Lochpaare erzeugen oder verstärkte Gitterschwingungen hervorrufen (Erwärmung des Materials). Die Ionisationen setzen Elektronen frei, die ihrerseits anregen und sekundäre Ionisationsprozesse auslösen können. Die entstandenen Ladungsträger lassen sich in einem elektrischen Feld trennen und zur Messung heranziehen (Ionisationskammer, Zählrohr). Die Strahlungsmeßgeräte werden in Kap. 7 vorgestellt. Andererseits werden Strahlenschäden im Material verursacht; die Schädigung von biologischem Gewebe wird in Kap. 8 behandelt.

6.2 Protonen und α-Teilchen

Protonen kommen beim radioaktiven Zerfall nur in Ausnahmefällen vor, aber sie erscheinen z. B. als Rückstoßteilchen bei der Neutronenstreuung. Aus Gründen der Systematik beginnen wir die Diskussion mit der Beschreibung der Wechselwirkung von Protonen mit Materie, weil hier grundlegende Zusammenhänge am anschaulichsten vorgestellt werden können. Eine quantitative Behandlung der Kinematik der Streuung nichtrelativistischer Teilchen findet sich im Anhang A2.

Der Durchgang eines schnellen Protons durch eine Materieschicht ist bildlich vergleichbar mit der Bewegung einer in einem Getreidefeld horizontal in Höhe der Ähren abgeschossenen Gewehrkugel; die Ähren entsprechen den Atomen, die Körner den Elektronen der Materie. Das Proton (die Gewehrkugel) wird als Projektil, der beschossene Körper (das Kornfeld) als Target (engl. target = Ziel, Zielscheibe) bezeichnet. Das Proton fliegt im wesentlichen geradlinig und verliert seine Energie durch sehr viele Stöße, bei denen jeweils aber nur wenig Energie übertragen wird. Die Wechselwirkung mit den Elektronen und Kernen ist elektromagnetischer Natur. Das Proton wird dabei fast stetig abgebremst und kommt schließlich zur Ruhe. Die insgesamt in der Materie zurückgelegte Strecke heißt „lineare Reichweite".

6.2.1 Energieverlust pro Wegstreckenintervall

Aus kinematischen Überlegungen (s. Anhang A2) ergibt sich, daß die beim Einzelstoß auf den Stoßpartner übertragene Energie von den Massen, der Einfallsenergie und dem Streuwinkel abhängt gemäß

$$T_2' = T_1 \frac{4m_1 m_2}{(m_1 + m_2)^2} \sin^2 \frac{\Theta}{2} \quad . \tag{6.1}$$

Dabei ist m_1 die Masse und T_1 die kinetische Energie des Projektils (Index 1) vor dem Stoß, m_2 die Masse und T_2' die Energie des gestoßenen Teilchens (Index 2) nach dem Stoß und Θ der Streuwinkel (im Relativsystem). Stößt ein Proton auf ein Elektron ($m_1/m_2 = 1836$), so kann es maximal 0,2 % seiner Energie übertragen (für $\sin \Theta/2 = 1$, also $\Theta = 180°$); im Mittel wird es viel weniger verlieren, weil Stöße mit kleinen Streuwinkeln, bei denen die Stoßpartner in großem Abstand aneinander vorbeifliegen, stark bevorzugt sind (zur Rutherford-Streuung im Coulomb-Feld s. Anhang A3).

Ein Proton verliert seine Energie im wesentlichen durch Stöße mit Elektronen, jedenfalls, solange es selbst schnell genug ist. Dies wird aus dem Bild des Ährenfeldes zusammen mit dem Wellenbild des Protons verständlich. Das Elektron (Einzelkorn) wird nur getroffen, wenn die Materiewellenlänge λ des Protons (Geschoß) viel kleiner ist als der Atomdurchmesser (ganze Ähre), also $\lambda = h/mv \ll 10^{-10}$ m. Dies ist erfüllt für Protonenenergien ab etwa 10 keV. Für kleinere Energien kommen Stöße mit ganzen Atomen vor.

Für den Energieverlust von Protonen beim Durchgang durch Materie aufgrund von Elektronen- und Atomstößen haben Hans Bethe (*1906) und Felix Bloch (1905–1983) eine theoretische Vorstellung entwickelt. Die diesbezüglichen Formeln sind im Anhang A4 vorgestellt und in Tabelle 6.2 zusammengefaßt. Die wesentlichen Abhängigkeiten werden im folgenden diskutiert.

Tabelle 6.2. Zusammenstellung wichtiger Daten zum Durchgang von Strahlung durch Materie

Teilchenart	Energieverlust	Winkelstreuung	Reichweite
Neutrinos	praktisch kein Energieverlust	—	∞
Protonen	$\left(-\dfrac{dT}{\varrho\,dx}\right)_{\text{Anr.+Ion.}} \sim \dfrac{Z_p^2}{v_p^2}\dfrac{Z_T}{(A_T)}\ln\dfrac{2m_e v_p^2}{I}$ (unabhängig von m_p)	wenig	$R \sim \dfrac{m_p}{Z_p^2}$. Bis auf Reichweiten-streuung gut definiert
Schwere Ionen	$\left(-\dfrac{dT}{\varrho\,dx}\right)_{\text{Anr.+Ion.}} \sim \gamma^2\dfrac{Z_p^2}{v_p^2}\dfrac{Z_T}{(A_T)}\ln\dfrac{2m_e v_p^2}{I}$ (unabhängig von m_p); $0 \leq \gamma \leq 1$	kaum	$R \sim \dfrac{m_p}{\gamma^2 Z_p^2}$. Gut definiert
Elektronen	$\left(-\dfrac{dT}{\varrho\,dx}\right)_{\text{Ion.+Anr.}} \sim \dfrac{1}{v_p^2}\left[A^{\pm}(T_e)-2\ln\dfrac{I}{10\,\text{eV}}-\delta\right]^a$ $\left(-\dfrac{dT}{\varrho\,dx}\right)_{\text{Bremsstr.}} \sim Z_T^2 (A_T)\left(\dfrac{T_e}{m_e c^2}-1\right) B(T_e, Z_T)$ $\left(-\dfrac{dT}{\varrho\,dx}\right)_{\text{Cerenkovstr.}}$ klein	stark, besonders bei niedriger Energie	Schlecht definiert; aber Existenz einer maximalen Eindring- tiefe
Neutronen	Nur durch Kernstöße; Wirkungsquerschnitt zeigt viele Resonanzen. Bei kleinen Energien $\sigma_{\text{Str.}} = \text{const.}, \quad \sigma_{\text{Einfang}} \sim \dfrac{1}{v_p}$	sehr stark	Nicht definiert; nach Abbremsung Diffusion im Medium, schließlich Einfang in einen Kern
Energiereiche Photonen	$\sigma_{\text{PE}} \sim$ etwa $Z^4/(hf)^2$, für große hf flacher $\sigma_{\text{CE}} \sim Z$ und etwa $1/hf$ $\sigma_{\text{PB}} \sim Z^2 F(hf)$ mit $F(hf)$ langsam wachsend; Schwelle bei $hf = 2m_e c^2$	nur durch Compton-Effekt	Nicht definiert; Absorption exponentiell

[a] Definition der Größe $A^{\pm}$ siehe Anhang A4

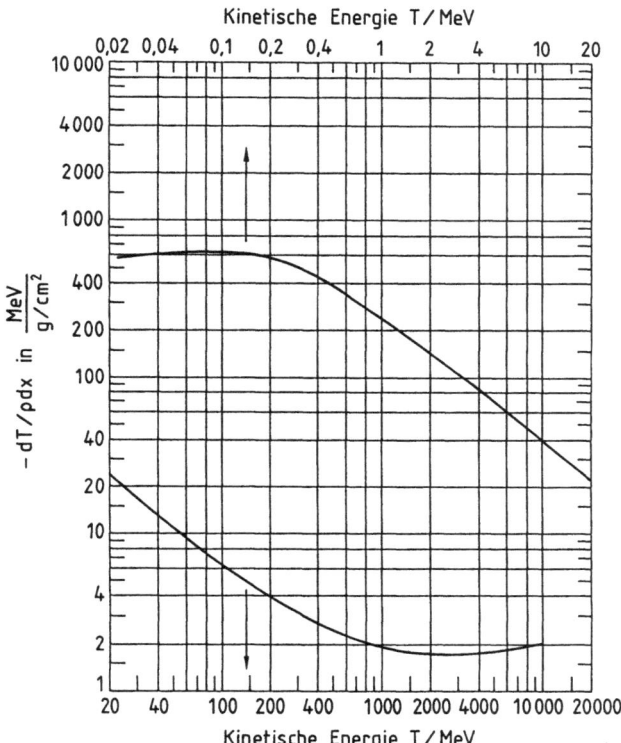

Abb. 6.1. Mittlerer Energieverlust für Protonen in Luft als Funktion der Protonenenergie

In Abb. 6.1 ist der Energieverlust in Luft gegen die Protonenenergie in doppelt logarithmischem Maßstab aufgetragen; im dargestellten Energiebereich trägt hauptsächlich die Bremsung durch Elektronenstöße bei. Die als Ordinate abgetragene Größe ($-dT/\varrho\,dx$) beschreibt den Energieverlust des Protons in einer Materieschicht der differentiell kleinen Dicke dx. Eine Materieschicht der Dicke x und der Fläche 1 cm² besitzt die Masse ϱx, dieses Maß wird als „Massenbelegung" bezeichnet. Zum Beispiel hat eine Aluminiumfolie der Dichte 2,7 g/cm³ bei einer Dicke von 0,1 mm eine Massenbelegung von 27 mg/cm². Die Angabe der Schichtdicke in dieser Einheit ist in der Strahlenphysik üblich, weil man damit leicht von einem Material in ein anderes umrechnen kann. Denn in den Energieverlustberechnungen zeigt sich, daß die Eigenschaften des durchsetzten Stoffes außer der ausschlaggebenden Dichte keinen wesentlichen Einfluß haben. In Tabelle 6.3 ist der Energieverlust für Protonen („Massenbremsvermögen" = $-dT/\varrho\,dx$), in verschiedenen Materialien mit demjenigen in Luft (Abb. 6.1) verglichen. Es

Tabelle 6.3. Massenbremsvermögen für Protonen in verschiedenen Materialien, verglichen mit Luft

T_p	H_2	Luft	Al	Au
100 keV	4,7	1,0	0,67	0,14
2 MeV	3,0	1,0	0,82	0,34
1 GeV	2,3	1,0	0,90	0,61

stellt sich heraus, daß leichtere Elemente – bei gleicher Massenbelegung – die Teilchen besser abbremsen als schwere, eine Tatsache, die man intuitiv nicht erwartet hätte. Dennoch sind wegen der geringeren Dichte dickere Schichten notwendig. Es sei angemerkt, daß bei zusammengesetzten Stoffen die Energieverluste in den chemischen Bestandteilen getrennt zu ermitteln und zu addieren sind.

Die Abhängigkeit von den Projektildaten wird durch den Faktor Z_p^2/v_p^2 und einen logarithmischen Term, der v_p enthält und sich bei hohen Projektilenergien in einem Wiederanstieg des Energieverlustes bemerkbar macht, beschrieben. Bei gleicher Geschwindigkeit erleidet also ein α-Teilchen (doppelte Ladung) einen viermal so großen Energieverlust pro Wegstrecke wie ein Proton. Haben beide Teilchen die gleiche Energie, ist der Unterschied noch größer.

Für kleinere Protonenenergien als etwa 100 keV gilt die Bethe-Bloch-Theorie nicht mehr, da die Energieüberträge auf die Targetelektronen dann sehr klein werden, so daß die übertragene Energie nicht mehr ausreicht, um fester gebundene Elektronen aus dem Atomverband herauszulösen. Das Resultat ist, daß der Energieverlust zu niedrigen Energien hin wieder abfällt. Er verläuft unterhalb von 100 keV proportional zu v_p, d. h. zur Wurzel aus der kinetischen Energie (s. Abb. 6.1). Unterhalb 10 keV erfolgt dann die Abbremsung im wesentlichen durch Stöße mit den ganzen Atomen. Bei höheren Energien spielen solche „Kernstöße" für die Abbremsung kaum eine Rolle.

Für schwere Ionen ergeben sich Abweichungen von dem für Protonen beschriebenen Verhalten. Wenn sie durch das Target laufen, tauscht das Ion Elektronen mit der Umgebung aus, so daß das Projektil eine Ladung trägt, die kleiner als seine Kernladung ist. Die effektive Ladung kann während des Fluges des Ions oszillieren und sinkt mit fallender Geschwindigkeit, wenn das Ion Elektronen aus der Umgebung einfängt. Gegen Ende der Reichweite wird die Ladung null. (Dies gilt auch für α-Teilchen und Protonen). Das Bremsvermögen zeigt als Funktion der Energie ein breites Maximum und fällt nach beiden Seiten langsam ab (s. Abb. 6.2).

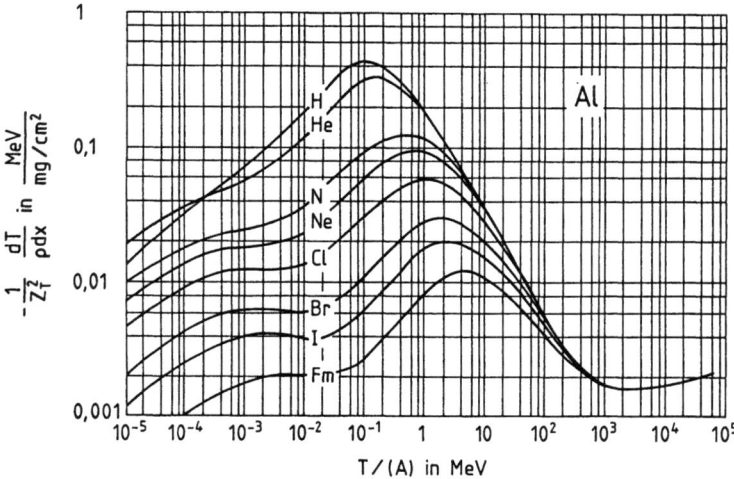

Abb. 6.2. Mittlerer Energieverlust von schweren Ionen in Aluminium als Funktion ihrer kinetischen Energie

6.2.2 Streuung des Energieverlustes

Der Energieverlust von Protonen in einer Materieschicht setzt sich, wie wir gesehen haben, aus einer großen Zahl von Einzelprozessen zusammen, bei denen jeweils nur wenig Energie übertragen wird. Die Zahl dieser Einzelprozesse unterliegt dabei statistischen Schwankungen. Damit schwankt auch der Energieverlust um den in Abb. 6.1 dargestellten Mittelwert. Unter der Annahme einer Poisson-Verteilung für die Stoßzahlen und bei Betrachtung des Durchgangs vieler Projektile durch die Schicht ergibt sich eine Varianz σ des Energieverlustes, die zur Wurzel aus der Massenbelegung proportional ist.

Eine monochromatische Protonenstrahlung wird daher beim Durchgang durch eine dünne Schicht energetisch aufgeweitet.

In Abb. 6.3 ist ein Beispiel gezeigt: 10 MeV-Protonen durchsetzen eine Materieschicht der Massenbelegung 5 mg/cm², dabei erleiden sie im Mittel einen Energieverlust von 200 keV (vgl. Abb. 6.1) mit einer Varianz von σ = 20 keV (s. Anhang A4). Das Spektrum der austretenden Teilchen zeigt eine um 9,80 MeV zentrierte Linie mit einer Breite (s. Abschn. 5.5) FWHM = 2,36σ = 47 keV. Nach einer Schichtdicke von 20 mg/cm² hat das Proton viermal soviel Energie verloren und die Linie ist doppelt so breit.

Ist die durchsetzte Schicht dick, im Grenzfall größer als die Reichweite des Projektils, dann sind die Einzelprozesse nicht mehr statistisch unabhängig, denn das Projektil kann insgesamt höchstens seine Anfangs-

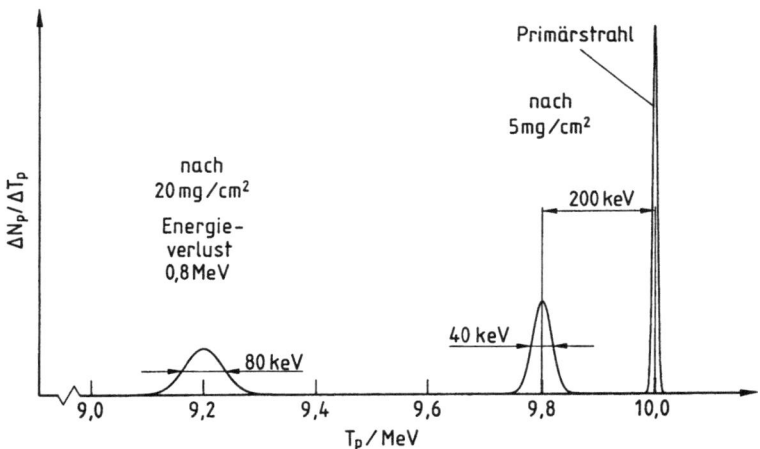

Abb. 6.3. Verbreiterung einer Protonenlinie nach Durchgang durch eine Materieschicht

energie verlieren. Nach Fano ist σ dann mit einem Faktor $\sqrt{F}$ zu multiplizieren („Fano-Faktor") . Zum Beispiel gilt für Silizium $F \approx 0,13$, s. Abschn. 7.2.3.

Die Stöße führen auch zu einer Winkelaufstreuung des Primärstrahls. Diese ist jedoch bei der Streuung von Protonen an Elektronen sehr klein, d. h. die Bahn ist im wesentlichen geradlinig. Durch die Stöße mit ganzen Atomen kommen jedoch hin und wieder Großwinkel-Streuprozesse vor.

6.2.3 Reichweite

Die Reichweite eines Projektils ist diejenige Strecke, die das Teilchen durchläuft, bis es seine anfängliche kinetische Energie T_0 völlig verloren hat und zur Ruhe kommt. Die Reichweiten zweier verschiedener Projektile, die die gleiche Anfangsgeschwindigkeit v_0 haben, unterscheiden sich durch den Faktor m/Z^2 des Projektils.

Nur bei sehr kleinen Energien ergeben sich Abweichungen, die dadurch bedingt sind, daß dann Elektronen vom Projektil eingefangen werden.

Um die Reichweiten zweier Teilchensorten zu vergleichen, muß von v_0 auf die Teilchenenergie umgerechnet werden. So haben Protonen der Energie T_0 dieselbe Geschwindigkeit wie α-Teilchen der Energie $4T_0$. Es gilt dann für die Produkte $\varrho \cdot R$ (Massenreichweite) die Beziehung

$$(\varrho R)_{\alpha, 4T_0} = (\varrho R)_{\text{Proton}, T_0} + \xi \quad ,$$

wobei $\xi \approx 0,25 \, \text{mg/cm}^2$ die angedeutete Abweichungskorrektur für Luft ist, was einem Reichweitenunterschied von 2 mm in Luft entspricht.

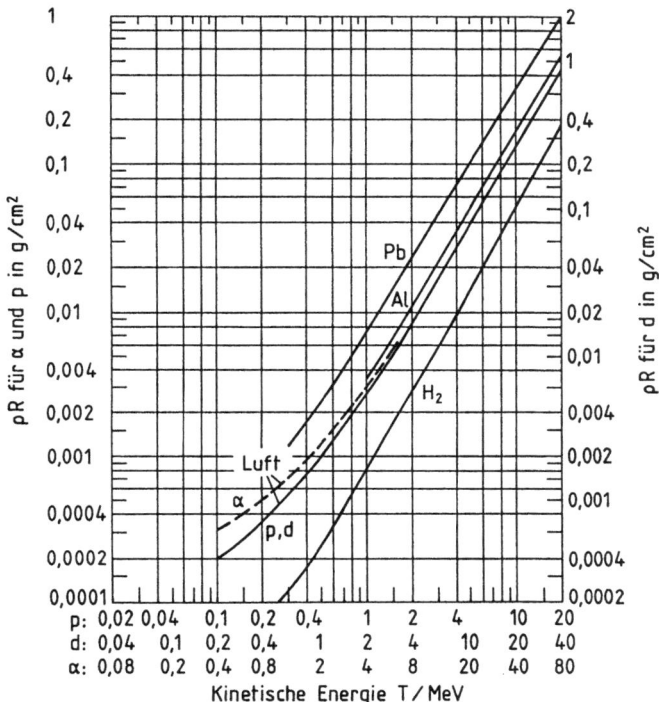

Abb. 6.4. Massenreichweite ϱR von Protonen, Deuteronen und α-Teilchen in Aluminium als Funktion der Protonenenergie

Abbildung 6.4 zeigt die Reichweiten für Protonen, Deuteronen und α-Teilchen in verschiedenen Medien als Funktion der kinetischen Energie des jeweiligen Projektils. Man entnimmt der Kurve, daß die Massenreichweite eines 5 MeV-Protons (in Aluminium) den Wert hat

$$(\varrho R)_{\text{Proton}, 5\,\text{MeV}} = 0,05 \text{ g/cm}^2 \quad \text{(in Aluminium)} \quad .$$

Das entspricht einer linearen Reichweite von 185 μm in Al. Ein α-Teilchen der gleichen Energie hat die Reichweite eines Protons von 1,25 MeV, also 0,005 g/cm², was einer Distanz von 18 μm in Al entspricht. Diese Teilchen können also bereits sehr dünne Materieschichten nicht mehr durchdringen, also auch leicht abgeschirmt werden, ein Blatt Papier genügt. Zum Beispiel bleiben die α-Teilchen aus dem radioaktiven Zerfall schwerer Kerne (U, Th, Ra), wenn sie von außen kommen, bereits in der menschlichen Haut stecken.

Die Reichweitenverteilung unterliegt, ähnlich wie oben beim Energieverlust beschrieben, einer Streuung. Sie fällt umso größer aus, je kleiner die Projektilmasse ist ($\sigma \sim \sqrt{1/m_p}$). α-Teilchen zeigen demnach eine halb so starke Reichweitenstreuung wie Protonen derselben Geschwindigkeit.

Entlang seiner Bahn ionisiert das Projektil die Atome des Targetmaterials. Der mittlere Energieaufwand w pro Ionenpaar hängt i. a. von der Teilchenart, der Energie und dem durchsetzten Material ab; für Gase beträgt er, weitgehend unabhängig von Teilchenart und Energie, $w = 33,7$ eV. Dies ist ein Mittelwert, der auch Anregungsprozesse einschließt (die Ionisierungsenergie des Einzelmoleküls beträgt 15,5 eV für N_2, 12,5 eV für O_2). Der Zahlenwert von etwa 34 eV gilt auch für Elektronen als Primärteilchen. Bei einem Massenbremsvermögen von 40 MeV/g·cm^{-2} (10 MeV-Protonen) werden demnach ca. $1,2 \cdot 10^6$ Ionenpaare auf einer Strecke von 775 cm Luft oder 1500 Ionenpaare pro cm Luft erzeugt. Solange das Projektil noch schnell ist, ist der Energieverlust pro Wegstrecke klein, also die Zahl der pro Wegstrecke gebildeten Ionenpaare gering. Sie wird größer, wenn das Teilchen langsamer wird.

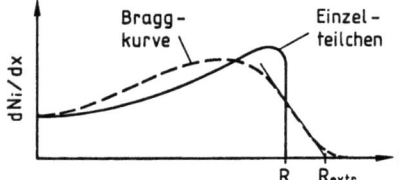

Abb. 6.5. Ionisationen pro Weglänge dN_i/dx durch Protonen als funktion der zurückgelegten wegstrecke x. (*Durchgezogen*) Kurve für ein einzelnes Proton. (*Gestrichelt*) Mittel über viele Protonen (Bragg-Kurve). (R) Reichweite

Mittelt man über viele Teilchen, so wird die in Abb. 6.5 skizzierte Kurve für die Zahl der gebildeten Ionenpaare entlang des Weges x wegen der Energieverlust- und Reichweitenstreuung breiter und am rechten Ende „verschmiert". Die im Experiment bestimmte Reichweite ist die „extrapolierte Reichweite" $R_{\text{extr.}}$, es gilt $R_{\text{extr.}} \geq R$. Die gestrichelt gezeichnete Kurve, die der Meßkurve (mittleres Verhalten vieler Einzelteilchen) entspricht, wird „Bragg-Kurve" genannt.

6.3 Elektronen

Die Betrachtung des Energieverlustes von Elektronen in Materie ist deshalb von besonderer Wichtigkeit, weil schnelle Elektronen nicht nur als Primärteilchen (z. B. beim β-Zerfall), sondern auch als Sekundärteilchen (bei Ionisationsprozessen durch schwere geladene Teilchen oder nach Wechselwirkung von Photonen mit der Materie) vorkommen.

Elektronen unterscheiden sich von Protonen und schweren Ionen bei ihrem Durchgang durch Materie vor allem durch ihre viel kleinere Ruhmasse, die dazu führt, daß bei einem Stoß mit einem Elektron wesentlich mehr Energie übertragen werden kann, nach (6.1) für $m_1 = m_2$ sogar die ganze Energie. Da man jedoch nach dem Stoß das einfallende nicht von dem angestoßenen Teilchen unterscheiden kann, ist es üblich, das schnellere der beiden als das Projektil anzusehen; die maximal übertragbare Energie ist dann

$$T_{max} = \frac{1}{2}T_p \quad .$$

Außerdem werden schon ab einer Projektilenergie von etwa $T_p = 100\,\text{keV}$ relativistische Betrachtungen notwendig.

Neben Anregung und Ionisation gibt es zwei weitere Mechanismen des Energieverlustes von Elektronen: Erstens die Erzeugung von Bremsstrahlung (die bei Protonen wegen deren größerer Masse kaum zur Bremsung beiträgt) und zweitens die Emission von Cerenkov-Strahlung, die auftritt, wenn die Teilchengeschwindigkeit größer ist als c_0/n_T (n_T = Brechzahl der Targetsubstanz), also als die Lichtgeschwindigkeit im Target.

Im folgenden werden die Energieverlustprozesse genauer diskutiert (s. auch Anhang A4).

6.3.1 Anregung und Ionisation

Der mittlere Energieverlust von Elektronen in Luft und Blei ist in Abb. 6.6 als Funktion der kinetischen Energie der Elektronen dargestellt; die Abbildung zeigt außerdem den Energieverlust durch Bremsstrahlung, auf den in Abschn. 6.3.2 eingegangen wird.

Beim Vergleich verschiedener Targetmaterialien gilt wiederum – die Werte der Tabelle 6.3 gelten auch hier –, daß Elemente mit kleinem Z bei gleicher Massenbelegung ein größeres Massenbremsvermögen aufweisen als schwere Elemente. Es ist also von Vorteil, Elektronen mit Beryllium oder Kohlenstoff abzuschirmen anstatt mit Blei. Bei hohen Energien kehrt sich dies zwar wegen der Bremsstrahlungserzeugung um, jedoch entsteht dann das Problem der Abschirmung der Bremsstrahlung.

Nach Durchgang eines monoenergetischen Elektronenstrahls durch eine (dünne) Materieschicht entsteht, wie bei Protonen (s. Abb. 6.3), ein verbreitertes Spektrum. Es ist in Abb. 6.7 schematisch dargestellt und sehr viel breiter als im Fall schwerer Teilchen.

Seine Form ist unsymmetrisch, da auch „harte" Stöße mit großem Energieübertrag häufig vorkommen. Die resultierende Verteilung wird nach dem russischen Physiker Lew Davidowitsch Landau (1908–1968) „Landau-Verteilung" genannt.

Wie bereits angedeutet, spielt die Streuung bei Elektronen eine wesentlich größere Rolle als bei schwereren Teilchen. Eine Streuformel hat Sir Neville Mott (*1905) aus der Quantenmechanik unter Berücksichtigung des Spins hergeleitet. Sie unterscheidet sich in der Winkel- und Ener-

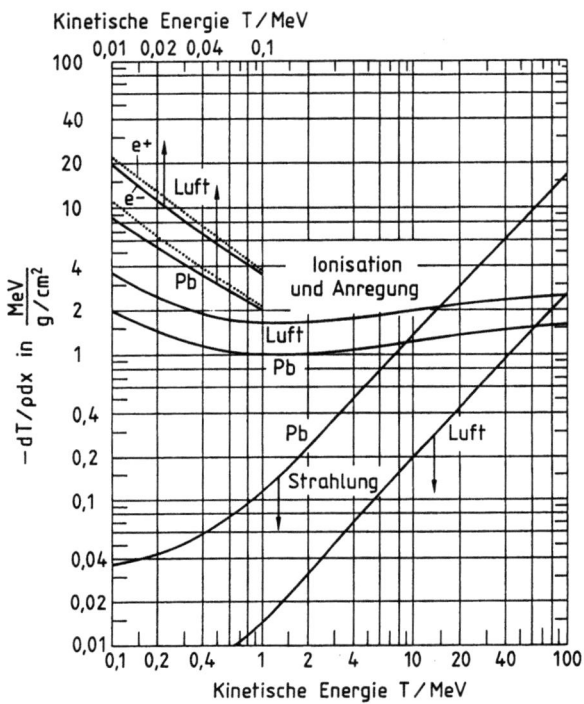

Abb. 6.6. Mittlerer Energieverlust von Elektronen in Luft und Blei als Funktion der Elektronenenergie. (*Gestrichelte Linien*) Positronen

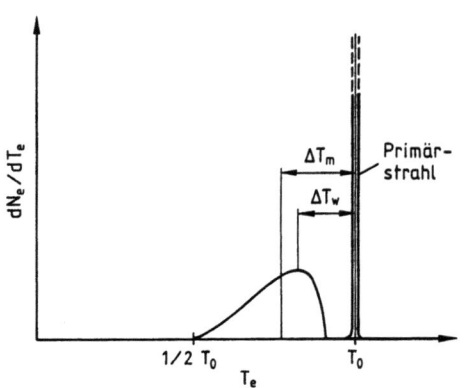

Abb. 6.7. Elektronenspektrum nach Durchgang durch eine Materieschicht (schematisch). (ΔT_w) wahrscheinlichster, (ΔT_m) mittlerer Energieverlust

gieabhängigkeit von der Rutherford-Streuformel für schwerere Teilchen. Für die Vielfachstreuung entlang des Weges gilt eine Theorie von Molière, die für den mittleren Ablenkwinkel z. B. ergibt, daß bei einer Einfallsenergie der Elektronen von $T_e = 2\,\text{MeV}$ und einer Schichtdicke, die einem Ener-

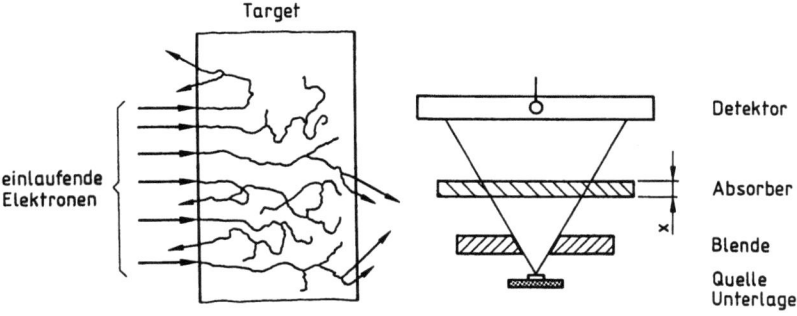

Abb. 6.8. Einige Elektronenspuren in Materie (schematisch)

Abb. 6.9. Typische Anordnung zur Zählung der Teilchen aus einem β-Präparat

gieverlust von nur 10 keV entspricht (Pb: 10 mg/cm, Luft: 6 mg/cm^2), der mittlere Ablenkwinkel bereits Werte von 18° für Blei und 5° für Luft annimmt (Formelausdruck s. Anhang A4).

Mögliche Elektronenspuren sind in Abb. 6.8 skizziert. Wie man sieht, kommt es auch zur Rückdiffusion einiger Elektronen. Dies hat zur Folge, daß bei einer Anordnung wie der in Abb. 6.9 skizzierten die Zählrate größer ist, als wenn die Quelle im Vakuum schweben würde.

Die Rückdiffusion steigt mit der Elektronendichte und also mit der Kernladung des Materials an und kann, je nach Elektronenenergie, auch wegen des Austritts von Sekundärelektronen, die Zählrate fast verdoppeln!

Die aus der Integration des Energieverlustes entlang der Bahn erhältliche, maximal mögliche Reichweite ist wegen der Streuung nur selten von Interesse. Trägt man die Zahl der über eine Strecke x hinauslaufenden Teilchen gegen x auf, so erhält man die in Abb. 6.10 dargestellte Kurve (hier im logarithmischen Maßstab). Daraus kann man eine „extrapolierte Reichweite" R_{extr} gewinnen, die von der Elektronenenergie T_e abhängt und die – je nach der geometrischen Auslegung der Meßapparatur – etwas kleiner ist als die maximal mögliche Reichweite.

Diese maximale Reichweite ist in Abb. 6.11 gegen die Elektronenenergie aufgetragen.

Während die Massenreichweite (s. Abschn. 6.2.3) eines Protons von 5 MeV in Aluminium 0,05 g/cm^2 beträgt (s. Abb. 6.4), ist die maximale Mas-

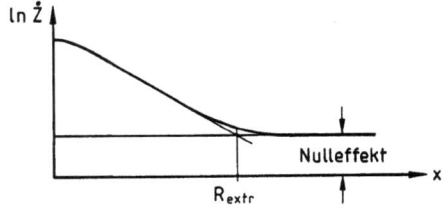

Abb. 6.10. Zur Bestimmung der „extrapolierten Reichweite". (Z) = Zählrate (logarithmischer Maßstab); (x) = Schichtdicke

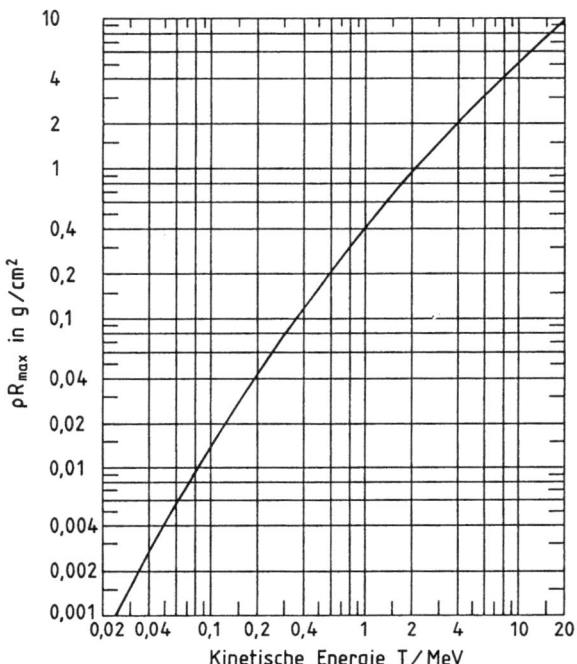

Abb. 6.11. Maximale Massenreichweite von Elektronen als Funktion ihrer Einfallsenergie

senreichweite von Elektronen der gleichen Energie 2,7 g/cm², also fast 60 mal größer. Entsprechend größere Schichtdicken sind notwendig, um Elektronen wirksam abzuschirmen. Doch genügen immer noch Aluminium- oder Kupferbleche von einigen mm Dicke. Die Ionisierungsdichte entlang einer Elektronenspur ist wesentlich geringer als bei Protonen oder α-Teilchen und nimmt erst gegen Ende der Reichweite stark zu.

Die Ionisierungseigenschaften von Elektronenstrahlen werden in der Medizin z. B. zur Bestrahlung von tiefliegenden Tumoren ausgenutzt: Während die Oberflächenregionen des Körpers verhältnismäßig wenig geschädigt werden, wird ein größeres Gebiet vor Erreichen der maximalen Reichweite stark ionisiert; dahinter bleibt das Gewebe unbestrahlt. Allerdings ist eine genaue Lokalisierung der Schädigungszone nicht gut möglich.

Für β-Strahler, die ein kontinuierliches Elektronenspektrum aussenden, ist bei kleinen Schichtdicken x der Logarithmus der Zählrate als Funktion von x empirisch annähernd eine Gerade. Aus dem Abfall der Kurve (die Steigung ist proportional zu ϱR_{max}) kann man – allerdings nur auf ± 20% genau – die Reichweite R_{max} bestimmen und damit aus den Daten der Abb. 6.11 einen Hinweis auf die Maximalenergie des Betaspektrums gewinnen.

6.3.2 Bremsstrahlung

Die Wechselwirkung des anfliegenden Elektrons mit dem elektrischen Feld eines Kerns produziert Strahlung, weil das Elektron im Kraftfeld beschleunigt wird (s. Abschn. 2.4). Die klassische Elektrodynamik sagt voraus, daß bei jeder Ablenkung Strahlung produziert wird. Nach der Quantentheorie gibt es nur eine, allerdings kleine, Wahrscheinlichkeit für die Emission eines Photons beim Vorbeiflug am Kern.

Die Abhängigkeit der Strahlungsintensität von der Masse des Projektils und den Ladungen von Projektil und Targetkern ergibt sich aus folgender Überlegung: Die Coulombkraft ist proportional zu $Z_p Z_T$, die Beschleunigung nach dem Newtonschen Grundgesetz also proportional zu $Z_p Z_T / m_p$. Die Strahlungsintensität ist proportional zum Quadrat der Beschleunigung, also zu $Z_p^2 Z_T^2 / m_p^2$. Sie ist für Elektronen um den Faktor $(m_{proton}/m_{elektron})^2 \approx 4 \cdot 10^6$ stärker als für Protonen und spielt, besonders bei hohen Elektronenenergien, eine entscheidende Rolle für den Energieverlust von Elektronen (s. Abb. 6.6), aber nicht bei Protonen und anderen schweren Teilchen.

Die Bremsstrahlung wird z. B. in der Röntgenröhre zur Erzeugung von hochenergetischer Photonenstrahlung ausgenutzt. Je größer die Kernladung Z_T des Anodenmaterials ist, desto höher ist die Strahlungsausbeute. Auf der anderen Seite stören Materialien mit hohem Z_T, wenn Elektronen abgeschirmt werden sollen, da die von ihnen erzeugten Photonen ein großes Durchdringungsvermögen aufweisen (s. u.).

Das Spektrum der Bremsstrahlungsphotonen ist proportional zu $Z_T^2 B(E_{ph}/T_e)/E_{Ph}$, wobei der Bremsstrahlfaktor $B(E_{Ph}/T_e)$ eine nur wenig mit der Photonenenergie E_{Ph} variierende Größe ist (s. Abb. 6.12). Die in jedes Energieintervall zwischen E_{Ph} und $E_{Ph} + dE_{Ph}$ hineingestrahlte Energie ist also fast energieunabhängig.

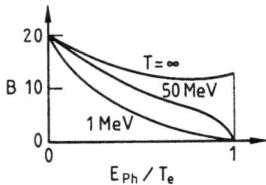

Abb. 6.12. Bremsstrahlungsfaktor B (E_{ph}/T_e) als Funktion der Photonenenergie für verschiedene Werte der kinetischen Energie T_e der Elektronen

Das Massenbremsvermögen (Formel s. Tabelle 6.2 und Anhang A4) wächst etwa mit dem Quadrat der Kernladungszahl Z_T. Für kleine Elektronenenergien ist es fast konstant und steigt für $T_e > m_e c^2$ an (s. Abb. 6.6). Für $T_e \gg m_e c^2$ und für eine dünne Materieschicht Δx gilt näherungsweise als Mittelwert des Energieverlustes durch Bremsstrahlung (s. Anhang A4):

$$(-\Delta T_e)_{\text{Bremsstr.}} \approx T_e \frac{\Delta x}{X_0} \quad .$$

Die Größe X_0 heißt „Strahlungslänge"; z. B. verliert das Elektron auf einer Strecke Δx, die einem Prozent der Strahlungslänge entspricht, ein Prozent seiner Energie durch Strahlung. Werte für die Größe ϱX_0 sind in Tabelle 6.4 aufgeführt.

Tabelle 6.4. Strahlungslängen für Elektronen in verschiedenen Materialien (in g/cm²)

Material	ϱX_0
H_2	58
Luft	38
Al	24
Pb	5,8

6.3.3 Cerenkov-Strahlung

Fliegt ein Teilchen durch ein Material der Brechzahl n_T, (s. Abschn. 2.4) mit einer Geschwindigkeit v, die größer ist als die Lichtgeschwindigkeit $c = c_0/n_T$ in diesem Material, dann bildet sich eine elektromagnetische „Bugwelle" – ähnlich wie bei einem Überschall-Flugzeug eine Schockwelle entsteht –, deren Spektrum teilweise den sichtbaren Bereich überdeckt. So sieht man z. B. in einem in Betrieb befindlichen, wassergekühlten Kernreaktor ein blaues Leuchten, das von dieser Cerenkov-Strahlung herrührt (benannt nach dem russischen Physiker Pawel Cerenkov, *1904). Verantwortlich dafür sind schnelle Elektronen, die beim β-Zerfall der Spaltprodukte ausgesandt werden.

Die Richtung der Strahlung schließt mit der Flugrichtung des Teilchens einen Winkel Θ ein, für den gilt

$$\cos \Theta = \frac{c_0}{v n_T}$$

(s. Abb. 6.13).

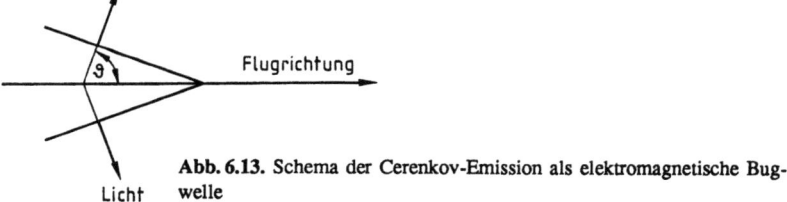

Abb. 6.13. Schema der Cerenkov-Emission als elektromagnetische Bugwelle

Bei einem eng ausgeblendeten Teilchenstrahl kann man aus der Richtungsbeobachtung auf v und damit auf die Teilchenenergie schließen. Mit sog. Cerenkov-Detektoren wird diese Methode an Hochenergiebeschleunigern zur Spektroskopie relativistischer Teilchen benutzt. Der mit der Cerenkov-Strahlung verbundene Energieverlust ist allerdings klein im Vergleich zu den anderen Mechanismen, er beträgt etwa 1 keV/cm in Glas oder Plexiglas. Unabhängig von der Projektilmasse entstehen etwa 200 Photonen pro cm im sichtbaren Bereich.

6.4 Neutronen

Neutronen als ungeladene Teilchen mit ungefähr Protonenmasse können nicht mit den elektrischen Ladungen der Elektronen und Kerne der durchsetzten Schicht wechselwirken, sie „spüren" nur die sehr kurzreichweitigen Kernkräfte (Kraftwirkung nur bis etwa zum Kernrand). Nur wenn sie in unmittelbare Nähe eines Kerns geraten, werden sie entweder gestreut oder in den Kern eingefangen.

Die folgenden Betrachtungen sind relativ ausführlich, weil die Wechselwirkung von Neutronen mit Materie von zentraler Bedeutung für die Funktion von Kernreaktoren ist (s. Kap. 9).

6.4.1 Streuung

Wie sich zeigen läßt, erfolgt die elastische Streuung langsamer Neutronen ($T_n \approx$ eV bis keV) wie die einer klassischen kleinen Kugel an einer anderen. Die Wahrscheinlichkeit für die Ablenkung um einen Winkel Θ kann man aus dieser Modellvorstellung gewinnen (s. Anhang A3). Es ergibt sich, daß in jedes Raumwinkelelement (im Relativsystem) gleichviele Neutronen gestreut werden, die Streuung also isotrop erfolgt. Im Laborsystem sieht die Verteilung nicht mehr so einfach aus, da der Targetkern einen Rückstoß erleidet (s. Anhang A2). Die kinetischen Energien des Neutrons nach und vor dem Stoß verhalten sich nach (A2.9) wie

$$\left(\frac{T_n'}{T_n}\right)_{LS} = \frac{A_T^2 + 1 + 2A_T\cos\Theta}{(A_T + 1)^2} \ .$$

Wie in Anhang A3 gezeigt wird, kommt jeder Wert von $\cos\Theta$ gleich häufig vor. Somit führt der erste Stoß mit konstanter Wahrscheinlichkeit zwischen die Werte

$$T_n' = \left(\frac{A_T - 1}{A_T + 1}\right)^2 T_n \qquad \text{und} \qquad T_n' = T_n \ ,$$

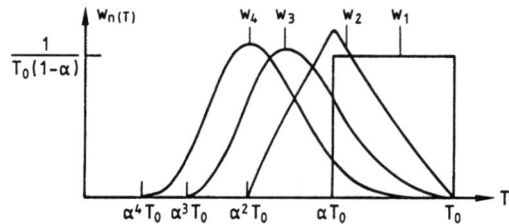

Abb. 6.14. Neutronenspektrum W_N nach N Stößen ($N = 1, 2, 3, 4$). Anfangsenergie T_0; $\alpha = [(A_T - 1)/(A_T + 1)]^2$. Dargestellt für $A_T = 12$ (Kohlenstoff)

dabei ist $T_n = T_0$ die Anfangsenergie des Neutrons. Es ergibt sich die in Abb. 6.14 für die Wechselwirkung mit Kohlenstoff dargestellte und mit w_1 bezeichnete Verteilung, dabei steht die Abkürzung α für den Faktor $[(A_T - 1)/(A_T + 1)]^2$. Auch die Kurven w_2, w_3 und w_4 (Verteilungen nach zwei, drei und vier Stößen) sind eingezeichnet.

Man sieht, daß sich das Neutronenspektrum zu immer kleineren Energien verschiebt und ständig breiter wird. Ist N die Zahl der Stöße, dann erscheint das Maximum der Kurve w_N bei $\alpha^{N/2} T_0$. Die mittlere Stoßzahl, die für die Abbremsung von Neutronen der Anfangsenergie $T_0 = 2$ MeV auf die Endenergie 0,1 eV nötig ist, kann man der Tabelle 6.5 entnehmen. Je kleiner A_T, desto weniger Stöße sind erforderlich, desto besser eignet sich also der Stoff zur schnellen Abbremsung der Neutronen. Dies gilt aber nur unter der Voraussetzung, daß die Neutronen nicht unterwegs in einem Targetkern eingefangen werden (s. u.). Die Abbremsung der Neutronen auf niedrige Energien („Moderation") ist ein Zentralproblem bei Kernreaktoren, da die Wahrscheinlichkeit für Spaltung eines schweren Kerns wie ^{235}U oder ^{239}Pu nur für langsame Neutronen große Werte erreicht.

Wenn die Neutronen nicht eingefangen werden, werden sie durch fortgesetzte Stöße so lange abgebremst, bis sie bei weiteren Stößen im Mittel keine Energieänderung mehr erfahren. Denn die Targetkerne sind selbst nicht in Ruhe (wie für die kinematische Überlegungen zu Abb. A2.2 vorausgesetzt wird), sondern führen thermische Bewegungen und Schwingungen aus. Außerdem machen sich Einflüsse der chemischen Bindung (unelasti-

Tabelle 6.5. Mittlere Stoßzahl bei der Abbremsung von Neutronen von 2 MeV auf 0,1 eV in verschiedenen Materialien

Substanz	A_T	Stoßzahl
Wasserstoff	1	17
Deuterium	2	27
Kohlenstoff	12	106
Uran	238	1910

sche Stöße verbunden mit Moleküldissoziation) bemerkbar. Die Neutronen werden schließlich „thermalisiert", d. h. sie kommen mit der thermischen Bewegung der Umgebung bei Raumtemperatur ins Gleichgewicht.

Die wahrscheinlichste Neutronengeschwindigkeit nach der Abbremsung auf thermische Energien ergibt sich aus thermodynamischen Überlegungen (Maxwell-Verteilung der Geschwindigkeit, wie in einem idealen Gas) zu

$$v_{th} = \sqrt{\frac{2kT}{m_n}} \approx 2200 \, \text{m/s}$$

(m_n = Ruhmasse des Neutrons, T = Umgebungstemperatur $\approx$ 300 K, k = Boltzmann-Konstante = $1,380662 \cdot 10^{-23}$ J/K). Die entsprechende Neutronenenergie beträgt ca. 1/40 eV (genau: 0,0253 eV).

Die Dichte des „Neutronengases" in einem Materiestück wird natürlich im Lauf der Zeit nicht immer größer, da die Neutronen schließlich entweder eingefangen werden oder das Material nach außen verlassen.

Bei jedem Stoß wird die vom Neutron verlorene Energie auf den Stoßpartner übertragen. Diese Energie wird auf die in Abschn. 6.2 beschriebene Weise in Anregung und Ionisation umgesetzt. Es entstehen Sekundärspuren mit meist hoher Ionisationsdichte, weswegen schnelle Neutronen für biologisches Gewebe sehr gefährlich sind (s. Kap. 8). Abgebremste Neutronen werden schließlich in Kerne eingefangen (s. u.). Dabei wird ihre Bindungsenergie (einige MeV) frei und als γ-Strahlung emittiert. Diese kann zu weiteren Schädigungen führen.

Ist das Target so dünn, daß höchstens ein Stoß stattfindet, ergibt sich für die Neutronen nach dem Stoß die in Abb. 6.14 mit w_1 bezeichnete Energieverteilung. Die gestoßenen Teilchen haben dann eine Energieverteilung, die sich von der Energie null bis zur Energie $(1 - \alpha)T_0$ erstreckt. Wenn sich die Stufe in der gemessenen Intensität bei einer Energie T_1 feststellen läßt, ergibt sich hieraus eine – wenn auch nicht sehr genaue – Methode zur Bestimmung der Energie einer monoenergetischen Neutronenstrahlung T_0:

$$T_0 = \frac{1}{1-\alpha} T_1 \quad .$$

(Im Fall der Streuung an Wasserstoff ($\alpha = 0$) erstreckt sich der „Kasten" bis zur Energie $T_1 = T_0$). Genauere Verfahren sind sehr aufwendig, denn bis zur vollständigen Abbremsung, d. h. bis zur Abgabe ihrer ganzen Energie, legen die Neutronen lange Wege im Material zurück. Die mittlere Streuweglänge, d. h. die mittlere Strecke, die ein Neutron zwischen zwei Streuprozessen zurücklegt, beträgt z. B. in Wasser einige cm. Die Gesamtenergie des Neutrons ist also als „Linie" in einem einfachen Spektrometer nicht zugänglich.

6.4.2 Einfang in einen Atomkern

Mit einer gewissen Wahrscheinlichkeit, die in der Regel stark von der Neutronenenergie T_n und dem jeweiligen Material abhängt, wird das Neutron in einen Kern eingefangen. Dabei wird der Energieunterschied ΔE frei, wobei gilt

$$\Delta E = [M(A,Z) + m_n - M(A+1,Z)]c^2 + T_{n,\text{rel}}$$

($T_{n,\text{rel}}$ ist die kinetische Energie des Neutrons im Relativsystem, siehe Anhang A2, Gl. A2.8). Die Energie ΔE wird entweder durch Emission von γ-Strahlung abgegeben, dann bleibt der Kern mit $(A+1)$ Nukleonen im Grundzustand übrig (Nomenklatur: (n,γ)-Reaktion), oder es erfolgt eine Kernreaktion, d. h. der angeregte Zwischenkern zerfällt durch Aussendung eines Protons $((n,p)$-Reaktion) oder eines α -Teilchens $((n,\alpha)$-Reaktion). Auch die Reemission eines Neutrons ist möglich, wobei der Restkern in einem angeregten Zustand zurückbleibt, der anschließend via γ-Emission in den Grundzustand übergeht (inelastische Streuung, $(n,n'\gamma)$-Reaktion).

Die Wahrscheinlichkeit für einen Prozeß wird in der Kernphysik durch seinen „Wirkungsquerschnitt" beschrieben (s. Anhang A3), der definiert ist als

$$\text{Wirkungsquerschnitt } \sigma = \frac{\text{Zahl der Prozesse pro s und Targetkern}}{\text{Stromdichte der einfallenden Teilchen [m}^{-2}\text{s}^{-1}]} .$$

Er hat die physikalische Dimension einer Fläche. Nur in Sonderfällen stimmt er mit der Querschnittsfläche des beschossenen Kerns überein, im allgemeinen ist er wesentlich größer oder auch kleiner als diese. Die physikalische Einheit des Wirkungsquerschnitts ist üblicherweise das „barn"(engl. für Scheunentor), wobei gilt

$$1\,\text{b} = 10^{-24}\,\text{cm}^2 = 10^{-28}\,\text{m}^2 \quad .$$

Bei vielen Geschossen und Targetkernen erhält man die Zahl der Prozesse Z_p (p bezeichnet den bestimmten Prozeß) zu

$$Z_p = Z_G \frac{N_T}{A} \sigma_p \tag{6.2}$$

mit Z_G = Zahl der Geschosse, N_T = Zahl der Targetkerne, A = von den Projektilen durchsetzte Fläche. Dabei ist bei einem Target der Dichte ϱ und der Dicke Δx

$$N_T = \frac{\text{Masse des Targets}}{\text{Masse eines Atoms}} = \frac{\varrho A \Delta x}{(A)u} = \frac{N_A \varrho A \Delta x}{\text{molare Masse}}$$

(die Größe (A) ist in Abschn. 2.2 definiert und für die einzelnen Elemente aus Abb. 2.1 ersichtlich). Eingesetzt ergibt sich (die Fläche hebt sich heraus):

$$Z_p = Z_G \frac{\varrho \Delta x}{(A)u} \sigma_p = Z_G \frac{N_A \varrho \Delta x}{m_{mol}} \sigma_p \ .$$

Dieser Zusammenhang gilt auch für nicht gerichtet einfallende Teilchen. Die Wirkungsquerschnitte für die oben genannten Neutronenreaktionen haben für kleine Neutronenenergien die in Abb. 6.15 skizzierte Energieabhängigkeit, solange keine Resonanzen (s. u.) auftreten. Prozesse, bei denen Bindungsenergie frei wird (exoenergetische Prozesse), zeigen einen Verlauf, der proportional zu $1/v_n$ mit sinkender Geschwindigkeit stark anwächst.

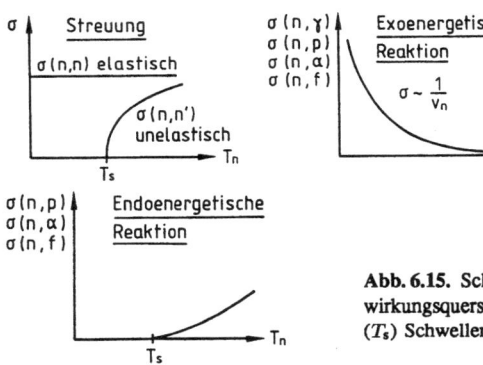

Abb. 6.15. Schematischer Verlauf der Neutronenwirkungsquerschnitte unterhalb von Resonanzen. (T_s) Schwellenenergie

Dies ist z. B. der Grund dafür, daß die Neutronen im Reaktorkern abgebremst werden müssen, damit sie Kernspaltungsprozesse (n, f) (f steht für „fission" = Spaltung) mit ausreichender Ausbeute auslösen können. Der $1/v_n$-Verlauf kann qualitativ durch den Hinweis erklärt werden, daß langsame Neutronen mehr Zeit in Kernnähe verbringen.

Prozesse, die einen Energieaufwand benötigen (endoenergetische Prozesse), haben ein Schwellenverhalten: Erst wenn das Neutron die notwendige Energie mitbringt, können sie ablaufen. Geladene Teilchen verlassen den Kern wegen der Coulombkräfte nicht so leicht wie Neutronen, daher wächst in diesen Fällen der Wirkungsquerschnitt oberhalb der Schwelle nur langsam an.

Für höhere Energien schließt sich das Gebiet der Resonanzen im Wirkungsquerschnitt an. Eine Resonanz tritt immer dann auf, wenn der entstehende hochangeregte Zwischenkern gerade einen angeregten Zustand bei der Energie der Bildung aufweist. Als Beispiel für Elemente, die bei niedrigen kinetischen Energien der Neutronen Resonanzen zeigen, sind in

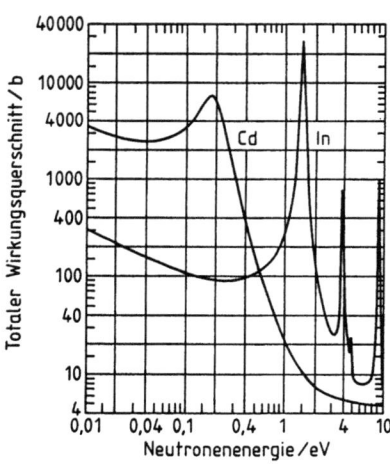

Abb. 6.16. Totaler Wirkungsquerschnitt für die Neutronenwechselwirkung mit Cd und In für langsame Neutronen (doppelt logarithmischer Maßstab)

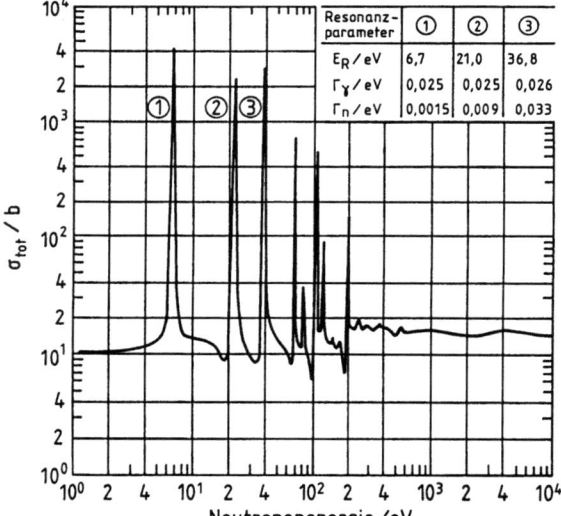

Abb. 6.17. Totaler Wirkungsquerschnitt für die Neutronenwechselwirkung mit ^{238}U (doppelt logarithmischer Maßstab). Resonanzparameter: (E_R) = Resonanzenergie, (Γ_γ) Resonanzbreite für (n, γ)-Prozeß, proportional zur Wahrscheinlichkeit für Einfang, Γ_n dasselbe für elastische Streuung

Abb. 6.16 die totalen Wirkungsquerschnitte (Summe über alle Prozesse, einschließlich Streuung; hier dominiert der (n, γ)-Einfang) von Cadmium und Indium als Funktion der Neutronenenergie dargestellt.

Diese Stoffe werden wegen ihrer großen Einfangquerschnitte als Absorber für thermische (Cd) und etwas schnellere oder „epithermische" (In) Neutronen eingesetzt, z. B. als Regelstäbe in Kernreaktoren. Abbildung 6.17 zeigt den totalen Wirkungsquerschnitt für ^{238}U über einen größeren Energiebereich.

Zu großen Neutronenenergien hin überlappen die einzelnen Resonanzen, so daß der mittlere Wirkungsquerschnitt wieder glatter wird. Bei hoher Meßauflösung zeigt sich jedoch, daß auch hier starke Fluktuationen vorhanden sind.

Zum Neutronennachweis eignet sich am besten ein Material, das in weiten Energiebereichen einen großen Wirkungsquerschnitt mit ungestörtem $1/v$-Verlauf aufweist. Ein solcher Stoff ist das Element Bor, mit dessen Isotop ^{10}B die Kernreaktion ^{10}B(n, α)^{7}Li abläuft. Die in einem mit BF$_3$-Gas gefüllten Zählrohr (s. Kap. 7) freigesetzten α-Teilchen und ^{7}Li-Kerne hinterlassen Ionisationsspuren, die man leicht in ein elektronisches Meßsignal umformen kann. Der totale Wirkungsquerschnitt [Summe aus σ(n, n) und σ (n, γ)] für Bor ist in Abb. 6.18 gezeigt.

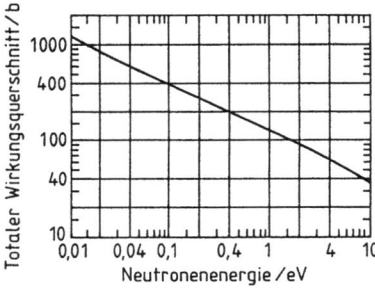

Abb. 6.18. Totaler Wirkungsquerschnitt für die Wechselwirkung von Neutronen mit Bor. Der Verlauf ist im ganzen Energiebereich proportional zu $1/v$

Die bei (n, γ)-Prozessen emittierte γ-Strahlung kann einerseits zum Neutronennachweis herangezogen werden. Andererseits ist diese Strahlung bei der Abschirmung von Neutronenquellen störend. Das Abschirmproblem von Neutronen- und γ-Strahlung zusammen führt zur Notwendigkeit des Aufbaus von dicken Strahlenschutzwänden (Größenordnung 1 m Beton), insbesondere um den Kern eines Reaktors herum.

Eine Begleiterscheinung des Neutroneneinfangs ist die Tatsache, daß die um ein Neutron reicheren Produktkerne oft β^--aktiv sind und in der Folge zerfallen. Der bestrahlte Stoff wird also aktiviert. Dies kann gezielt z. B. durch Bestrahlung einer Probe im Reaktor und anschließender Aktivitätsbestimmung zur Messung des Gehaltes an einem gesuchten chemischen Bestandteil (Aktivierungsanalyse, s. Abschn. 7.4.4) oder zur Herstellung von für analytische bzw. medizinische Zwecke benötigter radioaktiver Nuklide genutzt werden. Andererseits wird ein von Neutronen durchsetzter Stoff auch ungewollt selbst zum Strahler und muß anschließend unter Schutzmaßnahmen bis zum endgültigen Abklingen der Aktivität aufbewahrt oder sachgemäß beseitigt werden.

Der menschliche Körper wird durch Neutronen vorwiegend wegen der Rückstoßprotonen, die bei der Streuung am Wasserstoff des Gewebes auftreten und wegen der auf den Einfang folgenden Sekundärstrahlung geschädigt.

Auch bei niedrigen Energien durchsetzen Neutronen den ganzen Körper. Der Streuquerschnitt $\sigma_{\text{Str}} \approx 20\,\text{b}$ bedingt eine mittlere Streulänge in Wasser von
$$l_{\text{Str}} = \frac{1}{n\sigma_{\text{Str}}} = \frac{(A)u}{\varrho\sigma_{\text{Str}}} \approx 1,5\,\text{cm} \quad,$$
wobei n die Teilchenzahldichte der absorbierenden Atome ist, $n = \varrho N_{\text{A}}/m_{\text{mol}}$. Dagegen weist der Einfangprozeß $^1\text{H}(n,\gamma)^2\text{H}$ nur einen Wirkungsquerschnitt (bei thermischen Energien) von 0,332 mb auf. Somit gehen im Mittel viele tausend Streuungen dem Einfang voraus.

6.5 Röntgen- und γ-Strahlung

Energiereiche Photonen aus Röntgenröhren oder dem γ-Zerfall können mit den Atomelektronen, den Protonen der Kerne und mit deren elektrischen Feldern in Wechselwirkung treten. Dabei kommt es zur vollständigen Absorption (Photoeffekt), zur elastischen oder inelastischen Streuung des Photons (Compton-Effekt) oder zur Paarbildung (Erzeugung eines $e^+ - e^-$-Paares im elektrischen Feld eines Kerns). Für die Schwächung der Strahlintensität gilt das in Abschn. 2.4 angegebene Exponentialgesetz, wobei sich der lineare Schwächungskoeffizient μ aus den drei Anteilen

$$\mu = \mu_{\text{Photo}} + \mu_{\text{Compton}} + \mu_{\text{Paarbildung}}$$

zusammensetzt.

In Abb. 6.19 ist die Absorption von γ-Strahlung der von α-Strahlung gegenübergestellt.

Die Energie des Einzelteilchens nimmt bei α-Strahlung kontinuierlich ab, und zwar umso schneller, je langsamer das Teilchen geworden ist. Demgegenüber bleibt die Photonenenergie konstant bis zum ersten Wechselwirkungsprozeß, dann sinkt sie plötzlich ab, beim Photoeffekt und bei der Paarbildung auf null, beim Compton-Effekt auf einen kleineren Wert (s. u.). Die Zahl der Teilchen, die man nach einer Wegstrecke x noch vorfindet,

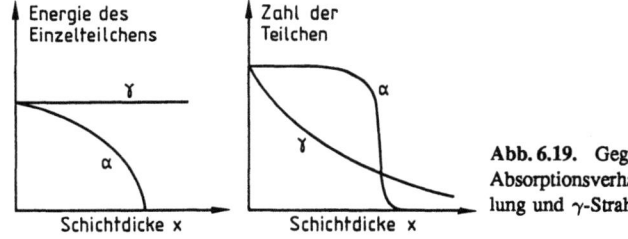

Abb. 6.19. Gegenüberstellung des Absorptionsverhaltens von α-Strahlung und γ-Strahlung

bleibt bei α-Teilchen konstant bis in die Gegend der Reichweite, dann fällt sie steil ab. Bei den Photonen nimmt die Zahl exponentiell ab; eine Reichweite, hinter der keine Photonen mehr zu finden wären, gibt es nicht.

6.5.1 Photoeffekt

Ein freies Elektron kann ein Photon nicht vollständig absorbieren, da bei einem solchen Prozeß die Erhaltungssätze für Energie und Impuls nicht gleichzeitig erfüllt werden können (s. Abschn. 6.5.2). Ist das Elektron jedoch in einem Atom gebunden, so kann das ganze Atom den Impulsausgleich bewirken (wegen seiner großen Masse kann es viel Impuls bei wenig Energie übernehmen). Da die Wahrscheinlichkeit hierfür am größten ist, wenn das Elektron fest gebunden ist, findet – bei ausreichender Photonenenergie – der Photoeffekt vorwiegend an Elektronen der K-Schale statt. Wenn man die geringe Rückstoßenergie außer acht läßt, verläßt das Elektron die Stoßzone mit der kinetischen Energie

$$T_e = hf - B_K \quad \text{(oder } B_{L,M...}\text{)} \quad .$$

Anschließend wird bei Atomen mit großer Kernladung Z die charakteristische Röntgenstrahlung, bei leichten Atomen (kleines Z) Auger-Elektronenemission beobachtet.

Der Wirkungsquerschnitt für den Photoeffekt ist in Abb. 6.20 für die Elemente Pb ($Z = 82$, ausgezogene Kurve) und Pt ($Z = 78$, gestrichelte Kurve) im Bereich $20\,\text{keV} \leq hf \leq 150\,\text{keV}$ dargestellt.

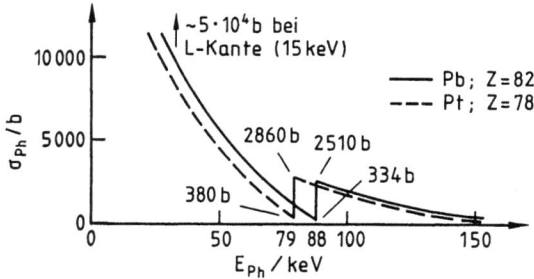

Abb. 6.20. Wirkungsquerschnitt für Photoeffekt an Blei und Platin im Bereich $20\,\text{keV} \leq hf \leq 150\,\text{keV}$ mit K-Kanten- Struktur

Unterhalb 88 keV (für Pb) bzw. 79 keV (für Pt) kann nur L-Schalen-Ionisation stattfinden, oberhalb dieser Energien wird auch K-Schalen-Ionisation möglich. Das zeigt sich in einem Sprung („K-Kante") etwa um den Faktor 7,5 in den Kurven. Entsprechende Sprünge finden sich auch bei der Bindungsenergie der L-Elektronen („L-Kanten", hier bei $hf \approx 15\,\text{keV}$) und der M-Elektronen (bei noch niedrigeren Photonenenergien).

Die Abhängigkeit des Wirkungsquerschnitts von der Kernladungszahl des absorbierenden Materials und der Photonenenergie wird durch einige empirische Regeln beschrieben (s. auch Abb. 6.24 und 6.25):

- Bei fester Photonenenergie gilt $\sigma_{PE} \approx Z_T^4$ bis $Z_T^{4,6}$, der Wirkungsquerschnitt wächst also sehr stark mit größer werdendem Z_T an;
- bei festem Z_T fällt der Wirkungsquerschnitt mit der Photonenenergie erst steiler ($\approx (hf)^{-8/3}$), später flacher ($\approx (hf)^{-1}$) ab.

6.5.2 Compton-Effekt

Die folgende, etwas ausführlichere Darstellung ist zum quantitativen Verständnis der gemessenen γ-Spektren (s. Abschn. 7.3.2) erforderlich. Der mathematisch weniger interessierte Leser findet das wichtigste, für die spätere Diskussion notwendige Resultat in Abb. 6.22b aufgezeichnet, nämlich das Spektrum der Sekundärelektronen nach dem Stoß zwischen Photonen und Elektronen (hier für eine Photonenenergie von 1 MeV).

Sieht man die Targetelektronen als ungebunden an, so gelten die Erhaltungssätze für Impuls und Energie schon für den Stoß zwischen Photon und Elektron allein. Der Impuls eines Photons ist gegeben durch (s. Anhang A1)

$$p = \frac{E}{c} = \frac{hf}{c} \quad .$$

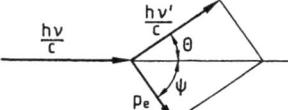

Abb. 6.21. Impulsdiagramm für die Streuung eines Photons an einem Elektron (Compton-Effekt)

Abbildung 6.21 zeigt das Impulsdiagramm. Aus den Ansätzen

Energiesatz: $hf = T_e + hf'$

Impulssatz: $p_e^2 = \left(\dfrac{hf}{c}\right)^2 + \left(\dfrac{hf'}{c}\right)^2 - 2\left(\dfrac{h}{c}\right)^2 ff' \cos\Theta$

(Kosinussatz im oberen Dreieck der Abb. 6.21) und der Energie-Impuls-Beziehung nach Abschn. 3.4 folgt nach einfachen Umrechnungen mit $(T_e + m_e c^2)^2 = c^2 p_e^2 + m_e^2 c^4$ (s. Anhang (A1.5)) die Beziehung

$$\frac{hf'}{hf} = \frac{1}{1 + \varepsilon(1 - \cos\Theta)} \quad ,$$

wobei $\varepsilon = hf/m_e c^2$ ist. Die Energie (Frequenz) des gestreuten Photons ist vom Streuwinkel Θ abhängig und stets kleiner als die des einfallenden. Die minimale Energie des gestreuten Photons (wenn $\Theta = 180°$, Rückstreuung des Photons) ist

$$(hf')_{\min} = \frac{hf}{(1+2\varepsilon)} \quad ,$$

also größer als null. Die Photonenenergie kann daher beim Compton-Effekt nie vollständig auf ein freies Elektron übertragen werden. Beim Photoeffekt übernimmt dagegen das ganze Atom den Impulsausgleich (s. o.). Wenn das Photon die Minimalenergie zurückbehält, also bei Rückstreuung des Photons, wird eine Maximalenergie an das Elektron übertragen, nämlich

$$(T_e)_{\max} = hf \frac{2\varepsilon}{1+2\varepsilon} \quad .$$

$(T_e)_{\max}$ ist stets kleiner als hf und ist die Energie der im Elektronenspektrum beobachteten „Compton-Kante". Zu niedrigeren Energien schließt sich eine kontinuierliche Elektronenverteilung an.

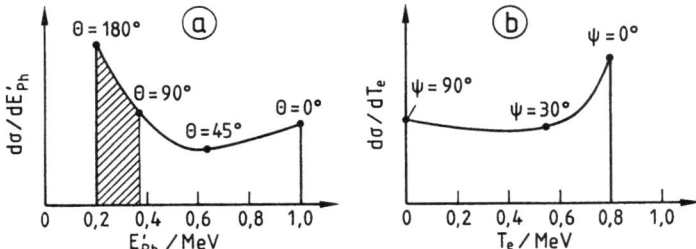

Abb. 6.22. Spektren der gestreuten Photonen (a) und Compton-Elektronen (b) bei einer Photonen-Einfallsenergie von 1 MeV (Winkelbezeichnung s. Abb. 6.21). (*Schraffiert*) Rückgestreute Photonen

Für die Energieverteilung der gestreuten Photonen bzw. Compton-Elektronen ergeben sich die in Abb. 6.22 am Beispiel $\varepsilon = 2$, d. h. $hf = 1{,}022$ MeV, gezeigten Spektren. Bei der Messung einer monochromatischen γ-Strahlung von $hf = 1$ MeV erhält man also neben der Photolinie (die im Diagramm 6.22b bei $T_e = 1$ MeV auftreten würde) ein breites Kontinuum mit einer Kante bei 0,8 MeV.

Aus dem Impulsdiagramm (Abb. 6.21) kann man auch den Zusammenhang zwischen dem Photonenwinkel Θ und dem Winkel Ψ, unter dem das Elektron emittiert wird, herleiten:

$$\tan \Psi = \frac{\sin \Theta}{(1+\varepsilon)(1-\cos\Theta)} \quad .$$

$\Theta = 0$ entspricht $\Psi = 90°$, $\Theta = 180°$ entspricht $\Psi = 0°$. Alle Elektronen fliegen also in Vorwärtsrichtung; Ψ-Werte zwischen 90° und 180° kommen nicht vor.

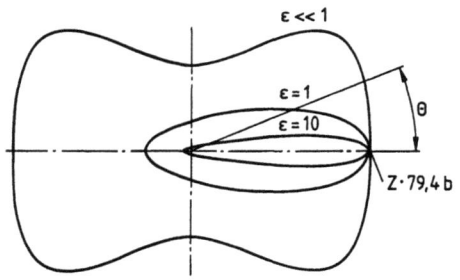

Abb. 6.23. Polardiagramm der Winkelverteilung der Compton- gestreuten Photonen für verschiedene Photonenenergien ($\varepsilon = hf/m_e c^2$). Die Intensität unter dem Winkel Θ entspricht dem Abstand zwischen Ursprung und Kurve

Der Wirkungsquerschnitt für den Compton-Effekt kann mit Hilfe der Quantenelektrodynamik hergeleitet werden. Er wächst proportional zur Kernladungszahl Z_T des Targetmaterials. Die Winkelabhängigkeit ist in Abb. 6.23 dargestellt. Für große ε erhält man starke Vorwärtsstreuung.

Der Wirkungsquerschnitt σ_{CE} ist die bestimmende Größe für die Abnahme der Zahl der Photonen der Energie hf in einem (kollimierten) Strahl durch den Compton-Effekt. Nach Gleichung (6.2) in Abschn. 6.4.2 ist

$$-\Delta n_\gamma = n_\gamma \frac{\varrho \Delta x}{(A_T)u} \sigma_{CE} = n_\gamma \frac{N_A \varrho \Delta x}{m_{mol}} \sigma_{CE} \quad .$$

Mit der Abkürzung

$$\mu_{CE} = \frac{\varrho \sigma_{CE}}{(A_T)u} = \frac{N_A \varrho}{m_{mol}} \sigma_{CE}$$

(„linearer Schwächungskoeffizient durch Compton-Streuung") folgt durch Integration

$$n_\gamma = (n_\gamma)_{x=0} \exp(-\mu_{CE} x) \quad .$$

Da σ_{CE} proportional zu Z_T und $Z_T/(A_T) \approx 1/2$ ist, hängt der Schwächungskoeffizient μ_{CE} kaum von Z_T ab.

An die Elektronen im Target wird die Energie übertragen:

$$\Delta T_e = \Delta n_\gamma \bar{T}_e = hf n_\gamma \mu_{CA} \Delta x \quad \text{mit}$$

$$\mu_{CA} = \frac{\varrho}{(A_T)u} \sigma_C E \frac{\bar{T}_e}{hf} = \frac{\varrho}{(A_T)u} \sigma_{CA} = \frac{\varrho N_A}{m_{mol}} \sigma_{CA}$$

Man nennt σ_{CA} den „Wirkungsquerschnitt für Comptonabsorption", eine recht ungewöhnliche Definition, da der Mittelwert $\bar{T}_e$ der an die Elektronen übertragenen Energie eingeht. Die Differenz $\sigma_{CS} = \sigma_{CE} - \sigma_{CA}$ wird als „Wirkungsquerschnitt für Compton-Streuung" bezeichnet; ebenso bildet man den Schwächungskoeffizienten für Compton-Streuung $\mu_{CS} = \mu_{CE} - \mu_{CA}$.

Quantitative Darstellungen der Abhängigkeit dieser Schwächungskoeffizienten von der Photonenenergie in der Form μ/ϱ finden sich in den

Abb. 6.24 und 6.25. Der „Energieabsorptionskoeffizient" $\mu_a = \mu_{PE} + \mu_{CA} + \mu_{PB}$ ist maßgebend für solche Prozesse, bei denen Photonenenergie direkt an Elektronen übertragen wird.

6.5.3 Paarbildung

Der Prozeß der Paarbildung beruht auf der elektromagnetischen Wechselwirkung und ist nach der Quantenelektrodynamik verständlich. Das Photon „materialisiert" sich, indem es ein Teilchen–Antiteilchen-Paar erzeugt, das dann auseinanderfliegt. Elektron und Positron haben verschiedene Energien, jedoch ist ihre Gesamtenergie bestimmt durch

$$E_\gamma = E_{e^-} + E_{e^+} = 2m_e c^2 + T_{e^-} + T_{e^+}$$

Der Prozeß ist also nur möglich, wenn die Photonenenergie größer ist als die Summe der Ruhenergien beider Teilchen, also 1,022 MeV, und wenn ein Kern in der Nähe ist, der den Impulsüberschuß aufnehmen kann.

Die Energie $2m_e c^2$ erscheint später wieder als „Vernichtungsstrahlung" des Positrons: Wenn das Positron zur Ruhe gekommen ist, zerstrahlt es mit einem Elektron gemäß

$$e^+ + e^- \longrightarrow 2hf \quad ,$$

wobei $hf = m_e c^2 = 511\,\text{keV}$. Aus Impulsgründen fliegen die beiden Photonen in entgegengesetzter Richtung auseinander. Ein Vernichtungsprozeß, bei dem drei Photonen (mit breitem Energie- und Richtungsspektrum) entstehen, ist auch möglich, hat aber eine sehr geringe Wahrscheinlichkeit.

Wenn die beiden 511 keV-Photonen im Detektor (z. B. durch Photoeffekt) absorbiert werden, wird die gesamte Photonenenergie in kinetische Energie von Elektronen umgesetzt und es entsteht eine Linie am Ort der Photolinie. Entkommt eins der Photonen aus dem empfindlichen Bereich des Detektors, erscheint eine Linie bei einen um 511 keV niedrigeren Energie („single-escape-Linie"); verlassen beide Vernichtungsphotonen den Detektor, wird eine um 1,022 MeV niedriger liegende Linie erzeugt („double-escape-Linie"). Neben der Photolinie und dem Compton-Kontinuum findet man also im Meßspektrum – bei primären Photonenenergien > 1,022 MeV – diese beiden Linien (s. z. B. Abb. 7.11b), wobei sich die Intensitäten je nach Detektorgröße stark unterscheiden können. Außerdem tritt die Linie der Vernichtungsstrahlung (511 keV) mit ihrem Comptonkontinuum auf, die von Paarbildungsprozessen außerhalb des empfindlichen Detektorvolumens herrührt. Man sieht, daß die Entwirrung eines Meßspektrums von γ-Strahlung Probleme in sich birgt, insbesondere wenn die Quelle viele Primärlinien enthält.

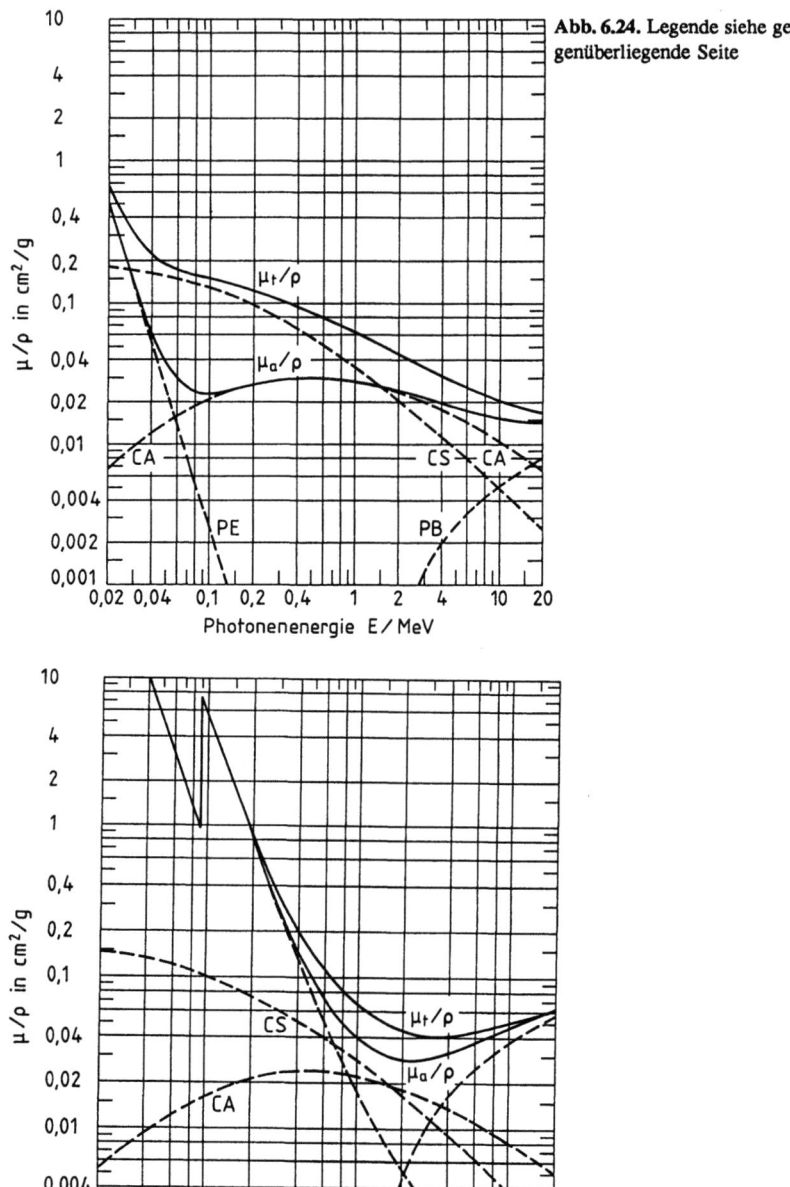

Abb. 6.24. Legende siehe gegenüberliegende Seite

Abb. 6.25. Legende siehe gegenüberliegende Seite

6.5.4 Schwächungskoeffizienten

Der Zusammenhang zwischen dem totalen Schwächungskoeffizienten

$$\mu_t = \mu_{PE} + \mu_{CE} + \mu_{PB}$$

und dem Wirkungsquerschnitt

$$\sigma_t = \sigma_{PE} + \sigma_{CE} + \sigma_{PB}$$

ist, wie oben bereits verwendet, gegeben durch

$$\mu_t = \frac{\varrho}{(A_T)u}\sigma_t = \frac{\varrho N_A}{m_{mol}}\sigma_t \ .$$

Der Verlauf des totalen Massenschwächungskoeffizienten μ_t/ϱ mit der Einheit cm^2/g ist für Luft und Blei in den Abb. 6.24 und 6.25 als Funktion der Photonenenergie dargestellt.

Man sieht, daß für kleine Z_T (Luft) fast im ganzen Energiebereich der Compton-Effekt dominiert, während für große Z_T im Bereich niedriger Energien der Photoeffekt, im Bereich mittlerer Energien (400 keV bis 2 MeV) der Compton-Effekt und für hohe Energien der Paarbildungsprozeß überwiegt.

Für Blei ($\varrho = 11,9$ g/cm^3) hat der totale Massenschwächungskoeffizient ein Minimum bei ca. 3,5 MeV; dort ist $(\mu_t/\varrho) = 0.04$ cm^2/g, also $\mu_t = 0,46$ cm^{-1}. Erst eine Bleiwand von 2 cm Dicke schwächt die Photonenintensität auf 1/e = 37 %, für eine Schwächung auf 0,1 % der Anfangsintensität ist eine Bleiabschirmung von 14 cm Dicke erforderlich. Das Minimum ist sehr breit, so daß γ-Strahlung zwischen 1 und 10 MeV besonders schwer abzuschirmen ist.

Die bisherigen Überlegungen gelten nur für einen gut kollimierten Strahl, also für ein durch Spalte oder Öffnungen ausgeblendetes Strahlungsbündel, bei dem Streuphotonen durch den Comptoneffekt und die 511 keV-Vernichtungsstrahlung, die nach dem Paarbildungsprozeß entsteht, aus dem Strahl entfernt werden. Ist die Ausblendung nicht vollständig, so erscheinen zusätzliche Photonen niedrigerer Energie, deren Intensität von der geometrischen Anordnung der Meßapparatur, dem Absorbermaterial, der Schichtdicke und der Einfallsenergie abhängt. Die Detektoranzeige ist dann um einen „Zuwachsfaktor" B größer als im Fall der idealen Kollimation.

Abb. 6.24. Massen-Schwächungskoeffizienten beim Durchgang von γ-Strahlung durch Luft ((PE) Photoeffekt, (CA) Compton-Absorption, (CS) Compton-Streuung, (PB) Paarbildung) als Funktion der Photonenenergie

Abb. 6.25. Wie Abb. 6.24, aber für den Durchgang von γ-Strahlung durch Blei

Wird der Detektor in den Absorber hineingebracht und ist er vollständig vom Absorbermaterial umgeben, kann auch Streustrahlung „von hinten" in den Detektor gelangen (rückgestreute Photonen, s. Abb. 6.22b), so daß die Zahl der dort nachgewiesenen Photonen größer werden kann als die Anzahl der von der Quelle auf den Absorber auffallenden Photonen. Im Zusammenhang mit Strahlenschutzproblemen ist die pro g Absorber deponierte Energie, also die Energiedosis (s. Abschn. 2.4 und 8.2.1), von besonderem Interesse. Ursache für die Energiedeposition sind die sekundären Elektronen, die ihre Energie auf die in Abschn. 6.2 beschriebene Weise an die Targetatome abgeben. Der entsprechende Dosiszuwachsfaktor ist definiert als

$$B_D = 1 + \frac{\text{Dosis durch gestreute Photonen}}{\text{Dosis durch Primärphotonen}}.$$

Zahlenwerte für Wasser und Blei sind in Tabelle 6.6 angegeben.

Tabelle 6.6. Dosiszuwachsfaktoren für Wasser und Blei
(Index 0 = ohne Streustrahlung)

$\mu_{t,0} \cdot x$	1	4	10	20
$\exp(-\mu_{t,0} \cdot x)$	1/2,7	1/55	1/22000	$1/4,9 \cdot 10^8$
E_γ/MeV	Dosiszuwachsfaktor B_D für H$_2$O (Pb)			
0,5	2,52 (1,24)	14,3 (1,69)	77,6 (2,27)	334 (2,7)
1	2,13 (1,37)	7,68 (2,26)	27,1 (3,74)	82,2 (5,86)
2	1,83 (1,49)	4,88 (2,51)	12,4 (4,84)	27,7 (9,0)
8	1,38 (1,14)	2,40 (1,74)	4,25 (5,07)	6,95 (44,6)

Wir betrachten ein Beispiel: Die Energie der Photonen sei 1 MeV, der Detektor allseitig von 5 cm Blei umgeben. Aus Abb. 6.25 entnimmt man den Massenschwächungskoeffizienten $\mu_t/\varrho = 0,07$ cm^2/g. Die Dichte von Blei ist etwa 11 g/cm^3, die Massenbelegung der Abschirmung also 55 g/cm^2. Damit ergibt sich $\mu_t x = 3,85$; $\exp(-3,85) = 0,021$. Somit durchsetzen 2,1 % der Primärstrahlung die vordere Bleiwand. Durch Streustrahlung aus der Umgebung wird die Dosis um den Faktor $B_D = 2,2$ (s. Tabelle 6.6) erhöht, also um mehr als das Doppelte. In einem Target aus Wasser (oder biologischem Gewebe) ist der Unterschied noch sehr viel größer, wie man aus den Werten für B_D für Wasser der Tabelle 6.6 sieht. Der Dosiszuwachs ist bei Strahlenschutzüberlegungen stets zu berücksichtigen.

6.6 Zusammenfassung

In den Tabellen 6.1 und 6.2 sind die wichtigsten Daten zum Durchgang von Strahlung durch Materie zusammengestellt. Die „direkt ionisierenden Strahlungen" (geladene Teilchen: Elektronen, Protonen, schwere Ionen) hinterlassen Spuren durch Anregung, Ionisation und Gitterdefekte und führen direkt zu Strahlenschäden. Die „indirekt ionisierenden Strahlungen" (ungeladene Teilchen: Neutronen, Photonen) durchsetzen die Materie zunächst ohne Wechselwirkung, bis sie bei einem Stoß ihre Energie teilweise oder vollständig an geladene Teilchen abgeben. Diese übertragen dann die Energie auf das Targetmaterial.

Die große Verschiedenheit der Wechselwirkungsprozesse erfordert eine entsprechende Vielfalt der zum Nachweis und zur Spektroskopie der Teilchen einsetzbaren Meßgeräte (s. Kap. 7) und auch detaillierte Überlegungen zur Abschirmung von Strahlungsfeldern. Wie sich die Strahlungen auf den menschlichen Körper auswirken, wird in Kap. 8 behandelt. Dort wird auch auf die gesetzlichen Regelungen zum Strahlenschutz (Strahlenschutzverordnung) eingegangen.

7 Strahlungsmessung

7.1 Vorbemerkungen

Das Studium der Radioaktivität war von Anfang an eng mit der Entwicklung von Verfahren zur Strahlungsmessung verbunden. Das Spektrum der verfügbaren Instrumente reicht vom robusten Mehrzweckgerät bis hin zu raffinierten Systemen für höchste wissenschaftliche Anforderungen. Im folgenden wird ein Überblick über die gebräuchlichsten Verfahren zur Strahlungsmessung gegeben.

Je nach Zielsetzung lassen sich drei Schwerpunkte unterscheiden:

1. *Aufspüren einer Aktivität:* Die dazu verwendeten Geräte sollen radioaktive Stoffe aufspüren und Strahlungsintensitäten mit möglichst hohem Wirkungsgrad registrieren. Ihre Arbeitsweise hängt zwar von der Strahlungsart (Photonen- oder Teilchenstrahlung) und von der Energie der Strahlung ab, die registrierten Signale geben jedoch keine genaue Auskunft über die Art der Strahlungsquelle. Beispielsweise kann ein solches Instrument allein nicht unterscheiden, ob ein Ereignis von natürlichen oder von künstlichen radioaktiven Stoffen stammt, ob es von der kosmischen Höhenstrahlung herrührt oder ob es von einem technischen Gerät wie einer Röntgen- oder Fernsehröhre emittiert wurde. Diese Meßgeräte sind wegen ihrer einfachen Handhabung ein wichtiges Hilfsmittel im Strahlenschutz, beispielsweise bei der Verwendung von radioaktiven Stoffen in Technik und Wissenschaft oder in der medizinischen Diagnostik und Therapie. Sie werden als Strahlungsmonitore für die allgemeine Strahlungsüberwachung eingesetzt. Die Zuordnung einer registrierten Strahlung zu einer bestimmten Strahlungsquelle erfordert weitere Anstrengungen (s. u.). Erst wenn bekannt ist, um welche Radionuklide es sich handelt und welche Art von Strahlung emittiert wird, kann die Aktivität bzw. die Aktivitätskonzentration bestimmt werden.

2. *Energiespektroskopie:* Zur eindeutigen Identifikation der strahlenden Nuklide zieht man die Halbwertszeit des radioaktiven Zerfalls, deren Bestimmung allerdings oft zeitraubend ist, und die Art und Energie der emittierten Strahlung als sichere Erkennungsmerkmale für strahlende Nuklide heran. Daß eine große Anzahl von Nukliden unter Emission

mehrerer verschiedener Teilchen und/oder Photonen zerfällt, schafft dabei besonders deutliche Unterscheidungskriterien.

3. *Dosismessung:* Die Wirkung einer Strahlung auf Materie, insbesondere auf den menschlichen Körper, entsteht durch die Übertragung von Strahlungsenergie auf die Materie. Sie wird durch die Größen Dosis und Dosisrate (auch als Dosisleistung bezeichnet) charakterisiert. Der Dosisbegriff wurde in den Abschn. 2.4 und 5.2 eingeführt und wird in Abschn. 8.2.1 ausführlich erläutert. Prinzipiell kann die Dosis aus den Eigenschaften der Strahlungsquelle, der Art der Strahlung und ihrer Intensität am Bestrahlungsort nach den Gesetzen der Wechselwirkung von Strahlung mit Materie berechnet werden (Beispiele sind in Abschn. 5.2 und 8.2.2 angegeben). Dies ist vor allem dann notwendig, wenn eine experimentelle Dosisbestimmung nicht möglich ist, etwa bei der nuklearmedizinischen Therapie, wo es z. B. auf die Dosis ankommt, die im Inneren des menschlichen Körpers besteht oder appliziert werden soll. Im praktischen Strahlenschutz verwendet man jedoch verschiedene ausgereifte Meßverfahren, die sich in zwei Arten einteilen lassen: Dosimeter ermitteln über einen bestimmten Zeitraum die absorbierte Dosis, während die durch ein gegebenes Strahlungsfeld an einem Expositionsort bewirkte Dosisrate (Dosis pro Zeiteinheit) mit Dosisratenmeßgeräten (Dosisleistungsmessern) gemessen wird.

Prinzip und Wirkungsweise der wichtigsten Strahlungsmeßgeräte und die Durchführung der genannten Meßaufgaben werden im folgenden behandelt.

7.2 Strahlungsmeßgeräte

Die bei weitem gebräuchlichsten Strahlungsmeßgeräte sind Gasionisations-, Szintillations- und Halbleiterdetektoren. Sie werden in den folgenden Abschnitten beschrieben. Zunächst sollen nur ihre grundsätzlichen Merkmale erläutert werden. Das Prinzip ihrer Wirkungsweise ist in Abb. 7.1 dargstellt.

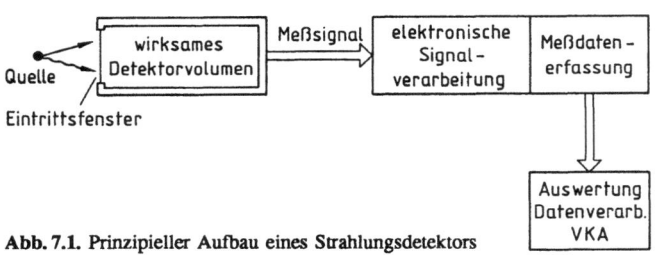

Abb. 7.1. Prinzipieller Aufbau eines Strahlungsdetektors

Die Strahlung tritt durch ein dafür durchlässiges Fenster in das wirksame Volumen des Detektors ein. Dieses ist von einem Gehäuse und gegebenenfalls von weiteren Konstruktionselementen umgeben, in denen auch Wechselwirkungsprozesse stattfinden, die zu Störsignalen führen können. Im wirksamen Volumen des Detektors findet die für das gewählte Verfahren charakteristische Wechselwirkung statt. Direkt ionisierende Strahlen werden ebenso abgebremst wie die von indirekt ionisierender Strahlung erzeugten geladenen Teilchen, indem sie ihre Energie, wie in Abschn. 6.2 und 6.3 dargestellt, in vielen Einzelstößen abgeben. Aus der Gesamtheit der Einzelprozesse ergibt sich das für den jeweiligen Detektor typische Meßsignal, das durch geeignete elektronische Bauelemente in einen elektrischen Strom oder einen Spannungspuls umgewandelt und je nach Meßaufgabe analysiert wird.

Das so dargestellte Prinzip gilt nur für einfallende geladene Teilchen wie Elektronen oder α-Teilchen. Indirekt ionisierende Strahlen wie Röntgen-, Gamma- und Neutronenstrahlen müssen ihre Energie zunächst in einem oder mehreren sukzessiven Einzelstößen an Photo-, Compton- oder Paarbildungselektronen bzw. an geladene Rückstoßkerne übertragen (vgl. Abschn. 6.5 bzw. 6.4). Diese werden dann im Detektor abgebremst und erzeugen in gleicher Weise wie die direkt ionisierende Strahlung ein Meßsignal. Da die genannten Einzelstöße in einem gasgefüllten Detektor nur mit geringer Wahrscheinlichkeit stattfinden, ist das Ansprechvermögen für den Nachweis indirekt ionisierender Strahlung dort erheblich geringer als für direkt ionisierende Strahlung (s. u.).

Die Anzahl der primär gebildeten Elektron-Ion-Paare im Gaszählrohr, der Lichtquanten im Szintillator und der Teilchen-Loch-Paare im Halbleiterkristall (s. u.) ist proportional zu dem Energiebetrag, den das Strahlteilchen im wirksamen Volumen des Detektors verliert. Wird die Strahlung vollständig absorbiert, ist die Anzahl der Einzelprozesse ein Maß für die Gesamtenergie der Strahlung. Darauf basiert die Möglichkeit der Bestimmung der Strahlungsdosis.

Eine Detektoranordnung wird als Energiespektrometer bezeichnet, wenn sie elektrische Signale liefert, meistens Spannungspulse, deren Höhe proportional zur Strahlungsenergie ist. Mit dem als Vielkanalanalysator (VKA) bezeichneten Teil der Auswertelektronik werden die Pulse der Höhe nach sortiert und in einem Register aus vielen „Kanälen" abgespeichert. Wenn die Beziehung zwischen Pulshöhe und deponierter Energie bekannt ist, liefert die graphische Darstellung der Häufigkeitsverteilung dieser Pulshöhen das Energiespektrum der betreffenden Strahlung. Im Idealfall erhält man für Strahlungsteilchen einer bestimmten Energie nur Pulse der gleichen Höhe und damit eine schmale Linie im Spektrum des Vielkanalanalysators (Abb. 7.2).

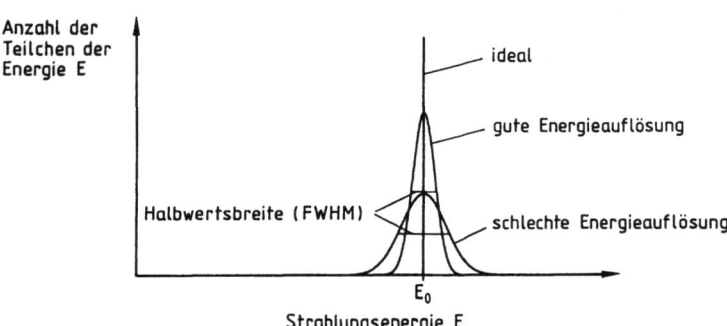

Abb. 7.2. Linienform im Pulshöhenspektrum

In Wirklichkeit liefert ein Spektrometer verbreiterte Linien. Ob benachbarte Strahlungsenergien noch als getrennte Linien registriert werden können, hängt von der Linienbreite ab. Die Linienbreite ist also ein Maß für die Auflösung eines Energiespektrometers. Diese wird durch die Größe $\Delta E/E$ charakterisiert, wobei ΔE die Halbwertsbreite der Linie ist. ΔE wird durch die statistische Schwankung der Zahl der Einzelprozesse bestimmt, die zur Signalbildung bei E beitragen. Daß die Linienverbreiterung in einigen Fällen geringer ist als nach rein statistischen Betrachtungen zu erwarten wäre, wird durch den sogenannten Fano-Faktor berücksichtigt (s. Abschn. 6.2.2). Weitere Ursachen für eine Linienverbreiterung liegen im technisch-apparativen Bereich. So sind elektronisches Rauschen, Schwankungen der Ausbeute im Detektorvolumen und Instabilitäten der Meßelektronik bei Langzeitmessungen mögliche Quellen der Auflösungsverschlechterung. Sie können beim heutigen Stand der Detektortechnik jedoch weitgehend vermieden werden. Aus einer einfachen Betrachtung, die in Abb. 7.3 skizziert ist, ersieht man, daß die Überlage-

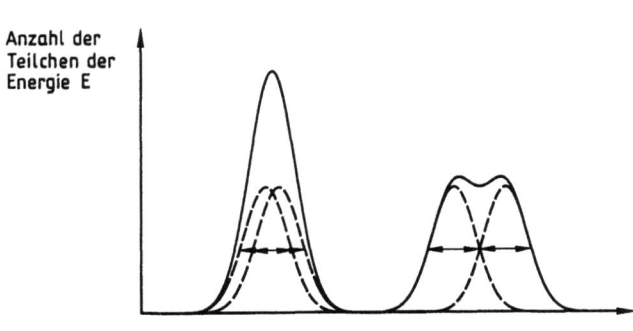

Abb. 7.3. Auflösungsvermögen und Linientrennung. (*Gestrichelt*) Einzellinien, (*ausgezogen*) Überlagerung

rung zweier benachbarter Linien nur dann eine Trennung ergibt, wenn der Abstand ihrer Energielagen größer ist als die Halbwertsbreite der Linien.

Ein weiteres, qualitätsbestimmendes Merkmal eines Strahlungsdetektors ist sein Ansprechvermögen (engl. efficiency). Es stellt den Zusammenhang zwischen der Aktivität A_Q einer Quelle und der gemessenen Zählrate $\dot{Z}$ her (s. Abschn. 5.5):

$$\dot{Z} = \eta A_Q \ .$$

Das so definierte Ansprechvermögen η wird auch als „absolutes Ansprechvermögen" η_a bezeichnet. Im Gegensatz dazu ist das „interne Ansprechvermögen" η_i definiert als die Wahrscheinlichkeit, mit der ein auf den Detektor auftreffendes Teilchen oder Photon nachgewiesen wird. Hier bleiben der Raumwinkel (Abschn. 2.4) sowie mögliche Absorptionsverluste auf dem Weg zum Detektor unberücksichtigt. Das interne Ansprechvermögen für direkt ionisierende Strahlung kann 100 % betragen, für indirekt ionisierende Strahlung erreicht η_i selbst bei großem Detektorvolumen nur einige Prozent.

Darüberhinaus ist die sog. Totzeit des Detektors zu berücksichtigen. Darunter versteht man die Zeitspanne, in der ein Detektor nach der Registrierung eines Ereignisses für weitere auftreffende Strahlung unempfindlich ist. Dies kann sowohl in der Natur des Detektors liegen als auch durch die nachgeschaltete Elektronik begründet sein. Besonders bei der Untersuchung hoher Aktivitäten kann die Totzeit zu einer beträchtlichen Reduzierung der Zählrate führen.

Die Bestimmung des Ansprechvermögens eines Detektorsystems sowie der Beziehung zwischen Pulshöhe und Teilchenenergie bezeichnet man als Kalibrierung. (Der Begriff Eichung wird nur verwendet, wenn die Kalibrierung von dazu autorisierten Ämtern vorgenommen wird). Es ist zwar im Prinzip möglich, das Ansprechvermögen eines Detektors zu berechnen, dies ist aber im allgemeinen recht schwierig. Deshalb benutzt man in der Praxis Standardpräparate, deren Quellstärke und Strahlungsenergie genau bekannt sind, und vergleicht deren Linienlage und Zählrate mit der unbekannten. Da die Standardisierung einer Strahlenquelle ihrerseits einen kalibrierten Detektor erfordert, erscheint das Problem zunächst unlösbar. Es gibt jedoch Möglichkeiten, mit Strahlungsquellen unbekannter Stärke einen Detektor zu kalibrieren, wenn beispielsweise diese Quelle aufgrund ihres Zerfallsschemas zwei Teilchen gleichzeitig emittiert. Ein Beispiel wird in Abschn. 7.3.1 vorgeführt.

Alle Detektoren zeigen auch ohne radioaktive Quelle einen Zähleffekt („Nulleffekt") , der von der mit Quelle gemessenen Zählrate abzuziehen ist (s. Abschn. 5.5). Er stammt unter anderem von der Myonenkomponente (μ^+) der kosmischen Strahlung, deren Intensität an der Erdoberfläche etwa ein Teilchen pro cm^2 und Minute beträgt. Bei Quellen geringer Aktivität bestimmt die statistische Schwankung dieses Nulleffektes die Nachweisgrenze.

7.2.1 Gasionisationsdetektoren

Die Gasionisationsdetektoren mit den drei Betriebsarten Ionisationskammer, Proportionalzählrohr und Geiger-Müller-Zählrohr gehören zu den ältesten Nachweisgeräten für radioaktive Strahlung. Sie beruhen auf der ionisierenden Wirkung von Strahlung beim Durchqueren von Gasen. Das wirksame Volumen ist daher je nach Detektortyp und Meßaufgabe mit Gasen wie Luft oder Stickstoff, Edelgasen (Helium, Argon, Xenon), Halogenen oder organischen Gasen (Methan, Butan) gefüllt. Zum Abtrennen der am schwächsten gebundenen Elektronen werden Energien von bis zu 15 eV benötigt. Da die geladenen Teilchen ihre Energie aber auch durch Anregung verlieren, ohne daß ein Elektron abgetrennt wird, beträgt der mittlere Energieaufwand zur Erzeugung eines Elektron-Ion-Paares 30 bis 35 eV. Ein Teilchen von 0,5 MeV erzeugt also durchschnittlich 15000 Elektron-Ion-Paare. Diese Zahl ist statistischen Schwankungen unterworfen. Durch eine geeignete Anordnung, im einfachsten Fall durch einen Plattenkondensator, dessen eine Platte mit dem positiven Pol (Anode), die andere mit dem negativen Pol (Kathode) einer Spannungsquelle verbunden ist, wird im wirksamen Gasvolumen ein elektrisches Feld erzeugt, in dem sich die Elektronen und die positiven Ionen in entgegengesetzte Richtungen bewegen. Der sich dabei ergebende Strom wird im äußeren Meßkreis als elektrisches Signal (Strom oder Spannungspuls) registriert.

Die Größe der im Zählgasvolumen herrschenden Feldstärke bestimmt die verschiedenen Betriebsarten eines Gasionisationszählers.

In Abb. 7.4 ist die Höhe des durch den einzelnen Stromstoß bewirkten Spannungspulses in Abhängigkeit von der Spannung zwischen den Elektroden schematisch dargestellt. Allerdings kann ein gegebener Detektor nicht

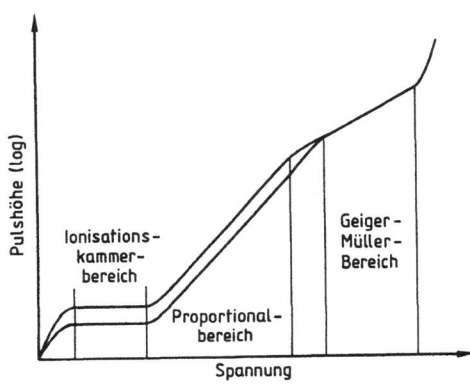

Abb. 7.4. Abhängigkeit der Pulshöhe von der Spannung (Feldstärke) für einen Gasionisationsdetektor. Die beiden Kurven gelten für verschiedene im effektiven Detektorvolumen deponierte Teilchenenergien

durch entsprechende Wahl der Hochspannung in jeder Art betrieben werden. Jede Betriebsart eines Gasionisationsdetektors stellt eine Optimierung vieler Parameter von Bauart, Gaszusammensetzung und Nachweiselektronik dar. Wie in Abb. 7.4 gezeigt, steigt die Pulshöhe bei niedriger Feldstärke zunächst an. Solange die Feldstärke klein ist, kann ein Teil der primär durch die Strahlung gebildeten Elektron-Ion-Paare zu neutralen Atomen oder Molekülen rekombinieren. Die zunehmende Spannung wirkt dieser Rekombination entgegen, bis alle primär gebildeten Elektron-Ion-Paare zum Puls beitragen. Eine weitere Erhöhung der Spannung bewirkt dann zunächst keine Zunahme der Pulshöhe. Dies ist der Betriebsbereich der Ionisationskammern.

Zum genaueren Verständnis der Detektoren wird im folgenden die Funktion der Ionisationskammer ausführlich beschrieben. Bei den anderen Detektoren – bis auf die Szintillatoren – ist die Wirkungsweise ähnlich.

Die Ionisationskammer: Im Prinzip ist die Ionisationskammer ein gasgefüllter Plattenkondensator (s. Abb. 7.5), an dem eine Spannung U angelegt ist ($U \approx 100\,\text{V}$). Im Inneren herrscht das elektrische Feld $E = U/d$. Wird ein Elektron-Ion-Paar an der Stelle x zwischen den Platten erzeugt, so werden die Ladungsträger getrennt (sofern das Feld groß genug ist, um eine Rekombination zu verhindern). Die Teilchen wandern dann im Feld in entgegengesetzte Richtungen. Die Bewegung ist vergleichbar dem Fall einer Kugel in einer reibenden, zähen Flüssigkeit (z. B. Öl), wobei die Teilchen eine konstante Driftgeschwindigkeit v annehmen, die der Feldstärke proportional ist und die sich der chaotischen thermischen Bewegung überlagert.

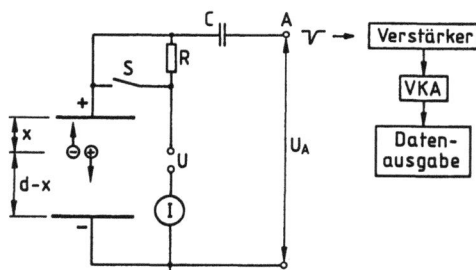

Abb. 7.5. Schema für die Messung von Elektron-Ion-Paaren in der Ionisationskammer im Puls- oder Strombetrieb. (U) Betriebsspannung, (d) Plattenabstand, (S) Schalter, (R) Widerstand, (C) Kondensator, (A) Ausgang, (U_A) Ausgangsspannung, (I) Strom

Diese Driftbewegung der Ladungsträger verursacht im Außenkreis einen Strom, dessen Größe man durch eine Energiebetrachtung bestimmen kann: Bewegt sich ein Teilchen während der Zeit Δt um eine Strecke $\Delta x = v\Delta t$, so wird die Energie $qE\Delta x$ frei. Sie wird im Außenkreis als Stromstoß registriert, wobei die Energie $IU\Delta t$ im Widerstand R in Wärmeenergie umgesetzt wird (nach dem Ohmschen Gesetz gilt $R = U/I = \text{const.}$, also ist die Wärmeenergie gleich $RI^2\Delta t$). Mit $E = U/d$ folgt

$$I = \frac{qv}{d} \ .$$

Dieser Strom fließt solange, bis der Ladungsträger auf der entsprechenden Kondensatorplatte angekommen ist, dann ist der Stromstoß beendet. (Der Ladungsträger braucht die Platte nicht zu erreichen, dennoch fließt der Strom!) Die Geschwindigkeit v_e der Elektronen ist mehrere tausendmal größer als die der positiven Ionen v_i, entsprechend ist der von den Elektronen erzeugte Stromstoß viel höher, jedoch auch viel kürzer. Denn die Zeit zum Durchlaufen der Wegstrecke zur jeweiligen Kondensatorplatte ist umgekehrt proportional zur Geschwindigkeit, nämlich

für die Elektronen $\quad \Delta t_e = \dfrac{x}{v_e} \quad \approx 0,1\,\mu\text{s}$

und für die Ionen $\quad \Delta t_i = \dfrac{(d-x)}{v_i} \approx 1\,\text{ms} \ .$

Grundsätzlich ergeben sich zwei Betriebsweisen für die Ionisationskammer: Messung der einzelnen Pulse oder Messung des zeitlich gemittelten Stroms.

Im Pulsbetrieb (Schalter S in Abb. 7.5 offen) wählt man den Widerstand R und die Kapazität C (einschließlich der viel kleineren Kapazität der Kammer selbst) so, daß das Produkt RC einen Wert zwischen Δt_e und Δt_i hat, z. B. $C = 50\,\text{pF} = 5 \cdot 10^{-11}\,\text{As/V}$, $R = 10^5\,\Omega$, dann ist $RC = 5\,\mu\text{s}$. Der Elektronenpuls verursacht die Bildung einer positiven Bildladung $\Delta Q = \int I dt = qx/d$ auf der Anode, die dem Kondensator C entnommen wird und dessen Spannung U_A kurzfristig um $\Delta U_A = \Delta Q / C$ absenkt. Die Höhe dieses Spannungspulses ist proportional zu x und hängt somit vom Entstehungsort des Elektron-Ion-Paares in der Ionisationskammer ab. Die Ladung und damit die Spannung wird anschließend mit der Zeitkonstanten RC aus der Spannungsquelle wieder nachgeliefert.

Die Pulshöhe ΔU_A ist für ein einzelnes Elektron sehr klein; nur wenn ein ionisierendes Teilchen viele Ionenpaare entlang seiner Bahn durch die Kammer erzeugt, wird der Spannungspuls meßbar. Zum Beispiel möge ein α-Teilchen beim Durchqueren der luftgefüllten Kammer auf deren Mittelebene ($x/d = 0,5$) eine Energie von 1 MeV verlieren. Da das Teilchen pro Ionisierungsvorgang etwa 34 eV benötigt, werden $10^6\,\text{eV}/34\,\text{eV} = 3 \cdot 10^4$ Ionenpaare erzeugt. Der Puls am Ausgang A hat dann bei $C = 50\,\text{pF}$ die Höhe $3 \cdot 10^4 \cdot 0,5 \cdot 1,6 \cdot 10^{-19}\,\text{A}\cdot\text{s} \cdot 2 \cdot 10^{10}\,\text{V/A}\cdot\text{s} \approx 50\,\mu\text{V}$. Dieses Signal läßt sich mit einem empfindlichen Verstärker nachweisen. Der durch die langsamen Ionen erzeugte Puls ist unmeßbar klein. Diese Betriebsart hat einige Nachteile: Die Pulse haben, wie erwähnt, je nach Entstehungsort in der Ionisationskammer verschiedene Höhen. Kleine Elektronenpulse, bei denen die primären Elektron-Ion-Paare nahe der Anode erzeugt wurden, können der Messung entgehen, denn man muß im anschließenden Verstärker kleine Pulse abschneiden, um das Rauschen zu unterdrücken. Damit hängt die Zählrate empfindlich von der Einstellung des Verstärkers ab. Ferner darf die Pulsrate nicht zu groß sein, sonst verursacht die langsame Ionenbewegung Störungen der gemessenen Elektronenpulse.

Jedoch ergibt sich, wie gezeigt, durch die Pulsmessung die Möglichkeit der Bestimmung des Energieverlustes $\Delta T/\Delta x$ eines durch die Kammer fliegenden, ionisierenden Teilchens (Δx = Weglänge des Teilchens durch das empfindliche Kammervolumen). Erzeugt das Teilchen auf dem Weg Δx die Anzahl N von Elektron-Ion-Paaren, so ist (bei gleichem x) der Ausgangspuls N mal so hoch wie bei einem Paar. Nach einer Kalibrierung kann N bestimmt werden; der Energieverlust ist dann $N \cdot 34\,\text{eV}$.

Die andere Betriebsart der Ionisationskammer ist die Strommessung. Dabei wird der Schalter S in Abb. 7.5 geschlossen, das RC-Glied kann entfallen. Das eingezeichnete Ampèremeter soll so träge sein, daß es über die Einzelpulse zeitlich mittelt. Werden $\dot{N}$ Elektron-Ion-Paare pro s im empfindlichen Volumen der Kammer gebildet, so ist der mittlere Strom im Außenkreis

$$I = \dot{N}\left(\frac{q}{d}\frac{x}{\Delta t_\text{e}}\Delta t_\text{e} + \frac{q}{d}\frac{d-x}{\Delta t_\text{i}}\Delta t_\text{i}\right) = \dot{N}q \quad .$$

(Beachte: Für das Ion gilt sowohl das andere Ladungsvorzeichen als auch die entgegengesetzte Geschwindigkeitsrichtung wie beim Elektron, so daß das Pluszeichen in der Klammer gerechtfertigt ist).

Dieser mittlere Strom ist also ein direktes Maß für die Zahl der pro Zeiteinheit erzeugten Elektron-Ion-Paare und damit für die (Ionen-)Dosisrate (s. Kap. 8). Die Ionisationskammer ist in dieser Betriebsart für eine solche Messung besonders gut geeignet, z. B. bei der Ausmessung des Strahlungsfeldes einer Röntgenröhre. Durch geeignete Wahl des Wandmaterials, der Form der Elektroden und der Gasfüllung gelingt es, Ionisationskammern so zu konstruieren, daß die für β- und γ-Strahlung gemessene Dosis derjenigen im menschlichen Gewebe entspricht.

Das Proportionalzählrohr: Erhöht man die Hochspannung, so steigt die Pulshöhe stark an (s. Abb. 7.4). Dies ergibt sich aus der nun einsetzenden Gasverstärkung: die durch die Primärionisation erzeugten Elektronen werden im elektrischen Feld so stark beschleunigt, daß sie auf ihrem Weg zur Anode neue Ionisationen hervorrufen. Dies wiederholt sich lawinenartig sehr oft und wird erst beendet, wenn alle Elektronen die Anode erreicht haben. Der Verstärkungsfaktor (bis zu 10^4) hängt bei gleichem Entstehungsort der Primärionisation nur von der Hochspannung ab. Deshalb ist die Höhe des elektrischen Signals proportional zur Primärionisation und, vollständige Absorption der Strahlung im Gas vorausgesetzt, proportional zur Energie der Strahlteilchen.

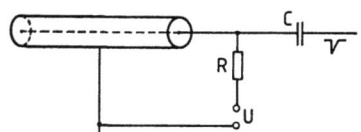

Abb. 7.6. Aufbau einer Zählrohrschaltung; R, C, U wie in Abb. 7.5

Detektoren, die in diesem Betriebsbereich arbeiten, heißen Proportionalzählrohre. Zur Erzeugung einer hohen Gasverstärkung sind große elektrische Feldstärken (10^6 V/m) erforderlich. Um diese Feldstärken mit Hochspannungen von 1000–2000 Volt realisieren zu können, wählt man, wie in Abb. 7.6 dargestellt, eine zylindrische Geometrie für die Detektorkammer, in deren Achse sich die Anode in Form eines sehr dünnen Drahtes (Drahtdurchmesser 20 bis 100 μm) befindet („Zählrohr"). Nur in unmittelbarer Drahtnähe sind die Feldstärken so hoch, daß dort die Lawinenbildung stattfinden kann. Als Füllgase kommen sowohl Edelgase wie Argon, Krypton oder Xenon als auch Kohlenwasserstoffe wie Methan, Propan oder Butan in Betracht. Ein häufig verwendetes Zählgas besteht aus 90% Argon und 10% Methan. Wegen der Proportionalität zwischen Pulshöhe und absorbierter Energie können Proportionalzählrohre zur Energiespektroskopie, insbesondere niederenergetischer Beta-, Gamma- oder Röntgenstrahlung, eingesetzt werden.

Bei Proportionalzählrohren wird nicht ein über viele einzelne Stromstöße gemittelter Strom gemessen, sondern es werden, wie oben beschrieben, einzelne Spannungspulse einem Spannungsverstärker zugeführt und anschließend registriert. Wegen der immer noch geringen Höhe der Pulse am Zählrohrausgang (mV) ist eine aufwendige elektronische Verstärkung erforderlich.

Die Pulshöhe ist proportional zur Energie des absorbierten Teilchens. Das Energieauflösungsvermögen kann recht hoch sein, da der Fano-Faktor (s. Abschn. 6.2.2) je nach Zählrohrtyp niedrig ist (0,05 bis 0,20). Proportionalzählrohre sind sehr vielseitig verwendbar, zum Beispiel als großflächige Vieldrahtkammern (Kontaminationsmonitore) zur Untersuchung von Radioaktivitäten, die über größere Bereiche verteilt sind.

Das Geiger-Müller-Zählrohr: Bei weiterer Steigerung der Hochspannung treten zusätzlich die in der Entladung gebildeten Anregungszustände der Edelgasatome in Erscheinung. Sie zerfallen in wenigen Nanosekunden unter Emission von UV-Photonen. Diese gelangen in andere Bereiche des Zählrohres und erzeugen dort durch Photoeffekt weitere Elektronen im Gas und im Wandmaterial, die neue Lawinen auslösen. Dieser Vorgang wiederholt sich so oft, bis das gesamte Zählrohr von der Entladung erfaßt ist. Alle erzeugten Spannungspulse haben dann im Gegensatz zum Proportionalzählrohr nahezu die gleiche Höhe, unabhängig von der Energie der einfallenden Strahlung. Die Pulshöhe liegt nunmehr im Bereich von einigen Volt, so daß auf eine aufwendige Verstärkung verzichtet werden kann. Solche Detektoren werden nach ihren Erfindern Geiger-Müller-Zählrohre genannt. Sie sind besonders gut zum Nachweis intensitätsschwacher und energiearmer Strahlung geeignet, einfach in der Ausführung, nicht zu teuer und leicht zu bedienen.

Es ergibt sich aber das Problem, daß die positiven Ionen beim Auftreffen auf die Kathode neue Elektronen freisetzen können, die ihrerseits zur Lawinenbildung und zu einer erneuten Entladung im gesamten Zählrohr führen. Eine einmal gestartete Entladung käme daher nicht mehr zum Erliegen, wenn sie nicht vorzeitig durch entsprechende Vorkehrungen gelöscht würde. Dies geschieht entweder elektronisch, z. B. durch kurzzeitige Reduzierung der Zählrohrspannung, oder durch Zufügen geeigneter Gase oder Dämpfe (z. B. Alkohol) zum Zählgas, die bei Stößen die Ionenenergie übernehmen und dabei dissoziieren.

Die positiven Ionen schirmen für die Dauer ihrer Wanderung zur Kathode das von der Anode ausgehende elektrische Feld so weit ab, daß ein in dieser Zeit eintreffendes Strahlungsteilchen keine Entladung bewirken kann. Die durch die Laufzeit der Ionen bedingte Totzeit liegt in der Größenordnung 100 μs und führt zu Verlusten, wenn höhere Zählraten gemessen werden sollen. Bei Proportionalzählrohren wirken sich die vorgenannten Effekte wenig aus, da die Entladung auf einen kleinen Bereich des Zählrohrvolumens beschränkt ist und daher die Anzahl der positiven Ionen geringer bleibt.

7.2.2 Szintillatoren

Szintillatoren sind feste oder flüssige Stoffe, die durch ionisierende Strahlung in solche Zustände angeregt werden, die unter Emission von sichtbarem Licht zerfallen. Es gibt auch einige Gase, die diese Eigenschaft haben, jedoch ist dies für die Praxis der Strahlungsmessung ohne Bedeutung. Anhand des bei weitem gebräuchlichsten Feststoff-Szintillators, des Natriumjodidkristalls (NaI), soll die Wirkungsweise erläutert werden.

Der reine NaI-Kristall ist ein durchsichtiger Isolator, dessen Bandabstand groß ist (etwa 7 eV). Durchquert ein ionisierendes Teilchen den Kristall, so werden entlang seines Bremsweges viele Elektronen in das Leitungsband angehoben. Würden sie direkt in das Valenzband zurückfallen, entstünde eine 7 eV UV-Strahlung, die im Kristall reabsorbiert und ein anderes Elektron in das Leitungsband anheben würde. Um eine Strahlung im sichtbaren Bereich zu erhalten, bringt man Thallium-Atome (Tl) in geringer Menge (ca. ein Atom Tl pro 10^6 Kristallatome) in das Kristallgitter ein. Dadurch werden, wie in Abb. 7.7 angedeutet, zusätzliche Energiezustände zwischen den Bändern geschaffen.

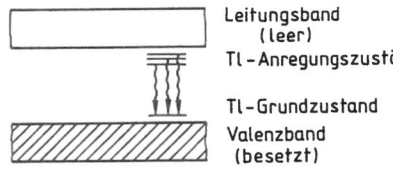

Leitungsband (leer)
Tl-Anregungszustände
Tl-Grundzustand
Valenzband (besetzt)

Abb. 7.7. Bandstruktur eines Thallium-dotierten NaI-Kristalls (schematisch)

Löcher im Valenzband wandern, indem sie durch benachbarte Elektronen besetzt werden, sehr schnell, bis sie auf ein Tl-Atom treffen. Dort wird das Loch durch ein Elektron aus dem Tl-Atom aufgefüllt. Das zurückbleibende Tl-Ion kann nun durch ein frei bewegliches Elektron aus dem Leitungsband neutralisiert werden. Dabei wird das Elektron zunächst in einen angeregten Tl-Zustand eingefangen. Der anschließende Übergang in den Grundzustand erfolgt unter Emission von sichtbarem Licht. Auf diese Weise führt die Absorption eines höheren Energiebetrages (ca. 7 eV) zur Emission einer niederenergetischen Strahlung (ca. 3 eV), die im Kristall nicht absorbiert wird und außerhalb nachgewiesen werden kann.

Daneben gibt es auch Übergänge, die nicht zur Emission von Licht führen. Deshalb wird beispielsweise im Fall des NaI-Kristalls im Durchschnitt die dreifache Energie des Bänderabstandes (also ca. 20 eV) benötigt, um ein Photon im sichtbaren Frequenzbereich zu erzeugen.

Für im Kristall vollständig absorbierte Elektronen ist die Zahl der im Szintillator erzeugten Photonen im sichtbaren Bereich proportional zur Energie der einfallenden Strahlung. Darauf basiert die Möglichkeit der Energiespektroskopie von γ-Strahlung mit NaI-Szintillatoren.

Gebräuchliche Szintillatoren sind mit Thallium aktivierte NaI- und CsI-Kristalle sowie organische Kristalle wie Anthrazen und Stilben. Der Szintillatorkristall befindet sich in direktem optischem Kontakt zu einem Sekundärelektronenvervielfacher (SEV, engl. Photomultiplier), der die auftreffende Lichtintensität in ein elektrisches Signal umwandelt. Abbildung 7.8 zeigt das Schema eines Szintillationsdetektors.

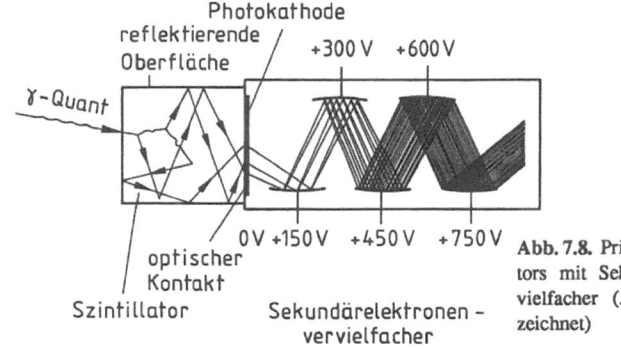

Abb. 7.8. Prinzip des NaI-Detektors mit Sekundärelektronenvervielfacher (Anode nicht eingezeichnet)

Kristall und SEV befinden sich in einem lichtdichten Gehäuse, das mit einem dünnen Fenster ausgestattet sein muß, wenn α- oder β-Strahlung gemessen werden soll. In der Photokathode des SEV, die Substanzen wie Na_2KSb, K_2CsSb oder $CsSbO$ enthält, werden durch die auftreffenden Photonen mit einer Ausbeute von etwa 10 bis 20 % Elektronen freigesetzt. In der nachfolgenden Kaskade aus 10 bis 15 Elektroden, den sogenannten Dynoden mit Oberflächen aus BeO, MgO oder Cs_3Sb, zwischen denen jeweils eine Spannung von etwa 150 Volt herrscht, werden die Photoelektronen lawinenartig vermehrt. Dies ergibt schließlich vor der Anode 10^7 bis 10^{10} Elektronen, eine Anzahl, die ausreichend ist, um ein registrierbares elektrisches Signal zu liefern. Die Höhe dieses Pulses ist proportional zur Zahl der primär gebildeten Photoelektronen, diese wiederum entspricht der Zahl der im Szintillator gebildeten Photonen und damit der absorbierten Energie.

Damit mindestens ein Elektron an der Photokathode ausgelöst wird und die erste Dynode erreicht, muß im Kristall im Durchschnitt eine Energie von 100 bis 1000 eV deponiert werden. Denn 20 eV werden zur Bildung eines Photons benötigt, nicht alle Photonen erreichen die Photokathode, und von diesen setzt nur ein Bruchteil ein Elektron frei. Einige davon erreichen nicht die erste Dynode und gehen zusätzlich verloren. Bei einer 1 MeV-Strahlung, die vollständig im Kristall absorbiert wird, erhält man also nur wenige tausend Elektronen. Die relative statistische Schwankung (Varianz) dieser geringen Zahl ist recht hoch. Im obigen Beispiel beträgt sie etwa 2,5 %. Die Linienbreite (FWHM) ergibt sich dann zu rund 6 % der Linienenergie. Das Energieauflösungsvermögen von Szintillationsdetektoren ist also nicht sehr hoch. Deshalb können Szintillationsdetektoren nur dann zur Energiespektroskopie von γ-Strahlung eingesetzt werden, wenn das Quellenspektrum nicht zu viele Linien enthält. In Abb. 7.12 wird ein Vergleich der Energieauflösungen von Szintillator und Germaniumdetektor gezeigt.

Der große Vorteil der Szintillatoren besteht in dem hohen Ansprechvermögen für γ-Strahlung bei großvolumigen Detektoren. Da die Herstellung relativ einfach ist, sind genormte Detektoren mit übereinstimmenden Eigenschaften erhältlich. Abbildung 7.9 enthält Kurven für den Verlauf des

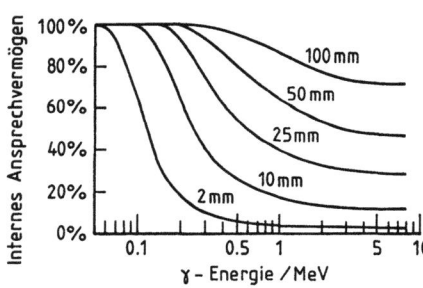

Abb. 7.9. Internes Ansprechvermögen eines NaI-Detektors bei verschiedenen Detektordicken in Abhängigkeit von der γ-Energie

internen Ansprechvermögens eines NaI-Detektors in Abhängigkeit von der Energie der γ-Strahlung für verschiedene Detektordicken. Auch Sonderanfertigungen für gezielte Anwendungen sind möglich. Ein Beispiel ist der sog. Bohrlochkristall, ein zylinderförmiger NaI-Kristall von etwa 5 cm Höhe und 5 cm Durchmesser, der eine axiale, topfförmige Ausbohrung von etwa 2 cm Durchmesser und 4 cm Tiefe enthält. Die geschlossene Seite befindet sich in optischem Kontakt zum SEV. In die Bohrung können kleine Probenbehälter eingebracht werden, so daß nahezu alle emittierten γ-Quanten vom Detektor erfaßt werden (Annäherung an 4π-Geometrie). Solche Detektoren werden in Verbindung mit einer automatischen Probenwechselmechanik zur Untersuchung von Probenserien mit geringen Aktivitäten in vielen Bereichen, z. B. in der medizinischen Diagnostik, eingesetzt (s. Abschn. 7.4).

Eine wichtige Variante des Szintillationsdetektors ist der Flüssigkeitsszintillator, bei dem gelöste organische Verbindungen durch geladene Teilchen zur Lichtemission angeregt werden. Einem solchen Szintillator wird die Radionuklidprobe in flüssiger Form zugemischt. Auf diese Weise können Nuklide, die keine γ-Strahlung emittieren und deren Betaenergien niedrig sind, z. B. ^{3}H und ^{14}C, mit hohem Ansprechvermögen nachgewiesen werden.

7.2.3 Halbleiter-Detektoren

Die Wirkungsweise der Halbleiterdetektoren beruht darauf, daß die ionisierende Strahlung Elektronen aus dem voll besetzten Valenzband in das Leitungsband anhebt (s. Abschn. 2.1). Dort sind sie frei beweglich. Erzeugt man durch Anlegen einer elektrischen Spannung an den Kristall im Inneren ein elektrisches Feld, so entsteht ein Stromstoß, der elektronisch registriert werden kann. Das elektrische Feld bewirkt außerdem, daß ein Loch im Valenzband durch ein Elektron des Nachbaratoms aufgefüllt wird. Dadurch bewegt sich das Loch („Defektelektron") in entgegengesetzter Richtung. Man spricht auch von „Löcherleitung".

Das Anheben eines Valenzelektrons in das Leitungsband ist nicht der einzige Prozeß, durch den die Energie der nachzuweisenden Strahlung absorbiert wird. So können auch Gitterschwingungen des Kristalls angeregt werden, deren Zustände im Energiediagramm meistens knapp oberhalb des Valenzbandes liegen. Außerdem sind Anregungen möglich, durch die aneinander gekoppelte Elektron-Loch-Paare erzeugt werden, bei denen das jeweilige Elektron nicht frei beweglich ist und also nicht zur Leitfähigkeit beiträgt. Die Energien dieser Anregungszustände liegen meist knapp unterhalb des Leitungsbandes. Beide Anregungsmoden geben ihre Energie wieder ab, ohne zum registrierten Stromstoß beizutragen. Auf diese Weise geht ein Teil der Energie der nachzuweisenden Strahlung für die Registrierung verloren. Im Durchschnitt ist deshalb mehr Energie zur Erzeugung eines Elektrons im Leitungsband erforderlich, als der Energiedifferenz von Valenz- und Leitungsband entspricht. Der Bandabstand beträgt für die gebräuchlichsten Halbleiter Silizium und Germanium bei Zimmertemperatur 1,1 eV bzw. 0,7 eV, im Durchschnitt werden jedoch zur Erzeugung eines Ladungsträgerpaares (ein freies Elektron im Leitungsband, ein Loch im Valenzband) für Silizium 3,8 eV und für Germanium 3,0 eV benötigt, also wesentlich weniger Energie als bei der Erzeugung eines Elektron-Ion-Paares im Gasionisationsdetektor.

Beispielsweise werden von einem ionisierenden Teilchen der kinetischen Energie $T = 1$ MeV entlang seines Bremsweges in einem Halbleiterkristall etwa $3 \cdot 10^5$ Elektron-Loch-Paare erzeugt. Um den daraus resultierenden, kleinen Stromstoß registrieren zu können, sind hohe Anforderungen an den Detektorkristall zu stellen. Die Eigenleitfähigkeit des Kristalls, die daher rührt, daß durch thermische Anregung Elektronen ins Leitungsband angehoben werden, soll so gering wie möglich sein. Dies erreicht man durch Kühlen mit flüssigem Stickstoff. Außerdem sind große Anstrengungen erforderlich, um Störleitfähigkeiten zu vermeiden, die von Verunreinigungen durch Spuren anderer Elemente im Kristall hervorgerufen werden. Verunreinigungen und Fehlstellen erzeugen zusätzliche Energiezustände zwischen Valenz- und Leitungsband, die nahe beim Leitungsband liegen. Das schafft weitere Möglichkeiten für Übergänge, die zu unerwünschten freien Elektronen im Leitungsband führen.

In der Halbleitertechnik wurden in der Vergangenheit große Erfolge in der Beseitigung solcher Störbeiträge erzielt. Durch gezielten Einbau von Zusätzen (z. B. Lithium), die als Spender oder als Absorber freier Elektronen (Donatoren, Akzeptoren) die Wirkung von Verunreinigungen kompensieren, entstehen im Kristall Zonen mit sehr geringer Konzentration an freien Ladungsträgern. Neueste Fortschritte bei der Herstellung hochreiner Si- und Ge-Kristalle haben dazu geführt, daß diese Detektoren auch ohne Lithium auskommen („intrinsische" Ge-Detektoren).

Das Meßprinzip ist im übrigen vergleichbar demjenigen der Ionisationskammer. Die durch die angelegte Spannung bei Strahlungseinfall ausgelösten Stromstöße werden als Spannungspulse registriert, deren Höhe zur absorbierten Strahlungsenergie proportional ist. Die elektronische Registrierung geschieht nach Vor- und Hauptverstärkung durch Vielkanalanalysatoren, die das Energiespektrum aufzeichnen.

Der entscheidende Vorteil der Halbleiterdetektoren beruht auf dem extrem guten Energieauflösungsvermögen, das aus der geringen relativen statistischen Schwankung der (großen) Anzahl der Teilchen-Loch-Paare und einem niedrigen Fano-Faktor von 0,14 für Silizium und 0,13 für Germanium resultiert. Für die Spektroskopie geladener Teilchen verwendet man Si-Detektoren, deren Dicke je nach der Reichweite der Strahlteilchen kaum mehr als 3 Millimeter beträgt, für die Spektroskopie von Gammastrahlung werden bevorzugt Ge-Kristalle von einigen Zentimetern Dicke eingesetzt. Lithiumgedriftete Ge-Kristalle müssen ständig, hochreine Ge-Kristalle nur während der Messung mit flüssigem Stickstoff gekühlt werden.

In Tabelle 7.1 sind die wichtigsten Eigenschaften der Gaszählrohre, der Szintillatoren und der Halbleiterdetektoren zusammengefaßt.

Tabelle 7.1. Vergleich verschiedener Detektorsysteme für eine deponierte Energie von 1 MeV

Kenngröße	Halbleiter (Si oder Ge)	Gaszählrohr (Proportionalbereich)	Szintillator (NaI)
Energieaufwand w für ein Teilchen-Loch-Paar ein Ionenpaar ein Sekundärelektron an der Photokathode	3 eV[a]	34 eV	1000 eV
Zahl Z der Ereignisse pro MeV, $Z = 1\,\text{MeV}/w$	330000	30000	1000
Fano-Faktor F	0,13	0,2	1
Statist. Schwankung $\sqrt{Z \cdot F}$	205	81	32
Rel. Schwankung $\sqrt{F/Z}$	0,6‰	2,5‰	3%
Halbwertsbreite FWHM[c] $\left(= 2{,}36\sqrt{\dfrac{F}{Z}} \cdot 1\,\text{MeV}\right)$	1,5 keV[b]	6 keV	70 keV
Interne Verstärkung Gasverstärkung SEV-Verstärkung	1	10^3	10^6
Signalgröße (Anzahl der Elementarladungen)	$33 \cdot 10^4$	$30 \cdot 10^6$	10^9

[a] bei 77 K: 2,98 eV für Ge; 3,81 eV für Si.

[b] Unterhalb 100 keV bleibt die Halbwertsbreite etwa konstant bei 1 keV wegen zusätzlicher Rauschbeiträge (Schwankungen der Kristallparameter, elektronisches Rauschen u. a.). Nur mit besonderen Si-Detektoren (Li-gedriftet) kommt man herab bis z. B. 175 eV bei einer deponierten Energie von 5 keV.

[c] Die Energieabhängigkeit der Halbwertsbreite ergibt sich aus FWHM $= 2{,}36\sqrt{Z \cdot F} \cdot w$ und $Z = E/w$, wobei E die deponierte Energie ist, zu FWHM $= 2{,}36\sqrt{F \cdot w} \cdot \sqrt{E}$. Die Linienbreite ist also proportional zur Wurzel aus der Energie.

7.2.4 Weitere Nachweisverfahren

Die bisher beschriebenen Geräte zum Strahlungsnachweis bilden die Grundlage für die Untersuchung ionisierender Strahlung in vielen Bereichen von Wissenschaft und Technik. Daneben gibt es weitere Verfahren, die für spezielle Fragestellungen interessant sind. Zwei dieser Möglichkeiten sollen hier beschrieben werden, nämlich die Wilson-Kammer und der Neutronennachweis über eine Kernreaktion.

Mehr von historischem Interesse ist die Wilsonsche Nebelkammer. Sie gestattet es, die Spuren von α- und β-Strahlen sichtbar zu machen. Das Kammergas ist so mit Wasserdampf angereichert, daß dieser durch kurzzeitiges Expandieren (adiabatische Expansion) übersättigt wird. In diesem Augenblick wirken die von dem Teilchen entlang seines Weges erzeugten Ionen als Kondensationskerne für die Tröpfchenbildung. Dadurch wird die Teilchenspur für eine kurze Zeit sichtbar und kann fotografiert werden. Mit der Wilsonschen Nebelkammer läßt sich auch zeigen, daß α- und β-Teilchen wegen ihres unterschiedlichen Ladungsvorzeichens in einem Magnetfeld in entgegengesetzte Richtungen abgelenkt werden.

Beim Einsatz von Neutronenquellen, insbesondere bei Kernreaktoren, stellt die Neutronenmessung eine wichtige Aufgabe dar. Da Neutronen elektrisch neutral sind, können sie nur durch eine Kernreaktion nachgewiesen werden. Dazu wird z. B. die exoenergetische Reaktion

$$^{10}_{5}B + ^{1}_{0}n \rightarrow ^{7}_{3}Li + ^{4}_{2}He$$

herangezogen. Diese Reaktion findet mit hoher Ausbeute statt, da der Wirkungsquerschnitt für thermische Neutronen mit 3840 b recht hoch ist. Die bei der Reaktion freiwerdende Energie von 2,79 bzw. 2,31 MeV, je nachdem ob ^{7}Li im Grundzustand oder im ersten angeregten Zustand gebildet wird, steht für die ^{7}Li- und ^{4}He-Teilchen als kinetische Energie zur Verfügung. Da die energiereichen Endprodukte einer Kernreaktion immer ionisiert, also elektrisch geladen sind, können sie mit einem Zählrohr nachgewiesen werden. Als Zählgas verwendet man Bortrifluorid (BF_3), das mit ^{10}B angereichert ist; eine Bor-Beschichtung der Zählrohrinnenwand ist ebenfalls möglich. Durch geeignete Wahl der Hochspannung wird gewährleistet, daß die von den ^{7}Li- und ^{4}He-Ionen erzeugten elektrischen Pulse von solchen unterschieden werden, die von Elektronen oder γ-Quanten herrühren.

Eine interessante Variante dieser Meßmethode entsteht, wenn man die Zählrohrwand mit ^{235}U beschichtet. Die durch Neutronen induzierte Spaltung liefert energiereiche Spaltprodukte, deren Signale sehr deutlich von anderen unterschieden werden können. Die Neutronenempfindlichkeit ist zwar geringer als die der ^{10}B-Detektoren, doch wegen der Unempfindlichkeit für γ-Strahlung und wegen der hohen Temperaturbeständigkeit (bis ca. 500 °C) ist dieses Zählrohr zur Neutronenflußmessung im Reaktor geeignet.

7.3 Durchführung von Messungen

7.3.1 Aktivitätsmessung

Es wurde bereits darauf hingewiesen, daß eine absolute Aktivitätsbestimmung schwierig ist, weil das Ansprechvermögen des Detektors und eventuelle Absorptionsverluste zwischen Quelle und aktivem Detektorvolumen häufig nicht hinreichend genau bekannt sind. Eine elegante Möglichkeit der absoluten Aktivitätsbestimmung ist die Koinzidenzmethode, die dann angewendet werden kann, wenn das unbekannte Präparat bei jedem Zerfall mindestens zwei Strahlungsteilchen gleichzeitig („koinzident") aussendet. Die dazu benötigte elektronische Koinzidenzstufe erzeugt nur dann ein Ausgangssignal, wenn an zwei (oder mehreren) Eingängen Detektorpulse gleichzeitig eintreffen. Gleichzeitig bedeutet in diesem Zusammenhang, daß die Ereignisse innerhalb eines Zeitfensters ($< 1\,\mu$s) auftreffen.

Als Beispiel wählen wir ein ^{60}Co-Präparat mit der unbekannten Aktivität A_Q. Es sendet bei jedem Zerfall ein β-Teilchen und zwei γ-Quanten aus (s. Abb. 4.8). Gemessen werden die Einzelzählraten $\dot{Z}_\gamma$ und $\dot{Z}_\beta$ in entsprechenden Detektoren mit den jeweiligen Ansprechvermögen η_γ und η_β. Außerdem wird über eine Koinzidenzstufe die Zählrate $\dot{Z}_{\beta\gamma}$ der gleichzeitig in beiden Detektoren auftretenden β- und γ-Ereignisse registriert. Wegen des von 100 % verschiedenen Ansprechvermögens der Detektoren wird nicht bei jedem Zerfall ein Koinzidenzereignis gezählt. Für die β- und γ-Einzelzählraten gilt

$$\dot{Z}_\beta = \eta_\beta A_Q \quad , \quad \dot{Z}_\gamma = \eta_\gamma A_Q \quad .$$

Die Koinzidenzrate $\dot{Z}_{\beta\gamma}$ beträgt

$$\dot{Z}_{\beta\gamma} = \eta_\beta \eta_\gamma A_Q \quad .$$

Aus diesen drei Gleichungen erhält man für die unbekannte Aktivität

$$A_Q = \dot{Z}_\beta \frac{\dot{Z}_\gamma}{\dot{Z}_{\beta\gamma}} \quad .$$

In diesem Ausdruck kommen die Ansprechvermögen η_β und η_γ nicht mehr vor, ihre Kenntnis ist hier nicht erforderlich. Ist A_Q auf diese Weise bestimmt worden, kann man jedoch η_β und η_γ aus den obigen Gleichungen gewinnen.

Aktivitätsmessungen werden je nach Detektorart auf verschiedene Weise durchgeführt. Bei γ-Messungen mit Szintillatoren oder Halbleiterdetektoren wird eine für das gesuchte Nuklid charakteristische Linie ausgewählt. Dies eröffnet die Möglichkeit, die Aktivität mehrerer Nuklide in einem Gemisch gleichzeitig zu bestimmen. Benutzt man zur α-oder β-Messung Gasionisationsdetektoren, so muß man beachten, daß diese für Teilchenart und -energie unspezifisch sind und auch ein geringes Ansprechvermögen für γ-Strahlung aufweisen. Zur Kalibrierung können geeignete Standardpräparate herangezogen werden. Vor allem die amtlichen Überwachungsstellen verfügen über ausgereifte Verfahren für Routinemessungen, die nach Empfindlichkeit und Genauigkeit hohen Anforderungen genügen.

Der experimentelle Aufwand kann unterschiedlich hoch sein, wie am Beispiel der langlebigen Spaltprodukte Strontium-90 und Cäsium-137 (s. Abb. 4.8) demonstriert werden soll: Die Nuklide ^{90}Sr und ^{137}Cs haben Halbwertszeiten von ungefähr 30 Jahren und bergen beträchtliche Strahlengefahren. Sie entstehen als Produkte der Spaltung schwerer Kerne in ungefähr gleichen Mengen und verursachen die Langzeit-Strahlenbelastung für den Menschen im Fallout nach Explosion von Atombomben und nach kerntechnischen Unglücksfällen. Die bis 1963 durchgeführten oberirdischen Atombombenversuche haben beide Nuklide in beträchtlichem Umfang freigesetzt.

Während eine γ-spektroskopische Bestimmung von ^{137}Cs aus der γ-Linie bei 667 keV auch in einem Gemisch von radioaktiven Spaltprodukten relativ einfach ist, bereitet die Aktivitätsbestimmung von ^{90}Sr erhebliche Schwierigkeiten. ^{90}Sr emittiert beim Zerfall keine γ-Strahlung, sondern nur β-Teilchen mit einem kontinuierlichen Spektrum bis zu einer Maximalenergie von 0,5 MeV. Da diese von den β-Spektren anderer Spaltprodukte überlagert werden, ist ein Strontiumnachweis nur nach Abtrennung aller übrigen radioaktiven Stoffe möglich. Dazu muß u. a. auch das chemisch verwandte Barium, das mit verschiedenen Isotopen im Fallout vorhanden sein kann, abgetrennt werden. Schwierigkeiten bereitet dann immer noch die Tatsache, daß im Strontium auch das Isotop ^{89}Sr enthalten ist. Außerdem entsteht aus dem Zerfall von ^{90}Sr das ebenfalls radioaktive ^{90}Y (s. Abb. 7.10).

Beide Nuklide sind reine β-Strahler, so daß durch Strahlungsmessung allein die einzelnen Aktivitäten nicht bestimmt werden können.

Dies gelingt aber unter Berücksichtigung des Zusammenhangs zwischen den Aktivitäten von Mutter- und Tochternuklid (s. Abschn. 5.3). Die Halb-

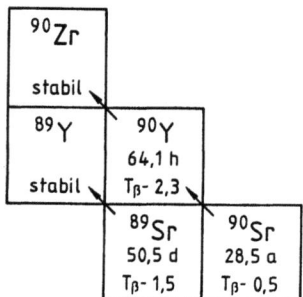

Abb. 7.10. Ausschnitt aus der Nuklidkarte im Massenbereich $A = 89, 90$. Die Pfeile deuten $β^-$-Zerfälle an

wertszeit des Tochternuklids ^{90}Y ist wesentlich kürzer als die des Mutternuklids ^{90}Sr. Liegt nach der Trennung zunächst reines Strontium vor, so wächst die ^{90}Y-Menge so lange an, bis ihre Aktivität im säkularen Gleichgewicht (s. Abschn. 5.3) gleich der des ^{90}Sr ist. Im Prinzip trennt man daher, um die Menge an ^{90}Sr zu bestimmen, Strontium quantitativ von bereits vorhandenen Yttrium und mißt die Summenzählrate von ^{89}Sr und ^{90}Sr im Zeitpunkt der Abtrennung. Dann wird über mehrere Tage der Verlauf der Zählrate aufgrund des Anwachsens von ^{90}Y verfolgt und durch Extrapolation auf große Zeiten die Sättigungszählrate bestimmt. Durch eine Vergleichsmessung nach dem gleichen Verfahren, jedoch mit einer ^{90}Sr-Probe bekannter Aktivität, die kein ^{89}Sr enthält, wird der Nachweisdetektor kalibriert.

Die durch den Fallout von Kernwaffenversuchen verursachte Aktivität der Erdoberfläche betrug im Jahr 1966 für ^{137}Cs bzw. ^{90}Sr stellenweise 4 bzw. 2,5 kBq/m². Nach dem Reaktorunfall in Tschernobyl wurden in der Nähe von München für ^{137}Cs bis zum Fünffachen, für ^{90}Sr ein Zehntel dieser Werte für die Bodenaktivität gemessen (s. auch Abschn. 9.6).

7.3.2 Gammaspektroskopie

In der Form des γ-Spektrums, wie es von einem NaI-Szintillator oder einem Ge-Kristall geliefert wird, finden die drei Arten der Wechselwirkung von γ-Strahlung mit Materie ihren Ausdruck (s. Abschn. 6.5). Dies ist in Abb. 7.11 schematisch dargestellt.

In der Photolinie werden alle Ereignisse registriert, bei denen ein γ-Quant durch Photoeffekt seine gesamte Energie auf ein Elektron übertragen hat. Das Compton-Kontinuum reicht von der Energie Null bis zu einer Maximalenergie (s. Abb. 6.22b). Die dazugehörigen gestreuten γ-Quanten verlassen den Detektor überwiegend ohne weitere Wechselwirkung. Wird bei größerem Detektorvolumen ein gestreutes γ-Quant dennoch im Kristall absorbiert, z. B. durch Photoeffekt, so wird das Gesamtereignis in der Photolinie registriert, die deshalb auch als Gesamtabsorptionslinie bezeichnet wird.

Wenn bei hohen γ-Energien Paarbildung stattfindet, treten zusätzlich die single-escape- und double-escape-Linien auf (s. Abschn. 6.5.3). Werden beide Quanten absorbiert, fallen die Ereignisse in die Gesamtabsorptionslinie.

Wegen der Proportionalität von Pulshöhe und absorbierter Energie können die Linienschwerpunkte einer Energieskala zugeordnet werden. Eine solche Energiekalibrierung wird mit Hilfe der Linien bekannter Strahlungsquellen vorgenommen.

Da zu jeder γ-Linie ein niederenergetisches Compton-Kontinuum gehört, steigt der Untergrund im Spektrum zu niedrigen Energien stark an. Dies be-

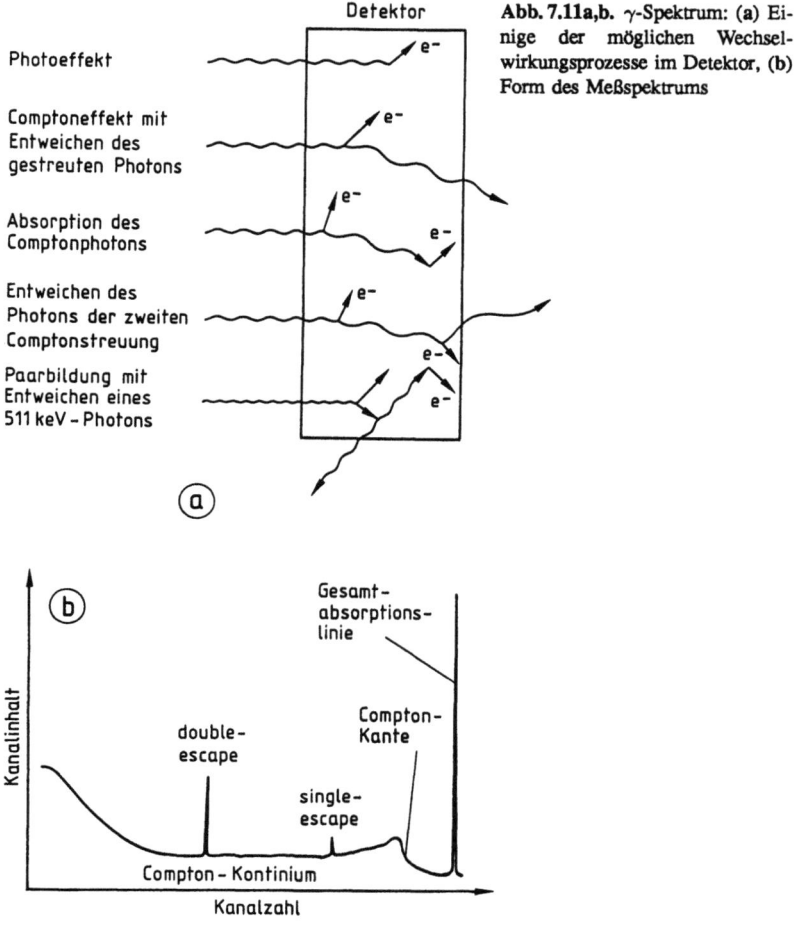

Abb. 7.11a,b. γ-Spektrum: (a) Einige der möglichen Wechselwirkungsprozesse im Detektor, (b) Form des Meßspektrums

grenzt die Nachweismöglichkeiten für niederenergetische, intensitätsschwache Linien bei Anwesenheit hochenergetischer Photonen. Daher ist es wünschenswert, den Comptonanteil im Spektrum gering zu halten. Als ein Maß dafür wird das Verhältnis von Linienhöhe zur Höhe der Comptonkante, meistens für die 1.33 MeV-Linie des ^{60}Co, als Qualitätsmerkmal eines Ge-Detektors vom Hersteller angegeben.

Das sehr viel bessere Energieauflösungsvermögen eines Ge-Detektors ist aus Abb. 7.12 ersichtlich. Die Abbildung zeigt den Vergleich zwischen den γ-Spektren der gleichen Quelle (^{152}Eu), aufgenommen mit einem NaI- und einem Ge-Detektor in logarithmischer Darstellung (Spektren a und b) der Ereignisse pro Energieintervall. Die logarithmische Darstellung bietet

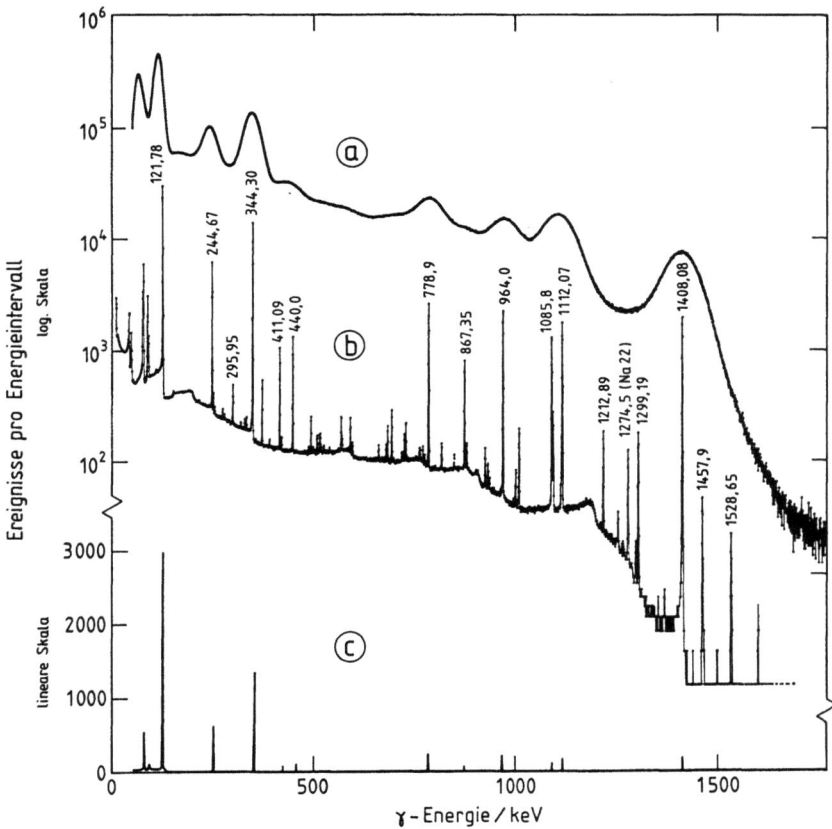

Abb. 7.12a–c. Vergleich der γ-Spektren von ^{152}Eu, gemessen mit einem NaI-Szintillator (a) und einem Ge-Detektor (b) in logarithmischer Darstellung. (c): Ge-Spektrum in linearer Darstellung

den Vorteil, daß die intensitätsschwachen Linien und der Untergrund deutlicher erkennbar sind. Aus dem Diagramm c, das das mit dem Ge-Detektor aufgenommene Spektrum in linearer Darstellung zeigt, sind die relativen Intensitäten der verschiedenen Linien besser ersichtlich.

Abbildung 7.13 zeigt das Gammaspektrum einer Bodenprobe aus Bochum, die etwa zwei Wochen nach dem Reaktorunglück von Tschernobyl Ende April 1986 analysiert wurde. Das Spektrum enthält neben einigen Linien von Spaltprodukten auch solche aus der natürlichen Umgebungsstrahlung, z. B. die 1460 keV-Linie des ^{40}K.

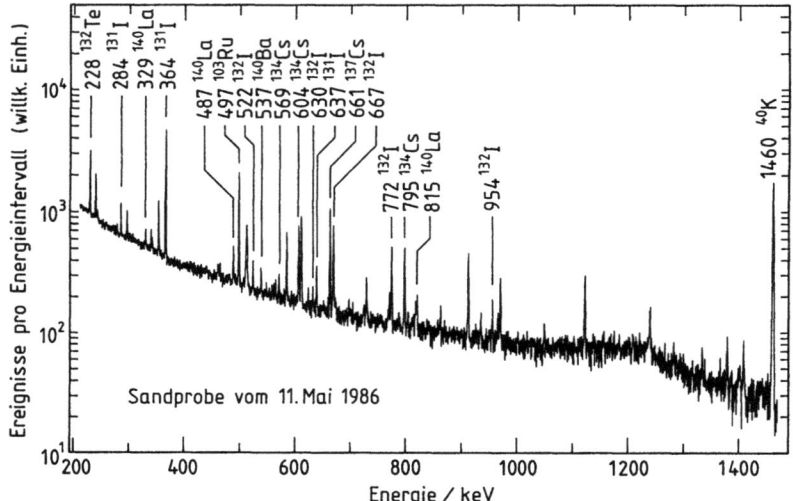

Abb. 7.13. γ-Spektrum einer Sandprobe nach dem Tschernobyl-Unfall

7.3.3 Dosismessungen

Dosismessungen dienen in erster Linie der Überwachung von Personen und der Erfassung der natürlichen und künstlichen Strahlenbelastung. Dabei wird entweder die über einen größeren Zeitraum aufgenommene Dosis oder die an einem bestimmten Ort durch eine Strahlung verursachte Dosisrate bestimmt. Aus dieser kann dann durch Multiplizieren mit einer beabsichtigten Aufenthaltsdauer die zu erwartende Personendosis vorhergesagt werden.

Zur Dosisratenmessung werden die schon besprochenen Ionisationskammern (Betriebsart: Strommessung) verwendet. Einfacher, und deshalb weit verbreitet, ist der Einsatz von sogenannten kompensierten Geiger-Müller-Zählrohren. Diese Geräte liefern zwar nur Zählraten und keine Signale, die der absorbierten Energie proportional sind. Dennoch ist es möglich, sie so zu kalibrieren, daß sie unabhängig von der Strahlungsenergie eine Analoganzeige produzieren, die über den größten Teil der vorkommenden γ-Energien der schädigenden Wirkung auf Menschen äquivalent ist. Lediglich für Photonenenergien unter 100 keV würde man eine zu hohe Dosisrate erhalten. Dies wird kompensiert, indem man das Zählrohr mit einem geeigneten Schild abschirmt. Solche Geiger-Müller-Zählrohre sind robust und einfach zu handhaben; sie können überall dort eingesetzt werden, wo keine besonderen Anforderungen an die Genauigkeit der Dosisratenmessung gestellt werden müssen.

Die über einen bestimmten Zeitraum akkumulierte Dosis wird bei der Routineüberwachung von beruflich strahlenexponierten Personen häufig mit

Filmdosimetern festgestellt. Dazu verwendet man ein geeignetes Filmmaterial, das durch ionisierende Strahlung geschwärzt wird. Der Grad der Schwärzung ist ein Maß für die aufgenommene Dosis. Indem man Teilbereiche des Films mit verschiedenen Metallplättchen abschirmt, erhält man unterschiedliche Schwärzungsgrade, aus denen mit entsprechenden Vergleichsdaten auf die Dosis geschlossen wird.

Zur Messung der Personendosis können außerdem sog. Taschendosimeter verwendet werden. Es handelt sich dabei um kleine Ionisationskammern, an die ein Elektrometer angeschlossen ist. Das zunächst aufgeladene Elektrometer wird durch die Ionisationsströme während der Strahlungsexposition entladen. Dies kann an einer zu Dosiseinheiten kalibrierten Skala jederzeit abgelesen werden.

Zur Bestimmung der Neutronendosis wird ein „Rem-Counter" benutzt. Er besteht aus einer Polyäthylen-Kugel von 30 cm Durchmesser, in deren Innerem sich ein mit Thallium dotierter Lithiumjodid-Kristall befindet. Die im Polyäthylen thermalisierten Neutronen erzeugen über die Reaktion ^{6}Li$(n, \alpha)^3$H energiereiche ^{3}H- und α-Teilchen, die im Szintillator nachgewiesen werden. Man kann erreichen, daß die gemessenen Signalraten über größere Bereiche der Neutronenenergie der (Aquivalent-)Dosis näherungsweise proportional sind (zu den verschiedenen Dosisbegriffen s. Abschn. 8.2.1).

7.4 Anwendungsbeispiele

Die Radionuklide sind seit langem zu einem unentbehrlichen Hilfsmittel in vielen Anwendungsbereichen geworden, insbesondere seit geeignete radioaktive Isotope einer großen Anzahl von Elementen künstlich herstellbar sind. Auf die Methoden der Altersbestimmung in Geologie und Archäologie, die mit den natürlich vorkommenden radioaktiven Isotopen möglich sind, wurde bereits hingewiesen (s. Abschn. 5.4), ebenso auf die Bedeutung der Mößbauerspektroskopie in der Festkörperphysik (s. Abschn. 4.2.1). Weitere Anwendungsbereiche werden im folgenden in Beispielen vorgestellt.

Eine breite Palette ergibt sich aus der Möglichkeit der Markierung mit Radioisotopen. Ein Element, eine Verbindung oder irgendein Stoff kann durch Ersetzung stabiler Atome durch radioaktive gekennzeichnet werden. Das weitere Schicksal der markierten Komponente, z. B. ihre zeitliche, räumliche oder stoffliche Veränderung, wird dann anhand der Strahlung des Indikatornuklids (engl. *tracer*) verfolgt. Wegen der hohen Nachweisempfindlichkeit der Strahlungsmeßgeräte lassen sich auch Prozesse an Stoffen untersuchen, die in sehr geringen Konzentrationen vorliegen. Der Indikator kann sowohl ein radioaktives Isotop desselben als auch eines anderen Elementes oder eine andere Verbindung sein, wenn nur gewährleistet ist, daß sich der Indikator genauso verhält wie die interessierende Komponente.

Diese Indikatormethode ist insbesondere aus dem biologisch/biochemischen Labor nicht mehr wegzudenken. Für die moderne biologische Forschung ist dabei von besonderem Nutzen, daß vielatomige Moleküle sogar an einer bestimmten, gewünschten Position ihrer Molekülstruktur radioaktiv markiert werden können. Metabolische oder physiologische Vorgänge, z. B. in der Pharmakologie, lassen sich auf diese Weise untersuchen. Auch grundsätzliche Fragen der Molekularbiologie sind durch Verwendung radioaktiv markierter Aminosäuren dem Studium zugänglich geworden.

7.4.1 Aufklärung der Photosynthese

Durch den Einsatz des radioaktiven Kohlenstoffisotops ^{14}C hat Melvin Calvin (*1911) wesentlich zur Aufklärung des Photosynthesezyklus beigetragen. Bei der Photosynthese vollzieht sich in den Pflanzen unter Mitwirkung des Chlorophylls die Umwandlung von Strahlungsenergie des Sonnenlichts in chemische Reaktionsenergie. Dabei entstehen aus Kohlendioxid (CO_2) und Wasser (H_2O) Kohlehydrate und Sauerstoff gemäß der Bruttoformel

$$CO_2 + H_2O \xrightarrow[\text{Chlorophyll}]{hf} (CH_2O)_x + O_2 \quad .$$

Darin sind schematisch nur die Ausgangsstoffe und die Endprodukte enthalten, es wird aber nichts über den komplizierten Reaktionsablauf über viele Zwischenprodukte unter Beteiligung von Enzymen ausgesagt. Schon früh hatte man erkannt, daß der gesamte Reaktionsablauf in zwei Stufen erfolgt. In der ersten, der Lichtreaktion, wird die Strahlungsenergie hf von Chlorophyll absorbiert. Dabei wird Wasser gespalten in reaktionsfähigen Wasserstoff und in Sauerstoff, der von der Pflanze abgegeben wird.

In der zweiten Stufe, der Dunkelreaktion, wird CO_2 von der Pflanze aufgenommen und Kohlehydrat (Glukose) gebildet. Es handelt sich dabei um eine zyklisch ablaufende Reaktionskette, bei der am Ende die für die CO_2-Aufnahme verantwortliche Ausgangssubstanz (Ribulose-1,5-diphosphat) nachgebildet wird.

Die Erforschung dieses äußerst komplexen Photosynthesezyklus stieß zunächst auf die prinzipielle Schwierigkeit, daß alle Zwischenprodukte der Reaktionskette sowie die beteiligten Enzyme aus den gleichen Elementen Wasserstoff, Kohlenstoff, Sauerstoff und Phosphor bestehen und daher mit gewöhnlichen chemisch-analytischen Methoden nicht leicht unterschieden werden können. Erst die Entdeckung des radioaktiven Kohlenstoffisotops ^{14}C um 1940 und die Tatsache, daß ^{14}C nach der Entwicklung der Kernreaktoren in größeren Mengen verfügbar wurde, schufen die Voraussetzung für eine systematische Erforschung der Photosynthese. In den klassischen Experimenten von Calvin wurden Algen verwendet, die für eine bestimmte Zeit mit $^{14}CO_2$ begast waren. Danach wurden sie durch Eintauchen in Alkohol abgetötet. Nun galt es, die bis zu diesem Zeitpunkt gebildeten verschiedenen Reaktionsprodukte zu erkennen und deren jeweilige ^{14}C-Aktivität zu ermitteln.

Mit Hilfe der Verteilungschromatographie lassen sich die Bestandteile des zunächst unbekannten Substanzgemisches zweidimensional über das Chromatographiepapier verteilen. Bedeckt man dieses anschließend mit einem photographischen Film, so entsteht ein Chromatogramm, dessen Schwärzung die Lage der ^{14}C-markierten Reaktionsprodukte anzeigt, wobei die Intensität den Grad der Erzeugung der entsprechenden Substanz widerspiegelt. Indem nun die CO_2-Inkubationszeiten zwischen Bruchteilen von Sekunden und vielen Minuten variiert und damit unterschiedliche Bereiche des Zyklus aktiviert werden, erreicht man, daß die Reaktionskette zu verschiedenen Zeitpunkten abgebrochen wird.

So konnte in mühseliger Arbeit der Ablauf der Dunkelreaktion im einzelnen erschlossen werden. Dabei bestand die schwierigste Aufgabe darin, die zu einer bestimmten Schwärzung des Films gehörige Substanz auf dem Papierchromatogramm chemisch zu identifizieren. Möglich war dies nur, weil die relativ einfache ^{14}C-Technik es gestattet, die einzelnen Zwischenprodukte zu isolieren und den zeitlichen Ablauf ihrer Erzeugung zu studieren.

7.4.2 Radioimmunoassay

Eine Methode, die in der Forschung und im klinischen Diagnoselabor häufig angewendet wird, ist der Radioimmunoassay. Dieses Verfahren wurde zunächst zur Bestimmung des Insulingehaltes im Blut entwickelt (Rosalyn S. Yalow, *1921).

Es handelt sich dabei um eine analytische Methode zur Bestimmung kleinster Mengen (Nano- bis Femtogramm) von Hormonen, Enzymen, Drogen, Vitaminen und Tumor-assoziierten Antigenen in biologischen Flüssigkeiten wie Plasma oder Serum. Der chemische Nachweis solcher Substanzen ist schwierig, da diese in außerordentlich geringer Konzentration in Gegenwart großer Mengen ähnlich aufgebauter Verbindungen vorkommen.

Der Radioimmunoassay umgeht diese Schwierigkeit, indem er die Spezifität der Immunreaktion und die hohe Nachweisempfindlichkeit für radioaktiv markierte Stoffe ausnutzt. Dazu muß die nachzuweisende Substanz die Eigenschaft eines Antigens haben. Antigene lösen in einem artfremden Organismus die Erzeugung von spezifischen Antikörpern aus, durch die sie unter Bildung eines Antigen-Antikörper-Komplexes unschädlich gemacht werden. Auf einer solchen Immunreaktion des gesuchten Antigens mit einem spezifischen Antikörper beruht das Prinzip des Radioimmunoassays.

Zur Durchführung des Radioimmunoassays (Abb. 7.14) gewinnt man zunächst aus einem fremden Organismus (Kaninchen) den zum gesuchten Antigen des Patientenserums komplimentären Antikörper. Diesen gibt man

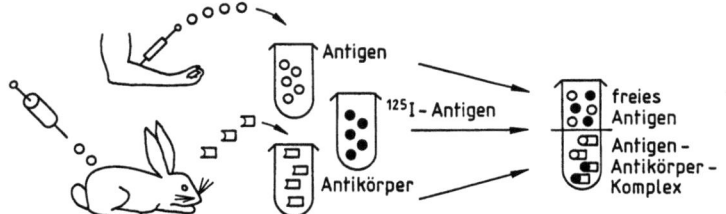

Abb. 7.14. Prinzip des Radioimmunoassays (Erläuterung s. Text)

im Unterschuß mit dem gesuchten Antigen des Patientenserums und einer definierten Menge desselben Antigens in radioaktiv markierter Form zusammen. Im sich bildenden Antigen-Antikörperkomplex stehen dann markiertes und nicht markiertes Antigen im gleichen Verhältnis wie ihre ursprünglich eingesetzten Mengen. Trennt man nun den Antigen-Antikörperkomplex vom ungebundenen Antigen, so kann man aus der Radioaktivität des Komplexes durch Vergleich mit Standardlösungen die Menge des gesuchten Antigens bestimmen.

Heute wird der Radioimmunoassay häufig in einer abgewandelten Form angewendet: Im Inneren eines geeigneten Teströhrchens befindet sich der Antikörper aufgrund physikalischer Adsorption festhaftend an der Gefäßwand. Daran werden die gesuchten Antigene des (im Unterschuß) zugegebenen Patientenserums gebunden. Nach Absaugen der restlichen Lösung wird ein weiterer, radioaktiv markierter Antikörper hinzugegeben, der sich mit dem im Komplex gebundenen Antigenen verbindet und diesen radioaktiv markiert. Nach erneutem Reinigen kann das Röhrchen im Gammazähler ausgewertet werden. Auf diese Weise können für eine Vielzahl diagnostischer Aufgaben Antigene mit hoher Genauigkeit bestimmt werden.

7.4.3 Organszintigraphie

Die Methode der medizinischen Diagnostik zur Funktionsprüfung von Organen beruht ebenfalls auf dem Prinzip der Isotopenmarkierung. Dazu wird dem Patienten eine (geringe) Menge eines für die Funktion des betreffenden Organs charakteristischen Radionuklids (z. B. ^{131}I für die Schilddrüse) oder einer radioaktiv markierten Verbindung injiziert. Wichtig ist, daß die radioaktive Substanz im interessierenden Organ selektiv angereichert wird. Die von außen gemessene γ-Strahlung wird dann nur von funktionstüchtigen Bereichen des Organs emittiert.

Es werden solche Detektoren verwendet, die die flächenhafte Verteilung einer Strahlungsquelle abbilden und damit ein „Szintigramm" liefern. Das sind im einfachsten Fall sog. Scanner, kleine Zählrohre oder Feststoffdetektoren, die mit einer engen Ausblendung rasterförmig über den Organbereich geführt werden und so in vielen Einzelmessungen die Verteilung der Radioaktivität abbilden. Dieses Verfahren ist zeitraubend und erfordert daher im allgemeinen die Anwendung höherer Aktivitäten. Schneller, und daher schonender für den Patienten, erfolgt die Aufnahme mit einer Gammakamera. Dies ist ein großer NaI-Kristall, der von mehreren Photovervielfachern betrachtet wird. Durch eine Computer-Auswertung der Pulshöhen der einzelnen SEV kann der Herkunftsort des betreffenden γ-Quants bestimmt werden. Damit ist es möglich, die Verteilung der Radionuklide im Organ simultan aufzuzeichnen. Auf diese Weise werden die Organgröße, eventuelle Funktionsstörungen und Tumore sichtbar gemacht. Diese Technik ermöglicht die Verwendung kurzlebiger Indikatornuklide. So wird zunehmend, auch im Schilddrüsenfunktionstest, das Nuklid ^{99}Tc eingesetzt. Der kurzlebige isomere Zustand des ^{99}Tc* ($T = 6$ h) wird dabei aus dem Zerfall (s. Abb. 4.8) des etwas längerlebigen Nuklids ^{99}Mo ($T = 66$ h) gewonnen, das im Kernreaktor über die Reaktion ^{98}Mo(n,γ)^{99}Mo erzeugt wird. Der in der Praxis benutzte Tc-Generator besteht aus der ^{99}Mo-Substanz und einem angeschlossenen Ionenaustauscher, über den das nachgebildete ^{99}Tc* laufend eluiert werden kann.

Ein anderes Beispiel ist die Myokardszintigraphie mit Kalium oder kaliumähnlichen Radionukliden wie ^{201}Tl ($T = 73,5$ h) zur Erkennung und Bewertung regionaler Durchblutungsstörungen des Herzmuskels. Da die Thallium-Aufnahme in den Herzmuskelzellen nur bei intakter Zellfunktion erfolgt, sind Bezirke mit Funktionsstörungen im Szintigramm an einer verminderten Strahlungsintensität erkennbar.

Eine gewisse Schwierigkeit bei der Beurteilung von Szintigrammen besteht darin, das diese nur eine zweidimensionale Projektion liefern. Es ist daher erforderlich, über Aufnahmen aus verschiedenen Betrachtungsrichtungen auf die dreidimensionale Situation zu schließen. Experimentell kann dieses Problem auch durch eine Koinzidenzmessung gelöst werden. Man benötigt dazu ein Indikatornuklid, das über eine γ-Kaskade zerfällt und dabei mindestens zwei γ-Quanten gleichzeitig emittiert.

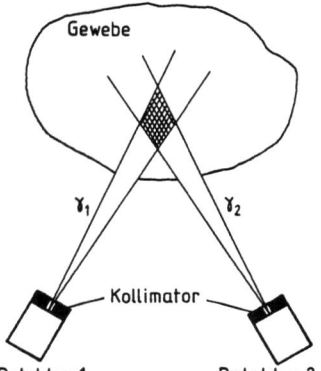

Abb. 7.15. Koinzidenzmessung in der Organszintigraphie

Abbildung 7.15 zeigt das Prinzip der Methode. Zwei Detektoren, deren Signalausgänge an eine Koinzidenzstufe angeschlossen sind, werden durch enge Kollimatoren auf einen Teil des zu untersuchenden Organs gerichtet. Werden von der Koinzidenzstufe zwei gleichzeitig eintreffende γ-Quanten registriert, so kann der Entstehungsort der Strahlung nur im gemeinsamen Blickfeld der Detektoren liegen. Durch entsprechende Wahl der Detektor- und Kollimatoranordnung kann so die räumliche Verteilung der Radioaktivität erfaßt und analysiert werden.

7.4.4 Aktivierungsanalyse

Auch die Aktivierungsanalyse, eine der empfindlichsten Methoden der Elementanalytik, insbesondere der Spuren- und Mikroanalytik, ist dem Prinzip nach eine Indikatormethode. Ein Anteil der Atome des zu bestimmenden Elementes wird durch Bestrahlen der Probe mit hochenergetischer γ-Strahlung, geladenen Teilchen oder Neutronen in ein radioaktives Isotop umgewandelt. Besonders hohe Wirkungsquerschnitte und damit hohe Nachweisempfindlichkeiten ergeben sich für (n, γ)-Einfangsreaktionen mit langsamen (thermischen) Reaktorneutronen. Anhand der Strahlung, die von den so aktivierten Atomen emittiert wird, kann das gesuchte Element nachgewiesen und quantitativ bestimmt werden.

Für die Messung der Aktivität der Indikatornuklide bietet die γ-Spektroskopie mit Halbleiterdetektoren die größten Vorteile. Wegen des hohen Energieauflösungsvermögens ist auch die simultane Bestimmung mehrerer Elemente möglich. Die Analyse kann jedoch durch die Anwesenheit von anderen Stoffen, die ebenfalls aktiviert werden, erheblich gestört werden. Dann muß man diese Komponenten mit chemischen Verfahren zunächst abtrennen.

Die Neutronenaktivierungsanalyse ist wegen ihrer hohen Nachweisempfindlichkeit hervorragend zur Spurenanalyse geeignet. Unter günstigen Bedingungen sind Substanzmengen von 10^{-10} g nachweisbar. Angewendet wird diese Methode in nahezu allen Bereichen der Biologie, Medizin und Umweltforschung. Spektakuläre Erfolge wurden auch in der Kriminalistik erzielt.

7.4.5 Anwendungen in der Technik

Die Einsatzmöglichkeiten für Radioisotope in technischen Bereichen sind sehr vielseitig, so daß hier nur ein Überblick gegeben werden soll. Dabei lassen sich drei Arbeitsschwerpunkte unterscheiden:
1. die schon mehrfach erwähnte Indikatormethode,
2. die Absorption oder Streuung von Strahlung zur Dicken- und Dichtebestimmung sowie

3. die direkte Ausnutzung der Strahlenwirkung.

Schwerpunkte der Verwendung von Indikatornukliden – man spricht hier auch von Leitisotopen – sind Dichtigkeitsprüfungen, z. B. von Rohrleitungen mit Hilfe kurzlebiger Isotope, Ortungsverfahren, etwa bei Verstopfungen von Leitungen, und die Mengen- und Volumenbestimmung in nicht zugänglichen Bereichen. Ebenso können dynamische Prozesse wie Diffusions-, Transport- und Mischungsvorgänge oder Abrieb, Korrosion und Verschleiß von Maschinenteilen untersucht und überwacht werden.

Weit verbreitet sind auch solche Methoden, mit deren Hilfe es gelingt, aus Absorption und Streuung von Strahlung Kenntnis über die durchstrahlte Materie zu erhalten. Man benötigt dazu eine gekapselte Strahlungsquelle („umschlossene Quelle") und einen (im allgemeinen einfachen) Detektor, der die durchdringende oder gestreute Strahlung registriert. Auf diese Weise können bei Kenntnis der Wechselwirkung von Strahlung mit Materie (vgl. Abschn. 6) Dicken- und Dichtebestimmungen etwa bei der Herstellung oder Beschichtung von Flachmaterial durchgeführt werden. In ähnlicher Weise sind Füllstandsmessungen in Behältern möglich.

Spezielle Verfahren beruhen darauf, daß Neutronen nur bei Zusammenstößen mit sehr leichten Stoßpartnern, z. B. Wasserstoff, merklich Energie verlieren. So kann beispielsweise der Feuchtigkeits- oder Rohölgehalt von Boden oder Sand aus dem Abbremsverhalten schneller Neutronen erschlossen werden. Als Neutronenquelle dient eine Kapsel, die ein Gemisch aus Americium und Beryllium enthält. Die von ^{241}Am ausgesandten α-Teilchen erzeugen gemäß der Reaktion ^{9}Be$(\alpha,n)^{12}$C schnelle Neutronen. Ein BF$_3$-Neutronendetektor, der besonders auf thermische Neutronen anspricht, registriert hohe Zählraten nur dann, wenn die Anzahl der Wasserstoffatome groß ist.

Zur zerstörungsfreien Überprüfung von Materialinhomogenitäten hat sich die sog. Gamma-Radiographie bewährt. Dabei wird von einer Gammaquelle auf einem photographischen Film ein Schattenbild des zu untersuchenden Objektes, z. B. einer Schweißnaht, erzeugt.

Schließlich kann auch die direkte Wirkung von Strahlung für verschiedene Zwecke genutzt werden. Dazu gehören die im Brandschutz verwendeten Ionisationsrauchmelder mit ^{241}Am. Die emittierten α-Teilchen durchqueren eine Meßzelle und erzeugen in der darin enthaltenen Luft einen konstanten Ionisationsstrom. Dringt Rauch in die Meßzelle ein, so ergibt dies eine Stromänderung, die ein elektrisches Alarmsignal auslöst.

Von praktischer Bedeutung ist die sterilisierende Wirkung von ionisierender Strahlung. Angewendet wird diese Technik vor allem zur Sterilisation medizinischer Geräte und Materialien, während ihr Einsatz zur Haltbarmachung von Nahrungsmitteln umstritten ist.

Eine weit verbreitete Anwendung stellt die Lumineszenzanregung von Leuchtziffern der Armbanduhren dar. Zur Erzeugung einer anhaltenden Lumineszenzerscheinung wird der Leuchtziffermasse ein radioaktiver Stoff zugefügt. Früher verwendete man dazu ^{226}Ra, heute wird überwiegend Tritium (^{3}H) eingesetzt, dessen β-Strahlung äußerst energiearm ist und daher nicht nach außen dringt.

Zusammenfassend ist festzustellen, daß es auch außerhalb der Kernenergietechnik ein weites Feld nützlicher Anwendungen der Radioaktivität gibt. Die Vorteile beruhen in erster Linie auf der hochentwickelten Meßtechnik des Strahlungsnachweises, außerdem sind radioaktive Stoffe heutzutage leicht verfügbar. Da ein großer Teil der eingesetzten Nuklide kurze Halbwertszeiten besitzt, sind die dabei auftretenden Entsorgungsprobleme gering.

Ein Risiko für die Bevölkerung entsteht aus der Anwendung dieser Methoden im allgemeinen nicht. Allerdings gelten für den Personenkreis, der solche Arbeiten ausführt, nach der Strahlenschutzverordnung strenge Schutz- und Kontrollvorschriften. Insbesondere beim Umgang mit offenen radioaktiven Stoffen, wie dies bei der Indikatormethode der Fall ist, muß eine Ausbreitung der Aktivitäten über den unmittelbaren Anwendungsbereich hinaus unbedingt vermieden werden.

8 Strahlung und Mensch

8.1 Biologische Wirkung von ionisierender Strahlung

Bevor auf die Wirkung ionisierender Strahlung auf lebende Organismen eingegangen wird, seien noch einmal die hierfür wichtigen Ergebnisse aus Kap. 6 zusammengefaßt.

α- und β-Strahlung wirken wegen ihrer geringen Reichweite in Materie nur in der Nähe ihres Entstehungsortes. Eine Bestrahlung von außen ist weniger schädlich, da die Strahlung schon in der Kleidung oder im äußeren Gewebebereich absorbiert wird (eine Ausnahme bildet die Linse des menschlichen Auges). Bestrahlung von innen nach Inkorporation von α- oder β-Strahlern stellt allerdings eine Gefahr für die empfindlichen Organe dar (z. B. Lunge, Knochenmark, Gonaden). Photonen und Neutronen können dagegen den ganzen Körper durchdringen. Nur wenn sie in einem Wechselwirkungsprozeß Elektronen bzw. Rückstoßprotonen oder -ionen erzeugen, bewirken diese Sekundärteilchen Strahlenschäden in der Umgebung ihres Entstehungsortes. Auch die Dosiszuwachsfaktoren nach Abschn. 6.5.4 müssen bei Strahlenschutzüberlegungen berücksichtigt werden.

Der Mensch ist schon immer sein Leben lang ionisierender Strahlung aus natürlichen Quellen ausgesetzt gewesen. Diese Strahlenbelastung, die sich aus terrestrischer Strahlung von außen, aus radioaktiven Stoffen im Körper (^{40}K, ^{222}Rn und anderen) und aus der kosmischen Höhenstrahlung zusammensetzt, schwankt je nach Aufenthaltsort erheblich (s. Tabelle 8.5). Das von diesem natürlichen Strahlungspegel möglicherweise herrührende Risiko für Krebsentstehung und für Schäden am Erbgut ist erst beachtet worden, nachdem zivilisatorische Strahlenbelastungen zu besorgniserregenden Auswirkungen führten, und zwar erstmals bei Röntgenärzten, die an Hautkrebs erkrankten. Auch später kam es durch Unkenntnis der Risiken zu unbeabsichtigten Strahlenexpositionen in Medizin und Technik mit teilweise schwerwiegenden gesundheitlichen Schäden. So trat bei den Arbeiterinnen, die ^{226}Ra-haltige Leuchtfarben auf Zifferblätter von Armaturen aufbrachten und dabei den Pinsel immer wieder mit den Lippen anspitzten, eine Häufung bösartiger Knochentumore als Folge der inkorporierten Radiummengen auf.

Aus epidemiologischen Studien an radiologisch behandelten Patienten, vor allem aber aus den Erfahrungen mit den Überlebenden von Hiroshima und Nagasaki sowie aus strahlenchemischen Experimenten resultiert die heutige Kenntnis der Strahlenwirkung auf den Menschen.

Die meisten gesicherten experimentellen Befunde wurden bei mittleren und hohen Dosen gewonnen. Es ergeben sich jedoch Unsicherheiten bei der Extrapolation auf die Risiken niedriger Strahlendosen (s. u.). Untersuchungen an der Bevölkerung von Gebieten mit stark variierender natürlicher Strahlenbelastung haben bisher keine deutlichen Hinweise auf Schäden im Bereich kleiner Dosen ergeben.

Hinsichtlich ihrer Wirkung werden zwei Arten von Strahlenschäden unterschieden: Somatische Schäden betreffen den gesamten Organismus außer den Keimzellen und solchen Geweben, in denen diese Zellen gebildet werden. Genetische Schäden dagegen beruhen auf Veränderungen an Keimzellen und Keimdrüsen. Sie wirken sich erst auf nachfolgende Generationen aus.

Phänomenologisch werden stochastische, d. h. den Wahrscheinlichkeitsgesetzen unterliegende, und nicht-stochastische Strahlenschäden unterschieden. Nicht-stochastische rufen im wesentlichen Störungen der Zellteilung, z. B. im Dünndarm oder im Knochenmark, hervor. Sie treten erst oberhalb einer Mindestdosis auf; mit steigender Dosis nimmt der Schweregrad dieser Schäden zu. Hierzu gehören vor allem die akuten Strahlenschäden, die innerhalb von Tagen oder Wochen zum Tode führen können.

Stochastische Schäden entstehen nach Zufallsgesetzen. Die Wahrscheinlichkeit des Auftretens, nicht aber die Schwere des Schadens wächst mit zunehmender Dosis. Es existiert keine Schwellendosis; auch eine sehr geringe Dosis kann einen solchen Strahlenschaden bewirken und zur Entwicklung von Tumoren, Leukämie und Erbschäden beitragen. Dies trifft für die geringe Strahlenbelastung durch die natürlichen und zivilisationsbedingten radioaktiven Stoffe in der Umwelt zu.

Neben der schädigenden Wirkung ionisierender Strahlung wird seit einiger Zeit auch die Möglichkeit einer positiven, weil Stoffwechsel und Immunabwehr stimulierenden, Auswirkung kleiner Strahlungsdosen auf biologische Systeme untersucht. So wurde festgestellt, daß Kleintiere wie Mäuse, Kaninchen und Meerschweinchen bei Gammabestrahlung mit Energiedosen um 0,1 J/kg pro Tag eine allgemein günstigere Entwicklung nahmen als unbestrahlte Tiere. Die Ertragssteigerung von pflanzlichen Produkten nach Bestrahlen des Samens mit ähnlichen Dosen ist schon lange bekannt und wird in verschiedenen Ländern genutzt. Auch einige epidemiologische Daten der Bevölkerung aus Gebieten mit erhöhter natürlicher Strahlenbelastung weisen auf eine solche stimulierende Wirkung auf intrazelluläre Stoffwechselvorgänge hin.

Durch Strahlung, die in biologischem Material absorbiert wird, können Moleküle und Molekülverbände in Bruchstücke zerlegt werden. Wichtig ist hier vor allem das Wasser, das als Lösungsmittel in großer Menge im Gewebe vorhanden ist und das in die reaktionsfähigen „freien Radikale" H und OH gespalten wird. Diese reagieren miteinander und mit anderen Molekülen und Molekülresten. Durch nachfolgende biochemische Reaktionen kann es zu Störungen bei der Zellteilung, beim Stoffwechsel und bei anderen biologischen Funktionen kommen. Besonders schwerwiegend sind strahlenbedingte Veränderungen der DNS (Desoxyribonukleinsäure), dem Träger der genetischen Information der Zelle. Diese sogenannten Mutationen werden dann auf die Tochterzellen übertragen. Sie verursachen genetische Schäden und sind an der Krebsentstehung beteiligt.

Im einzelnen ist der Weg von der Absorption eines Strahlteilchens bis hin zu einem manifesten Strahlenschaden äußerst komplex und vielstufig und keineswegs in allen Einzelschritten bekannt. Insbesondere ist die Entstehung von Krebszellen bisher weitgehend ungeklärt. Wichtig ist dabei, daß in den verschiedenen Phasen der Entwicklung eines Strahlenschadens Erholungs- und Reparaturvorgänge wirksam werden. Wegen dieser Heilungsprozesse hängt die Wirkung einer Dosis von ihrer räumlichen und zeitlichen Verteilung ab.

Schon früh wurde erkannt, daß verschiedene Strahlungsarten bei gleicher Energiedosis (zu den verschiedenen Dosisbegriffen s. Abschn. 8.2.1) unterschiedlich wirksam sind. Neutronen und α-Teilchen schädigen mehr als β- oder γ- und Röntgenstrahlung der gleichen Energie. Dies hat seine Ursache im unterschiedlichen Absorptionsverhalten: α-Teilchen und die durch Neutronen freigesetzten Rückstoßprotonen haben eine kürzere Reichweite und bewirken damit auf ihrem Bremsweg Ionisationen in einer höheren Dichte als β- oder γ-Strahlen. Man spricht deshalb auch von dicht bzw. locker ionisierender Strahlung. Dicht ionisierende Strahlung erzeugt beispielsweise Wasserradikale in höherer Konzentration, wodurch die Bildung des für die Entstehung von Strahlenschäden entscheidenden H_2O_2 begünstigt wird. Bei locker ionisierender Strahlung bleiben dagegen viele benachbarte Zellen unbeschädigt und damit teilungsfähig, so daß sie Regenerationsaufgaben übernehmen können.

Es ist deshalb naheliegend, die schädigende Wirkung einer Strahlung außer durch die deponierte Energie auch durch die Ionisationsdichte bzw. den Energieverlust der Strahlteilchen entlang eines kleinen Teils ihrer Wegstrecke zu charakterisieren. Das hat zur Einführung der LET-Größe geführt (*linear energy transfer*, Symbol L): $L = \Delta E/\Delta l$ ist definiert als der Energieverlust pro Wegstrecke auf einem kleinen (z. B. 1 μm langen) Wegstück der Teilchenspur; L wird normalerweise in der Einheit keV/μm angegeben.

Der LET stellt eine Beziehung zwischen der mikroskopischen Betrachtung der Energiedeposition und der biologischen Wirkung der Strahlung her.

Dies kann auch durch die „relative biologische Wirksamkeit" (RBW) beschrieben werden. Der RBW-Wert gibt an, um wieviel mal eine Strahlungsart schädlicher wirkt als γ-Strahlung bei gleicher Energiedosis. Experimentell bestimmte RBW-Faktoren hängen nicht nur von der Art der Strahlung und ihrer Energie ab, sondern auch von dem jeweiligen biologischen System und dem betrachteten Effekt. Zur Vereinfachung der Strahlenschutzpraxis hat man zur Bewertung der Energiedosis sog. „Qualitätsfaktoren" q festgelegt, die nur von der Strahlungsart und der Energie abhängen, aber nicht mehr von der bestrahlten Gewebeart. Abbildung 8.1 zeigt die Abhängigkeit der Qualitätsfaktoren einiger geladener Teilchen von ihrer kinetischen Energie.

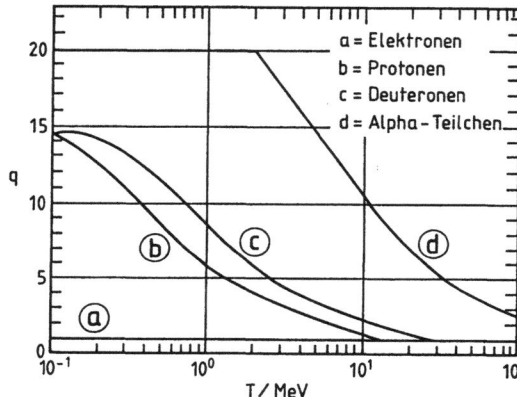

Abb. 8.1. Abhängigkeit der Qualitätsfaktoren q von der kinetischen Energie der Strahlungsteilchen

Die Wirkung einer bestimmten Strahlendosis hängt auch davon ab, ob die Exposition über eine kürzere oder längere Zeitdauer erfolgt. Dabei ist zu erwarten, daß bei gleicher Gesamtdosis eine zeitlich ausgedehnte Belastung weniger stark wirkt als eine kurzzeitige. Für die nicht-stochastischen Strahlenschäden ergibt sich dies schon aus dem Schwellenverhalten der Dosiswirkung. Die Ursachen liegen wiederum in der Höhe der Konzentration der Wasserradikale und in der Wirksamkeit der Reparaturmechanismen. Ähnliches gilt auch für die stochastischen Strahlenschäden.

Dennoch geht man im Strahlenschutz davon aus, daß sich hier die Wirkungen der Einzeldosen addieren, die Gesamtwirkung also nicht von der zeitlichen Verteilung der Strahlenbelastung beeinflußt wird.

8.2 Strahlendosis und Strahlenschutz

8.2.1 Dosisgrößen

Die Energiedosis D_E wurde bereits mehrfach als ein Maß für die schädigende Wirkung einer Strahlung verwendet. Sie ist definiert als die Energie ΔE, die durch Strahlungsabsorption auf ein Massenelement Δm übertragen wird:

$$D_E = \frac{\Delta E}{\Delta m} \; .$$

Die Einheit der Energiedosis ist 1 J/kg und wird nach dem englischen Physiker Louis Harold Gray (1905–1965) als 1 Gray (Gy) bezeichnet (alte Einheit: 1 Rad (rd) = 10^{-2} J/kg). Es gilt:

$$1\,\text{Gy} = 100\,\text{rd} \; , \qquad 1\,\text{rd} = 10\,\text{mGy} \; .$$

Für die Energiedosisrate $\dot{D}_E$ (auch Dosisleistung genannt) gilt

$$\dot{D}_E = \frac{dD_E}{dt}$$

mit der Einheit 1 Gy/s.

Geht man von der ionisierenden Eigenschaft der Strahlung aus, so läßt sich die Wirkung einer Strahlung auch charakterisieren durch die Anzahl der in einem Gas, im Normfall Luft, erzeugten Elektron-Ion-Paare, wie sie etwa in einer Ionisationskammer (Abschn. 7.2.1) bestimmt wird. Man spricht dann von „Ionendosis" und versteht darunter den Quotienten aus der Ladung ΔQ eines Vorzeichens, die durch Strahlungseinwirkung in trockener Luft gleichmäßig erzeugt wird, und der Masse Δm der Luft:

$$D_I = \frac{\Delta Q}{\Delta m} \; .$$

Die Einheit der Ionendosis ist 1 As/kg (ohne besonderen Namen). Für die alte Einheit Röntgen (R) gilt

$$1\,\text{R} = 2{,}58 \cdot 10^{-4}\,\frac{\text{As}}{\text{kg}} \; .$$

Für die Ionendosisrate ergibt sich $\dot{D}_I = dD_I/dt$ mit den Einheiten 1 A/kg bzw. 1 R/h oder 1 mR/h. Legt man die mittlere Energie zur Erzeugung eines Ionenpaares (34 eV) zugrunde, so ergibt sich eine Beziehung zwischen Ionendosis und Energiedosis. Rechnet man von Luft auf menschliches Gewebe um, so folgt die für die Strahlenschutzpraxis nützliche Merkregel

$$1\,\text{R} \cong 0{,}93\,\text{rd} \approx 1\,\text{rd} \; .$$

Energie- und Ionendosis berücksichtigen nicht, daß die biologische Wirkung einer Strahlung auch durch die Ionisationsdichte entlang der Teilchenspur bestimmt wird. Um die Wirkungen verschiedener Strahlungsarten miteinander vergleichen zu können, wird die Energiedosis mit dem Qualitätsfaktor q der entsprechenden Strahlung multipliziert. Die sich so ergebende

„Äquivalentdosis" $H = qD_E$

hat ebenfalls die Einheit 1 J/kg, da der Qualitätsfaktor q eine dimensionslose Zahl ist. Um jedoch den Unterschied zur Energiedosis hervorzuheben, wird die Einheit der Äquivalentdosis nach dem Schweden Rolf M. Sievert (1896–1966) 1 Sievert (Sv) genannt. Die alte Bezeichnung ist 1 rem (engl.: radiation equivalent man). Es gilt

1 Sv = 100 rem .

Im praktischen Strahlenschutz werden zur Abschätzung der Äquivalentdosis häufig die in Tabelle 8.1 angegebenen Qualitätsfaktoren ohne Rücksicht auf deren Energieabhängigkeit verwendet (vgl. Abb. 8.1). Eine α-Strahlung hat demnach bei einer Energiedosis von 1 mGy die gleiche biologische Wirkung wie eine Gammastrahlung von 20 mGy. Das Konzept der Äquivalentdosis ermöglicht es auch, bei Einwirkung verschiedener Strahlungsarten eine Gesamtdosis anzugeben.

Tabelle 8.1. Qualitätsfaktoren für verschiedene Strahlungsarten

Strahlungsart	α	β	γ	Röntgenstrahlung	schnelle Neutronen	thermische Neutronen
Qualitätsfaktor q	20	1	1	1	10	3

Die Strahlenschutzverordnung enthält Grenzwerte für die effektive Dosis und für Teilkörperbestrahlungen einzelner Organe oder Organbereiche. Das Konzept der „effektiven Äquivalentdosis" ermöglicht eine einheitliche Bewertung des stochastischen Gesamtrisikos bei ungleichmäßiger Ganz- und Teilkörperbestrahlung. Dabei werden relative Wichtungsfaktoren w_i zugrunde gelegt, die die unterschiedliche Empfindlichkeit der einzelnen Organe für stochastische Strahlenschäden, also für Krebserzeugung und genetische Schäden, berücksichtigen. Die Wichtungsfaktoren sind so gewählt, daß ihre Summe den Wert eins ergibt. Abbildung 8.2 zeigt die relativen Wichtungsfaktoren der einzelnen Organe.

Die effektive Äquivalentdosis ist die Summe der mit den zugehörigen Wichtungsfaktoren w_i multiplizierten mittleren Äquivalentdosen in den

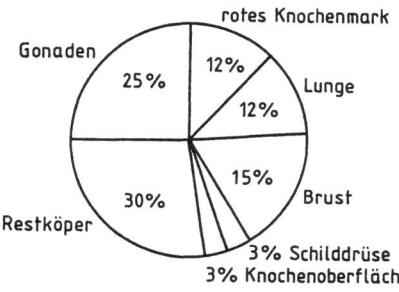

Abb. 8.2. Wichtungsfaktoren w_i für verschiedene Organe bzw. Gewebe zur Bestimmung der effektiven Äquivalentdosis

einzelnen Organen und Geweben. Wirkt beispielsweise eine Äquivalentdosis von 1 mSv auf die Schilddrüse, so ergibt dies einen Beitrag zur effektiven Äquivalentdosis von 0.03 mSv. Anders gesagt: das Risiko einer 1 mSv-Schilddrüsenbestrahlung ist so groß wie das einer 0.03 mSv-Ganzkörperbestrahlung (die Schilddrüse ist unempfindlicher als die meisten anderen Organe). Die effektive Äquivalentdosis ermöglicht eine einheitliche Beurteilung der Strahlengefährdung unter verschiedenen Expositionsbedingungen.

In Tabelle 8.2 sind die im Strahlenschutz gebräuchlichen Dosisbegriffe mit ihren Bedeutungen zusammengestellt.

8.2.2 Dosisberechnung

Prinzipiell ist es möglich, für eine gegebene Strahlungsquelle Energie- und Ionendosis sowie die entsprechenden Dosisraten nach den in Kap. 6 beschriebenen Gesetzmäßigkeiten der Wechselwirkung von Strahlung mit Materie zu berechnen. Solche Berechnungen sind teilweise aufwendig, da sie die Berücksichtigung vieler Details der Energieübertragung erfordern.

Für den einfachsten Fall einer punktförmigen Photonenquelle kann die Dosisrate folgendermaßen näherungsweise abgeschätzt werden. Eine Schwächung der γ-Strahlung in Luft zwischen Quelle und dem Ort, an dem die Dosis bestimmt werden soll, wird dabei vernachlässigt.

Trifft Photonenstrahlung auf Materie, so wird nur beim Photoeffekt die gesamte Energie auf Elektronen übertragen. Bei Luft oder biologischem Gewebe überwiegt jedoch der Compton-Effekt (s. Abb. 6.24), bei dem nur ein Teil der Energie in kinetische Energie der Elektronen umgewandelt wird. Die restliche Energie trägt nur dann zur Dosis bei, wenn die Comptongestreuten Photonen ebenfalls absorbiert werden.

Die von Photonenstrahlung auf Materie übertragene Energie wird durch die in Abb. 6.24 und Abb. 6.25 dargestellten Massenabsorptionskoeffizienten μ_a/ϱ (Definition am Schluß von Abschn. 6.5.2) beschrieben. Berücksichtigt

Tabelle 8.2. Dosisbegriffe und ihre Bedeutung

Begriff	Bedeutung
Energiedosis	Energie, die durch ionisierende Strahlung auf 1 kg des durchstrahlten Materials übertragen wird *Einheit:* 1 J/kg = 1 Gy (Gray)
Ionendosis	Quotient aus der Ladung eines Vorzeichens, die durch ionisierende Strahlung in Materie gebildet wird, und der Masse des durchstrahlten Materials *Einheit:* 1 As/kg
Äquivalentdosis	Produkt aus der Energiedosis und dem dimensionslosen Qualitätsfaktor q (s. Tabelle 8.1) *Einheit:* 1 J/kg = 1 Sv (Sievert) 1 rem = 0,01 Sv
Genetisch signifikante Dosis	Summe der Gonadendosen einer Population, jeweils multipliziert mit der altersabhängigen Fortpflanzungswahrscheinlichkeit, bezogen auf die Fortpflanzungserwartung der Gesamtpopulation *Einheit:* 1 Sv
Körperdosis	Sammelbegriff für effektive Äquivalentdosis und Teilkörperdosis
Ganzkörperdosis	Mittelwert der Äquivalentdosis, gemittelt über Kopf, Rumpf, Oberarme und Oberschenkel bei homogener Strahlenexposition
Teilkörperdosis	Mittelwert der Äquivalentdosis, gemittelt über ein Organ oder einen Körperteil
Effektive Äquivalentdosis	Summe der mit Wichtungsfaktoren (s. Abb. 8.2) multiplizierten Äquivalentdosen einzelner Organe. Damit wird unter Berücksichtigung der Strahlenempfindlichkeit der einzelnen Organe eine einheitliche Bewertung der Gesamtbelastung eines Menschen bezüglich stochastischer Strahlenwirkungen ermöglicht *Einheit:* 1 Sv
Ortsdosis	Äquivalentdosis für Weichteilgewebe, gemessen an einem bestimmten Ort
Personendosis	Äquivalentdosis für Weichteilgewebe, gemessen an einer für die Strahlenexposition repräsentativen Stelle der Körperoberfläche
50-Jahre-Folgedosis	Organgemittelte Äquivalentdosis, die während einer Zeitspanne von 50 Jahren nach Inkorporation von Radionukliden akkumuliert wird
Dosisrate	Dosis pro Zeiteinheit *Einheit:* 1 Gy/s bzw. 1 Sv/s

man, daß zur Bildung eines Ionenpaares in Luft im Mittel 34 eV aufgewendet werden müssen, so erhält man für die Ionendosisrate $\dot{D}_I$ in Luft im Abstand r (quadratisches Abstandsgesetz, s. Abschn. 2.4) von einer punktförmigen Quelle der Aktivität A für Photonen der Energie $E_{Ph} = hf$:

$$\dot{D}_I = \frac{1,6 \cdot 10^{-19}\,\text{As}}{34\,\text{eV}} \frac{A}{4\pi r^2} E_{ph} \left(\frac{\mu_a}{\varrho}\right)_{\text{Luft}} .$$

Werden pro Zerfall mehrere Photonen ausgesandt, so ist über die einzelnen Photonen zu summieren. Es gilt

$$\dot{D}_I = \frac{1,6 \cdot 10^{-19}\,\text{As}}{34\,\text{eV}} \frac{A}{4\pi r^2} \sum_i p_i h f_i \left(\frac{\mu_a}{\varrho}\right)_{\text{Luft}} ,$$

wobei p_i der Bruchteil der Zerfälle ist, mit dem ein Photon der Energie hf_i emittiert wird.

Dies führt zur Definition von Dosisratenkonstanten Γ gemäß

$$\dot{D}_I = \frac{A}{r^2} \Gamma \quad \text{mit}$$

$$\Gamma = \frac{1}{4\pi} \frac{1,6 \cdot 10^{-19}\,\text{As}}{34\,\text{eV}} \sum_i p_i h f_i \left(\frac{\mu_a}{\varrho}\right)_{\text{Luft}} .$$

Entnimmt man $(\mu_a/\varrho)_{\text{Luft}}$ aus Abb. 6.24, so erhält man für ^{60}Co (Abb. 4.8) nach Umrechnen der Einheiten

$$\Gamma = 1,3\,\text{R}\,\text{m}^2\text{h}^{-1}\text{Ci}^{-1} .$$

Für die Strahlenschutzpraxis sind solche Dosisratenkonstanten tabelliert. Das oben gezeigte Beispiel entspricht der schon länger verwendeten „spezifischen Gammastrahlenkonstanten", die in der Einheit $\text{R}\,\text{m}^2\text{h}^{-1}\text{Ci}^{-1}$ angegeben wird (z. B. gilt für die Spaltprodukte ^{131}Cs: $\Gamma = 0.212$, ^{134}Cs: $\Gamma = 0.904$, ^{137}Cs: $\Gamma = 0.323$ und für ^{226}Ra, gefiltert mit 0,5 mm Platin, im Gleichgewicht mit den Folgeprodukten: $\Gamma = 0.834$ in der oben angegebenen Einheit).

Alle Ausdrücke für die Dosisrate enthalten den Faktor r^2 im Nenner. Daraus ergibt sich die wichtige Regel: „Abstand ist ein guter Strahlenschutz".

Insbesondere für Zwecke der Strahlentherapie wurde die „Dosisleistungskonstante" Γ_δ mit der gebräuchlichen Einheit (mGy m^{2}h^{-1}GBq^{-1}) eingeführt. Diese berücksichtigt bei Nukliden, bei denen innere Konversion oder Elektroneneinfang auftritt, auch den Beitrag der dabei emittierten charakteristischen Röntgenstrahlung, sofern deren Energie den Grenzwert δ übersteigt. Für die Umrechnung der Zahlenwerte der spezifischen Gammastrahlenkonstanten Γ in Zahlenwerte der Dosisleistungskonstanten Γ_δ gilt

$$1\frac{R\,m^2}{h\,Ci} \cong 0{,}236\,\frac{mGy\,m^2}{h\,GBq}\,.$$

Für Zwecke des Strahlenschutzes benutzt man auch die Dosisratenkonstanten Γ_H, die sich auf die Äquivalentdosisrate beziehen und definiert sind als

$$\Gamma_H = \frac{\dot{H}r^2}{A}$$

mit der Einheit ($Sv\,m^2 s^{-1} Bq^{-1}$), wobei alle Sekundärphotonen oberhalb 20 keV berücksichtigt werden.

In entsprechender Weise kann auch die Dosis von β-Strahlung berechnet werden. Dabei ist zu beachten, daß β-Teilchen in Luft zwischen Quelle und Meßort bereits Energie verlieren und zum Teil gestreut oder absorbiert werden. Daher gilt das quadratische Abstandsgesetz nicht mehr. Anstelle der Dosiskonstanten bei Photonenstrahlung verwendet man für die Bestimmung von β-Dosen daher Dosisfunktionen, die vom Abstand abhängen.

Die bisherigen Betrachtungen galten ausschließlich für externe Bestrahlung mit punktförmigen Quellen. Ein Beispiel für die Abschätzung der Dosis für interne Bestrahlung bei gleichmäßiger Verteilung des Radionuklids über den gesamten Körper oder über einzelne Organe wurde in Abschn. 5.2 vorgeführt. Im allgemeinen sind solche Berechnungen kompliziert, da neben den physikalischen Gesichtspunkten auch die Anreicherung in den verschiedenen Organen für die einzelnen Belastungspfade zu beachten sind (s. Abschn. 8.3.1). Daher ist es zweckmäßig, auf entsprechende Dosisfaktoren und Berechnungsgrundlagen qualifizierter Institutionen, wie etwa der Internationalen Strahlenschutzkommission (ICRP) oder des Bundesgesundheitsamtes (BGA), zurückzugreifen.

8.2.3 Strahlenschutzvorschriften

Die Aufgabe, Bevölkerung und Umwelt vor den Gefahren ionisierender Strahlen zu schützen, ist auf zwei Ziele gerichtet. Einerseits sind nichtstochastische Schäden zu vermeiden, indem verhindert wird, daß die entsprechenden Schwellendosen erreicht oder gar überschritten werden. Zum anderen müssen die Wahrscheinlichkeiten für das Eintreten stochastischer Schäden so gering wie möglich gehalten werden, wobei man sich darüber zu verständigen hat, welches Risiko akzeptabel ist.

Der erste Bereich betrifft vor allem die Sicherheit kerntechnischer Anlagen. Für deren Normalbetrieb müssen nicht-stochastische Schäden ausgeschlossen sein. Schäden infolge schwerer Störfälle müssen durch entsprechende technische Vorkehrungen vermieden werden (s. Abschn. 9.6). Der zweite Bereich, die Begrenzung der Wahrscheinlichkeit für Krebsentstehung und Erbschäden, ist Gegenstand des Strahlenschutzes und bezieht sich auf die zivilisationsbedingte Strahlenbelastung des Menschen. Hier gilt es, die Auswirkung des gewollten Umgangs mit Strahlung und radioaktiven Stoffen auf ein annehmbares Maß zu begrenzen. Dazu haben die einzelnen Staaten Strahlenschutzverordnungen erlassen, die nach den Empfehlungen der internationalen Strahlenschutzkommission konzipiert sind. Kernstück der Strahlenschutzverordnung der Bundesrepublik Deutschland aus dem Jahr 1976 ist das sogenannte 30 mrem-Konzept (§ 45). Es dient dem Ziel, die Strahlenbelastung der Bevölkerung soweit herabzusetzen, daß die Ganzkörperdosis, der die Einzelperson als Folge aller kerntechnischen Einrichtungen unter ungünstigsten Bedingungen im Jahr ausgesetzt ist, 0,3 mSv (30 mrem) nicht überschreitet. Dieser Zahlenwert wird damit begründet, daß eine solche zusätzliche Dosis weit kleiner ist als die Schwankung der natürlichen Strahlenbelastung (s. Abschn. 8.3.1). Die technische Auslegung und der Betrieb kerntechnischer Anlagen sind demnach so zu gestalten, daß durch Abgabe radioaktiver Stoffe über Luft oder Wasser − unter Berücksichtigung aller möglichen Belastungspfade einschließlich der Ernährungsketten − der oben genannte Dosisgrenzwert nicht überschritten wird. Grenzwerte gelten in ähnlicher Weise auch für Teilkörperdosen (siehe Tabelle 8.3, Spalte 2).

Tabelle 8.3. Jahresgrenzwerte (in mSv) der Körperdosen für verschiedene Personengruppen

Körperdosis	kein Strahlenschutzbereich	beruflich strahlenexponierte Personen der	
		Kategorie A	Kategorie B
1. Effektive Dosis, Teilkörperdosis: Keimdrüsen, Gebärmutter, rotes Knochenmark	0,3	50	15
2. Alle Organe und Gewebe, soweit nicht unter 1., 3. oder 4. genannt	0,9[a]	150	45
3. Schilddrüse, Knochenoberfläche, Haut, soweit nicht unter 4. genannt	1,8[b]	300	90
4. Hände, Unterarme, Füße, Unterschenkel, Knöchel, einschließlich der zugehörigen Haut	−	500	150

[a] inklusive Schilddrüse   [b] ohne Schilddrüse

Die Strahlenschutzverordnung setzt ebenfalls Grenzwerte für die effektive Dosis und für Teilkörperdosen für solche Personen fest, die bei ihrer Berufsausübung einer Strahlenbelastung ausgesetzt sein können (§ 49). Dabei werden bezüglich der Grenzwerte die Kategorien A und B unterschieden (s. Tabelle 8.3, Spalten 3 und 4). Ob eine Person in die Gruppe A oder in die Gruppe B fällt, richtet sich nach der maximal möglichen Exposition am Arbeitsplatz; bleibt sie mit Sicherheit unter einer effektiven Dosis von 15 mSv im Jahr, so gehört die Person der Gruppe B an, bei einer möglichen effektiven Dosis zwischen 15 mSv und 50 mSv pro Jahr der Gruppe A.

Die Grenzwerte dürfen nicht als erlaubte oder gar medizinisch unbedenkliche Toleranzdosen verstanden werden, da jede auch noch so geringe zusätzliche Dosis stochastische Schäden nicht vollständig ausschließt. Sie entbinden den Strahlenschutzverantwortlichen nicht von der sich aus § 28 der Strahlenschutzverordung ergebenden grundsätzlichen Verpflichtung, diese Grenzwerte so weit wie möglich zu unterschreiten.

Die Strahlenschutzverordnung enthält auch detaillierte Überwachungsvorschriften für den Umgang mit radioaktiven Stoffen sowie deren Beförderung und Ein- und Ausfuhr. In einer Vielzahl von Vorschriften werden u. a. Strahlenschutzbereiche, Maßnahmen zur Überwachung der darin tätigen Personen und Grenzwerte für die Einleitung radioaktiver Stoffe in die Umwelt über Luft und Wasser festgelegt.

Für die Errichtung und den Betrieb von Röntgeneinrichtungen und solchen Geräten, in denen Röntgenstrahlen mit einer Energie von mindestens 5 keV durch beschleunigte Elektronen erzeugt werden, gilt die Röntgenverordnung (letzte Fassung vom 8.1.1987).

8.3 Strahlenbelastung des Menschen

8.3.1 Herkunft der Strahlenbelastung

Die Strahlenbelastung des Menschen ergibt sich einerseits aus den geringen Dosen der natürlichen und künstlichen Strahlungsquellen, denen die Menschheit seit jeher mehr oder weniger gleichmäßig ausgesetzt ist, und andererseits aus den höheren Dosen bei Einzelpersonen, die in der medizinischen Diagnostik und Therapie und bei Strahlenunfällen auftreten können.

Die kollektive Belastung einer Population wird häufig durch die genetisch signifikante Dosis (s. Tabelle 8.2) beschrieben. In Tabelle 8.4 ist die genetisch signifikante Strahlenexposition der Bevölkerung der Bundesrepublik Deutschland im Jahre 1985 dargestellt. Sie beträgt insgesamt etwa 1,7 mSv pro Jahr. Davon rührt der größte Teil mit 1,1 mSv/a von natürlichen Strahlungsquellen her. Der für die kosmische Strahlung angegebene Wert ist auf die Meereshöhe bezogen. Dieser Beitrag zur Strahlenexposition nimmt, wie in Abb. 8.3 gezeigt, mit der Höhe über dem Meeresspiegel zu.

Tabelle 8.4. Genetisch signifikante Strahlenexposition der Bevölkerung in der Bundesrepublik Deutschland im Jahre 1985. (Jahresbericht 1985 „Umweltradioaktivität und Strahlenbelastung" des Bundesministers für Umwelt, Naturschutz und Reaktorsicherheit)

	mSv
1. Natürliche Strahlenexposition	
1.1 durch kosmische Strahlung	ca. 0,3
1.2 durch terrestrische Strahlung von außen im Mittel	ca. 0,5
bei Aufenthalt im Freien	ca. 0,4
bei Aufenthalt in Häusern	ca. 0,5
1.3 durch inkorporierte natürlich radioaktive Stoffe	ca. 0,3
Summe der natürlichen Strahlenexposition:	ca. 1,1
2. Zivilisatorische Strahlenexposition	
2.1 durch kerntechnische Anlagen	<0,01
2.2 durch Anwendung radioaktiver Stoffe und ionisierender Strahlen in der Medizin	ca. 0,5
2.2.1 Röntgendiagnostik	ca. 0,5
2.2.2 Strahlentherapie	<0,01
2.2.3 Nuklearmedizin	<0,01
2.3 durch Anwendung radioaktiver Stoffe und ionisierender Strahlen in Forschung, Technik und Haushalt (ohne 2.4)	<0,02
2.3.1 Industrieerzeugnisse	<0,01
2.3.2 technische Strahlenquellen	<0,01
2.3.3 Störstrahler	<0,01
2.4 durch berufliche Strahlenexposition (Beitrag zur mittleren Strahlenexposition der Bevölkerung)	<0,01
2.5 durch Strahlenunfälle und besondere Vorkommnisse	0
2.6 durch Fallout von Kernwaffenversuchen	<0,01
2.6.1 von außen	<0,01
2.6.2 von innen (Inkorporation)	<0,01
Summe der zivilisatorischen Strahlenexposition:	ca. 0,6

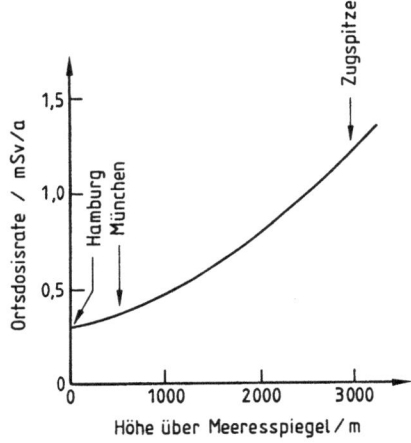

Abb. 8.3. Ortsdosisrate durch kosmische Höhenstrahlung in Abhängigkeit von der Höhe über dem Meeresspiegel

So können die Äquivalentdosen bei einem Flug über den Atlantik je nach Flughöhe und geographischer Breite 0.02 bis 0.05 mSv betragen. Auch die Exposition durch terrestrische Strahlung von innen und von außen ist aufgrund der geologischen Beschaffenheit des Bodens und der verwendeten Baumaterialien beträchtlichen Schwankungen unterworfen. Die Tabelle 8.5 enthält Jahresortsdosen für verschiedene Regionen auf der Erde.

Tabelle 8.5. Jahresdosis der terrestrischen Strahlung im Freien für verschiedene Regionen

Region	Jahresdosis in mSv/a
Bundesrepublik Deutschland (Mittelwert)	0,5
Granitpflaster in einigen Straßen des Fichtelgebirges	2–4
Schwarzwald, Nähe Menzenschwand	15[a]
Kerala, Westküste Indien	30[a]
Brasilien, Atlantikküste	120[a]

[a] örtlich begrenzte Maximaldosen

Der bei weitem größte Beitrag zur natürlichen Strahlenexposition der Allgemeinbevölkerung wird durch das Vorkommen des radioaktiven Edelgases Radon in der Atemluft hervorgerufen. Dies findet in den letzten Jahren in der Bundesrepublik Deutschland zunehmend Beachtung, wenn auch nicht in dem Maße wie in den USA. In der aus dem Jahr 1985 stammenden Tabelle 8.4 ist der durch Radon und seine Folgeprodukte verursachte Anteil zur natürlichen Strahlenbelastung noch nicht enthalten.

Radon kommt in der Natur als Zerfallsprodukt des Radiums mit den Isotopen ^{219}Rn, ^{220}Rn und ^{222}Rn in den natürlichen Zerfallsreihen von ^{235}U, ^{232}Th und ^{238}U vor, wobei der wesentliche Anteil der Strahlenbelastung auf das ^{222}Rn ($T = 3,8$ d) zurückzuführen ist (s. Abb. 5.4). Radium und Radon sind in geringen, regional unterschiedlichen Konzentrationen im Erdboden und in einigen Baumaterialien enthalten. Das Edelgas Radon, das chemisch nicht mit anderen Elementen reagiert, diffundiert z. T. aus Boden und Wänden heraus und gelangt so in die Atemluft. Die aus dem Zerfall von ^{222}Rn entstehenden radioaktiven Zerfallsprodukte ^{218}Po, ^{214}Pb, ^{214}Bi und ^{214}Po mit Halbwertszeiten zwischen 162 μs und 27 min können direkt oder nach Anlagerung an winzige Staubpartikel in der Luft (Aerosole) eingeatmet und in der Lunge vorübergehend abgelagert werden. Da ihre radioaktiven Zerfälle schneller erfolgen als die biologischen Ausscheidungsprozesse, zerfällt der größte Teil der Radonfolgeprodukte im Lungengewebe. Auf diese Weise entstehen, besonders durch den α-Zerfall der Isotope ^{214}Po und ^{218}Po (Qualitätsfaktor 20, vgl. Tabelle 8.1) möglicherweise beträchtliche

Organdosen in der Lunge. Dies wird durch epidemiologische Studien an Uranbergwerkarbeitern belegt, aus denen ein eindeutiger Zusammenhang zwischen der Radonexposition und der Lungenkrebshäufigkeit hervorgeht. Mit unterschiedlichen Meßverfahren wurden in mehreren Ländern Radonmessungen in der Luft von Wohnhäusern durchgeführt. Während im Freien die Radonaktivität bei 14 Bq/m^3 liegt, ergaben sich in den Wohnungen in den USA durchschnittliche Aktivitätskonzentrationen von etwa 50 Bq/m^3, in den meisten europäischen Ländern Werte zwischen 20 und 50 Bq/m^3 und in Skandinavien um 100 Bq/m^3. In der Bundesrepublik Deutschland gibt es Messungen aus den Jahren 1980–1984 für ca. 6000 Wohnungen. Sie ergaben im Durchschnitt ca. 40 Bq/m^3; höhere Werte (65 Bq/m^3) wurden im Raum Koblenz und in Niederbayern erhalten. Hervorzuheben ist, daß die Werte beträchtlich streuen. So ergaben sich bei 1 % der bundesdeutschen Wohnungen höhere Werte als 220 Bq/m^3, in einer Wohnung sogar 1100 Bq/m^3. In den USA wurden Häuser mit einigen zehntausend Bq/m^3 gefunden.

Wie die Untersuchungen zeigen, stammt das Radon in Wohnräumen vorwiegend aus dem Boden, auf dem das Haus steht. Daher sind sowohl der Radongehalt des Bodens als auch der Widerstand, den dieser der Diffusion des Radons entgegensetzt, und die Bauweise von Keller und Erdgeschoß maßgebend für die Radonkonzentration in der Luft der Wohnräume. Häuser ohne Keller oder mit Teilunterkellerung weisen höhere Werte auf, andererseits nimmt die Konzentration in den höheren Etagen ab. Luftströmungen und Sogwirkungen können den Radongehalt beeinflussen. Eine gute Belüftung der Wohnräume wirkt der Anreicherung von Radon entgegen.

Unter Berücksichtigung der physikalischen und biologisch-physiologischen Parameter der Strahleneinwirkung läßt sich für eine mittlere Radonkonzentration von 40 Bq/m^3 eine effektive Äquivalentdosis von etwa 1 mSv/a berechnen (dabei wurde ein Dosisfaktor von 0,061 mSv m^3 Bq^{-1} zugrundegelegt). Damit ist die durch Radon in der Atemluft hervorgerufene jährliche Strahlenbelastung größer als die Dosis durch alle übrigen natürlichen Bestrahlungen von innen und außen. Außerdem übersteigt sie den Wert für die Strahlenbelastung in Deutschland im ersten Jahr nach dem Unfall von Tschernobyl (vgl. Tabelle 8.8).

Dieser keineswegs vollständige Überblick verdeutlicht das komplexe Zusammenwirken vieler Einflußfaktoren auf den räumlich sowie tages- und jahreszeitlich stark schwankenden Radongehalt in Häusern und Wohnungen. Es bedarf weiterer, detaillierter Messungen, um zu klären, in welchen Häusern erhöhte Radonwerte zu erwarten sind und welche Maßnahmen zu deren Herabsetzung ergriffen werden können.

Auch das Zigarettenrauchen kann zu beträchtlichen Strahlenbelastungen des Lungengewebes führen. Tabakpflanzen nehmen über die Wurzel

^{210}Pb auf, das durch β-Zerfall über die Nuklide ^{210}Bi und ^{210}Po zerfällt (s. Abb. 5.4). Der α-Strahler ^{210}Po wird in der glühenden Zigarette flüchtig und gelangt auf diese Weise in die Lunge.

Wie aus Tabelle 8.4 hervorgeht, rührt der überwiegende Anteil der zivilisationsbedingten, genetisch signifikanten Strahlenexposition von der Verwendung ionisierender Strahlung in der Medizin her, insbesondere von der Röntgendiagnostik. Tabelle 8.6 enthält grobe Anhaltswerte für die bei den verschiedenen strahlenmedizinischen Behandlungen möglichen Organdosen.

Tabelle 8.6. Organdosen bei medizinischen Behandlungen

Medizinische Behandlung am untersuchten Organ	Äquivalentdosis (mSv)
Röntgendiagnostik:	
Lungenaufnahme	0,05 – 0,5
Oberschenkelaufnahme	0,05 – 0,5
Zahnaufnahme	6 – 30
Magenuntersuchung	0,5 – 15
Mammographie	6 – 30
Schilddrüsenszintigraphie:	
mit 2 MBq ^{131}I	1000
mit 40 MBq ^{99}Tc	4
Strahlentherapeutische Nachbehandlung von Krebserkrankungen:	20 000 – 100 000

Unter den in Tabelle 8.4 erwähnten Störstrahlern versteht man Geräte, die in unbeabsichtigter Weise Strahlung erzeugen. Beispielsweise entsteht bei Fernseh- und Datensichtgeräten energiearme Röntgenstrahlung. Die dafür geltende höchstzulässige Dosisrate ist gesetzlich auf 5 μSv/h in fünf cm Abstand von der Geräteoberfläche festgelegt. Da die Röntgenstrahlung in Luft absorbiert wird, ist die Belastung der Fernsehzuschauer bei täglich drei Stunden Einschaltdauer und normalen Entfernungen von 3 m kleiner als 20 μSv/a. Für Bildschirme von Datensichtgeräten ist die Dosisrate kleiner als 0,5 μSv/h.

Die Beiträge aus der friedlichen Nutzung der Kernenergie im Normalbetrieb sind klein gegen die Summe der sonstigen in Tabelle 8.4 aufgeführten Strahlenexpositionen. Dies gilt auch für die bisher in deutschen Kernkraftwerken aufgetretenen Störfälle. Allerdings kam es durch den Reaktorunfall in Tschernobyl im April 1986 aufgrund des radioaktiven Fallouts zu merklichen Strahlungsexpositionen der deutschen Bevölkerung, insbesondere in Bayern (s. Abschn. 9.6).

Während anfänglich die Belastung zu einem großen Teil durch das kurzlebige Nuklid ^{131}I verursacht wurde, beruhen die derzeitige und die zukünftige Exposition hauptsächlich auf den Strahlern ^{134}Cs und ^{137}Cs. Beide Isotope wurden mit den Niederschlägen in den Tagen nach dem Unglück dem Boden zugeführt. Die mittlere Flächenkonzentration betrug beispielsweise für ^{134}Cs und ^{137}Cs in Berlin 1,2 bzw. 2,3 kBq/m^2 und in München 10,4 bzw. 19 kBq/m^2. Inzwischen befindet sich radioaktives Cäsium in geringen Aktivitätskonzentrationen im Boden, in Gewässern und in einigen Nahrungsmitteln.

Diese Umweltkontaminationen tragen auf verschiedene Weise zur Strahlenexposition des Menschen bei. Man unterscheidet folgende Belastungspfade:

- externe Bestrahlung aus der Luft,
- externe Bestrahlung durch Bodenkontamination,
- interne Exposition durch kontaminierte Atemluft (Inhalation),
- interne Exposition nach Aufnahme kontaminierter Nahrungsmittel (Ingestion).

Die daraus resultierende Strahlendosis kann mit Hilfe entsprechender Rechenmodelle bestimmt werden. Dabei sind sowohl die Verteilung der Radionuklide auf die verschiedenen Belastungspfade als auch die Ernährungs- und Verhaltensgewohnheiten der Menschen zu berücksichtigen. Die externen Belastungen spielen dabei eine untergeordnete Rolle verglichen mit den internen Expositionen. Die Frage nach zulässigen Grenzwerten für die Aktivität von Nahrungsmitteln hat in den ersten Wochen und Monaten nach dem Tschernobylunglück zu einer großen Verunsicherung der Bevölkerung geführt, nicht zuletzt wegen der stark voneinander abweichenden Empfehlungen verschiedener Institutionen.

Die besondere Aufmerksamkeit galt zunächst dem Nuklid ^{131}I, der Hauptkomponente der Anfangsaktivität, das über die Kette Gras-Kuh-Milch insbesondere für Kleinkinder gefährlich war. Die derzeitige Strahlenschutzverordnung sieht vor (§ 45), daß im Normalbetrieb kerntechnischer Anlagen die jährliche Dosis der Schilddrüse durch ^{131}I den Wert von 0.9 mSv nicht übersteigen soll (s. Tabelle 8.3). Dieser Wert ist keineswegs als eine Gefährdungsgrenze, sondern lediglich als ein Grenzwert für Erbauer kerntechnischer Anlagen anzusehen. Die Strahlenschutzkommission legte in ihrer damaligen Empfehlung einen Grenzwert von 30 mSv fest und blieb damit um den Faktor fünf unter dem von der Strahlenschutzverordnung (§ 28) zugrunde gelegten Höchstwert von 150 mSv für Störfälle in kerntechnischen Anlagen. Der sich daraus ergebende Grenzwert der Aktivitätskonzentration für ^{131}I in Milch betrug 500 Bq/l. In der gleichen Situation legten die Weltgesundheitsorganisation (WHO) einen Grenzwert von 2000 Bq/l und das Land Hessen einen Wert von 20 Bq/l fest.

Der Grenzwert von 30 mSv für die Schilddrüsendosis erschien insbesondere aufgrund von Untersuchungen über Spätwirkungen in Zusammenhang mit dem Einsatz von ^{131}I in der Schilddrüsendiagnostik vertretbar. Diese hatten ergeben, daß für Schilddrüsendosen von mindestens 500 mSv keine Zunahme an Schilddrüsenkarzinomen feststellbar ist.

Bei der Festsetzung eines Grenzwertes für ^{137}Cs ist zu berücksichtigen, daß nach einem unfallbedingten Fallout wegen der großen Halbwertszeit von etwa 30 Jahren von einer länger andauernden Belastung auszugehen ist. Allerdings entsteht der wesentliche Anteil der Strahlenexposition bereits in den ersten Monaten durch den Verzehr von kontaminiertem Frischgemüse, das dem Fallout ausgesetzt war, sowie durch Milch und Molkereiprodukte und durch Fleisch von Wild und Weidetieren. Später trägt Cäsium nur noch in geringerem Maße bei, wenn es von Pflanzen über die Wurzeln aus dem Boden aufgenommen wird und so in die Nahrungskette gelangt. Als ein Richtwert kann der von der Strahlenschutzkommission vorübergehend für Frischgemüse empfohlene Grenzwert von 100 Bq/kg angesehen werden. Eine Verbrauchsbeschränkung erübrigte sich jedoch, da sich schon bald zeigte, daß abgesehen von einigen wenigen Produkten (Wildfleisch, Pilze), die nicht häufig verzehrt werden, dieser Grenzwert nicht überschritten wurde.

Die Verweildauer radioaktiver Stoffe im Körper wird durch die biologische Halbwertszeit charakterisiert. Gemeinsam mit der physikalischen Halbwertszeit ergibt sich daraus die „effektive Halbwertszeit" T_{eff}, d. h. die Zeit, in der die Aktivität eines Stoffes in einem Organismus aufgrund von Ausscheidung und Zerfall auf die Hälfte abnimmt:

$$\frac{1}{T_{\text{eff}}} = \frac{1}{T_{\text{biol}}} + \frac{1}{T_{\text{phys}}} \quad , \quad T_{\text{eff}} = \frac{T_{\text{phys}} \cdot T_{\text{biol}}}{T_{\text{phys}} + T_{\text{biol}}} \quad .$$

In Tabelle 8.7 sind die physikalischen, die biologischen und die effektiven Halbwertszeiten einiger wichtiger Radionuklide zusammengestellt.

Für die Bundesrepublik Deutschland wurden als Folge des Tschernobylunfalls die in Tabelle 8.8 angegebenen mittleren Gesamtdosen aus externer und interner Strahlenexposition von der Strahlenschutzkommission errechnet (siehe Literaturverzeichnis am Schluß des Buches). Sie liegt innerhalb der Schwankungsbreite der natürlichen Strahlenexposition, die in Deutsch-

Tabelle 8.7. Physikalische, biologische und effektive Halbwertszeit für verschiedene Nuklide (T_{biol} und T_{eff} schwanken beträchtlich mit Geschlecht und Alter)

	^{3}H	^{14}C	^{90}Sr	^{131}I	^{134}Cs	^{137}Cs	^{239}Pu
T_{phys}	12.3 a	5370 a	28.8 a	8 d	2.06 a	30.1 a	$2.44 \cdot 10^4$ a
T_{biol}	12 d	12 d	35 a	150 d	140 d	140 d	200 a
T_{eff}	12 d	12 d	15.8 a	7.6 d	120 d	138 d	200 a

Tabelle 8.8. Mittelwerte der effektiven Dosisbelastung durch den Unfall von Tschernobyl

Region	Effektive Dosis im 1. Jahr	Effektive 50-Jahre-Folgedosis
Voralpengebiet	1,2 mSv	3,8 mSv
Gebiet südlich der Donau	0,6 mSv	1,9 mSv
Gebiet nördlich der Donau	0,2 mSv	0,6 mSv

land bei Berücksichtigung der Radon-Folgeprodukte im Mittel etwa 2 mSv/a beträgt und je nach Wohnort und Beschaffenheit der Wohnung zwischen 1 und 6 mSv/a schwankt.

Ähnlich hohe Strahlenexpositionen wie nach dem Tschernobyl-Unfall gab es in den Jahren 1962–1965 als Folge der oberirdischen Kernwaffenversuche. Allein in den Jahren 1961 und 1962 betrug deren Gesamtsprengwirkung ca. 390 Mt TNT (zu dieser Einheit s. Kap. 10). Die Freisetzung der Spaltprodukte, insbesondere der langlebigen Nuklide ^{90}Sr und ^{137}Cs, führte auf der gesamten Erde zu einem Anstieg der Radioaktivität im Boden und in den Nahrungsmitteln. ^{90}Sr reichert sich, insbesondere bei Kindern, in den Knochen an. Die daraus resultierenden, über die Bevölkerung gemittelten jährlichen Teilkörperdosen im Knochen betrugen 0.15 bis 0.4 mSv. Eine Berechnung der effektiven Äquivalentdosis durch die Strahlung aller langlebigen Spaltprodukte ergibt von 1961 bis 1967 in Deutschland Werte zwischen 0,05 und 0,1 mSv/a.

8.3.2 Gesundheitsrisiko

Das Strahlenrisiko, d. h. die Wahrscheinlichkeit dafür, daß infolge einer Strahlenexposition eine schädigende Wirkung eintritt, ist für somatische Akut- und Spätschäden bei hohen Dosen aufgrund der Erkenntnisse aus den Atombombenexplosionen relativ gut bekannt.

In Tabelle 8.9 sind die Symptome der nicht-stochastischen akuten Frühschäden für verschiedene Äquivalentdosen bei Ganzkörperbestrahlung angegeben.

Die Wahrscheinlichkeit für das Auftreten von stochastischen Schäden wie Krebs oder Leukämie ist für Dosen unterhalb 10 mSv sehr gering. Bedingt durch natürliche und zivilisatorische Einflüsse sterben dagegen derzeit etwa 20 % der Bevölkerung an Krebs. Da diese Zahl aufgrund unterschiedlicher individueller und regionaler Lebensbedingungen stark schwankt und da außerdem die Ursache der Krebsentstehung nicht am Krankheitsverlauf erkannt werden kann, ist das strahlendinduzierte Krebsrisiko epidemiologischen Untersuchungen nicht zugänglich.

Tabelle 8.9. Symptome der akuten Frühschäden in Abhängigkeit von der Dosis bei kurzzeitiger Ganzkörperbestrahlung

Dosis (Sv)	Symptome
<0,2	klinisch nicht erkennbar, Spätschäden sind möglich
0,2 – 1	vorübergehende Veränderung des Blutbildes
1 – 2	Übelkeit, länger anhaltende Veränderung des Blutbildes
2 – 3	Übelkeit, Erbrechen, weitere Krankheitssymptome (Fieber)
3 – 6	Übelkeit, Erbrechen, Durchfall, Blutungen, schwere Strahlenkrankheit; ab 4,5 Sv 50% Todesfälle innerhalb eines Monats
>6	Sterblichkeit nahezu 100%

Risikoabschätzungen für den Bereich niedriger Dosen basieren hauptsächlich auf der Extrapolation des an den Überlebenden von Hiroshima und Nagasaki beobachteten Krebsrisikos. Diese Personen waren teilweise Dosen von einigen hundert mSv ausgesetzt. Aufgrund der Untersuchungen ergibt sich aus verschiedenen Abschätzungen für die exponierte Bevölkerung ein strahlenbedingtes Krebsrisiko von 1 bis 5 % pro Sv effektive Dosis. Legt man als Näherung eine lineare Dosis-Wirkungsbeziehung zugrunde, so läßt sich das Krebsrisiko für niedrige Dosen ermitteln. Beispielsweise errechnet man für die Bevölkerung im Bundesgebiet südlich der Donau (Tabelle 8.8) für die sich aus dem Tschernobyl-Unfall ergebende gesamte effektive 50-Jahre-Folgedosis von 2 mSv ein zusätzliches Krebsrisiko von $(1 \text{ bis } 5) \cdot 10^{-2} \text{Sv}^{-1} \cdot 0,002 \text{ Sv} = (2 \text{ bis } 10) \cdot 10^{-5}$; d. h. es werden 0,002 bis 0,01 % der Todesfälle durch Krebs als Folge des Reaktorunfalls von Tschernobyl verursacht sein. Dies wird sich bei einem ohnehin vorhandenen Krebsrisiko von etwa 20 %, das regionalen Schwankungen unterworfen ist, epidemiologisch nicht feststellen lassen. Die Problematik der Beweisbarkeit nach wissenschaftlichen Methoden schafft aber die Tatsache nicht aus der Welt, daß ein berechenbarer, wenn auch kleiner, Prozentsatz von Menschen infolge dieser Strahlendosis an Krebs erkranken wird.

9 Kernreaktoren, Spaltprodukte

9.1 Vorbetrachtung

Nach der Entdeckung der Kernspaltung im Jahre 1938 durch Otto Hahn (1879–1968) und Fritz Straßmann (1902–1980) unter langjähriger Mitwirkung von Lise Meitner (1878–1968) gelang es Enrico Fermi (1901–1954) bereits vier Jahre später, in Chicago erstmals einen Kernreaktor zu konstruieren und in Betrieb zu setzen, mit dem im Prinzip Energie in Form von Wärme gewonnen werden konnte. Außerdem läßt sich mit solchen Reaktoren das Transuranelement Plutonium künstlich erzeugen. In der dramatischen Kriegsentwicklung wurde zunächst Wert auf den zweiten Aspekt gelegt, was dann im Jahr 1945 zum Einsatz zweier nuklearer Sprengkörper gegen die japanischen Städte Hiroshima (Uranbombe) und Nagasaki (Plutoniumbombe) führte und der Weltbevölkerung die Wirkung der Kernenergie in schrecklicher Weise zum Bewußtsein brachte.

Im Zuge des vom amerikanischen Präsidenten Dwight D. Eisenhower in den fünfziger Jahren propagierten Programms „Atoms for Peace" wurde die friedliche Nutzung der Kernenergie stark vorangetrieben. Die „gezähmte Bombe" in Form der kontrollierten Umwandlung von Kernbindungsenergie in andere, nutzbare Energieformen hat seitdem eine rasante Entwicklung erfahren. Heute wird in der Bundesrepublik Deutschland ein Großteil der Grundlast bei der Stromerzeugung aus Kernreaktoren bereitgestellt. Dies hat zu einer spürbaren Verringerung des Einsatzes von fossilen Brennstoffen (Kohle, Öl, Erdgas) beigetragen und damit die Abhängigkeit der Energiewirtschaft von Importen aus den Ölländern vermindert. Andererseits wächst, insbesondere seit dem Reaktorunfall in Tschernobyl, das Unbehagen der Menschen wegen der potentiellen Strahlengefahren, die mit dem Betrieb von Kernreaktoren verbunden sind.

Eine wesentlich größere Katastrophe wäre ein mit Kernwaffen geführter Krieg, der ganze Bevölkerungen auslöschen und große Teile von Kontinenten für lange Zeit unbewohnbar machen würde. In jüngster Zeit wächst jedoch bei den nuklearen Großmächten die Einsicht, daß diese Art der Selbstvernichtung der Menschheit unverantwortbar ist und keiner Seite Vorteile bringen würde. Die Hoffnung, daß die Kernwaffen durch Vertrauensbildung auf allen Seiten unnötig gemacht und vielleicht ganz abgeschafft werden, erscheint beim gegenwärtigen Stand der Verhandlungen nicht unberechtigt zu sein. Ob sich allerdings die nuklearen Schwellenländer dieser Erkenntnis anschließen, bleibt abzuwarten.

Bisher ist die Kernenergie (unter Einschluß der Brütertechnologie) das einzige Reservoir, das zur Verfügung steht, um für eine lange Zeit zusammen mit Öl und Kohle den Stromverbrauch der modernen Gesellschaft preisgünstig bereitzustellen. Wegen des damit verbundenen Gefahrenpotentials ist man derzeit bestrebt, andere Energieformen bis zur technischen Reife zu entwickeln. Ob und wann dann die friedliche Nutzung der Kernenergie eingestellt werden kann, wird die Zukunft erweisen. Zur Zeit ist kein wirklich gangbarer Ausweg in Sicht, denn auch die anderen, in größerem Umfang verwendeten Quellen nutzbarer Energie sind mit tückischen Folgen verbunden: Die Verbrennung fossiler Energieträger produziert CO_2, dessen Konzentration in der Luft anwächst, was voraussichtlich Änderungen der weltweiten Klimaverhältnisse herbeiführen wird. Die solare Energie verlangt sehr teure Anlagen, Maßnahmen zur Energiespeicherung (die Sonne scheint nur tagsüber) sowie zum Transport (die Sonne scheint stark nur in den Wüstenregionen) und kann bis heute nicht wirtschaftlich eingesetzt werden. Wind- und Wasserkraft stehen nicht in genügendem Umfang zur Verfügung. Weitere Quellen sind nur lokal von Interesse (Erdwärme, Gezeitenenergie), bis heute nicht verfügbar (Fusionsenergie, ebenfalls eine Form der Kernenergie) oder noch gänzlich unbekannt.

Das Hauptproblem rührt von der schnell wachsenden Weltbevölkerung her, deren Energiehunger fast unstillbar ist. Für die derzeit auf der Erde lebenden fünf Milliarden Menschen wird eine Gesamtleistung von etwa 10 000 GW bereitgestellt, d. h. im Mittel 2 kW pro Person (in Deutschland etwa 6 kW pro Einwohner). In den Entwicklungsländern ist der Industrialisierungsprozeß noch lange nicht abgeschlossen, außerdem wächst die Bevölkerung schnell weiter, so daß in Zukunft mit einem Mehrfachen des heutigen Verbrauchs gerechnet werden muß.

Die Kernenergie wurde schon immer als Übergangsenergiequelle angesehen, da auch die Uranvorräte nicht unbeschränkt zur Verfügung stehen. Die damit verbundenen Risiken sind recht genau bekannt und nicht wegzudiskutieren. Die folgenden Abschnitte sollen zeigen, woher die Kernenergie stammt und welche Risiken bestehen. Wie bereits mehrfach angedeutet, soll diese Schrift dazu beitragen, daß sich der Leser selbst ein Bild machen kann. Ob die Risiken bei Abwägung gegen die Vorteile eingegangen werden sollen, ist eine politische Entscheidung, die nur auf der Grundlage der Kenntnis der Fakten sinnvoll getroffen werden kann.

9.2 Kernspaltung

Spontane Kernspaltung (s. Abschn. 4.3.3.4) wird in der Natur nur an den schwersten vorkommenden Nukliden beobachtet. Viele künstlich hergestellte Transuran-Nuklide zeigen dieses Phänomen mit z. T. viel größeren Zerfallswahrscheinlichkeiten. Beispiele sind in Tabelle 9.1 aufgeführt.

Tabelle 9.1. α-Zerfall und spontane Kernspaltung (sf) bei Uran- und Plutoniumisotopen

Nuklid	Halbwertszeit für α-Zerfall	$\frac{\lambda_{sf}}{\lambda_\alpha}$ (%)	Halbwertszeit für spontane Spaltung
^{234}U	$2{,}44 \cdot 10^5$ a	$1{,}5 \cdot 10^{-9}$	$1{,}6 \cdot 10^{16}$ a
^{235}U	$7{,}04 \cdot 10^8$ a	$4 \cdot 10^{-7}$	$1{,}8 \cdot 10^{17}$ a
^{238}U	$4{,}36 \cdot 10^9$ a	$4{,}4 \cdot 10^{-5}$	$1{,}0 \cdot 10^{16}$ a
^{238}Pu	87,7 a	$1{,}8 \cdot 10^{-7}$	$4{,}8 \cdot 10^{10}$ a
^{239}Pu	$2{,}41 \cdot 10^4$ a	$4{,}2 \cdot 10^{-10}$	$5{,}5 \cdot 10^{15}$ a
^{240}Pu	$6{,}55 \cdot 10^3$ a	$5 \cdot 10^{-6}$	$1{,}3 \cdot 10^{11}$ a
^{241}Pu	14,4 a	$1{,}4 \cdot 10^{-13}$	$1{,}0 \cdot 10^{16}$ a
^{242}Pu	$3{,}76 \cdot 10^5$ a	$5{,}5 \cdot 10^{-4}$	$6{,}7 \cdot 10^{10}$ a

Man kann die Spaltung aber auch von außen durch Bestrahlen mit Neutronen einleiten ((n,f)-Reaktion). Die entstehenden Spaltfragmente sind zunächst hoch angeregt und können z. T. ihrerseits Neutronen abdampfen, die – nach Abbremsung – weitere Spaltungen auslösen. Damit wird eine Kettenreaktion möglich, die zu lawinenartigem Anstieg der Zahl der Spaltprozesse führt. Die im Mittel über viele Spaltungen freigesetzte Neutronenzahl pro Spaltung („Neutronenausbeute" η) beträgt für ^{233}U: $\eta = 2{,}51$; für ^{235}U: $\eta = 2{,}47$ und für ^{239}Pu: $\eta = 2{,}90$; die beim Spaltprozeß auf das Neutron übertragene Energie liegt bei etwa 2 MeV.

Die bei einer Spaltung freiwerdende Kernbindungsenergie läßt sich aus der Weizsäcker-Formel (s. Abschn. 3.5) abschätzen. Wenn der Kern in zwei gleiche Bruchstücke zerplatzt, beträgt diese Energie

$$Q = B(A, Z) - 2B\left(\frac{A}{2}, \frac{Z}{2}\right) \quad .$$

Setzt man die B-Werte aus der Weizsäcker-Formel ein, so erhält man (zunächst ohne den Paarungsenergieterm)

$$Q = B_1(-0{,}26 + 0{,}75 x) \quad ,$$

wobei $x = 0{,}022 Z^2/A$ und der Oberflächenterm $B_1 = 18{,}3 A^{2/3}$ MeV ist.

Für ^{235}U ergibt sich als Zahlenwert $Q \approx 200\,\text{MeV}$, also eine sehr große Energie verglichen mit der Energie von etwa 3 eV, die bei der Reaktion von einem Atom Kohlenstoff mit einem Molekül Sauerstoff (O_2) frei wird.

Im Prinzip wird Energie durch Spaltung gewonnen, sobald $Q > 0$, also $Z^2/A > 16,3$ ist; mit $A \approx 2Z$ könnten also Kerne mit $Z > 35$ (Element Brom) unter Energiegewinn spalten. Aber nicht alle diese Kerne tun dies spontan, weil bei kleinen Kerndeformationen die Oberflächenenergie schneller wächst als die Coulombenergie abnimmt, also Rückstellkräfte den Kern stabilisieren. Spontane Spaltung tritt auf für Kerne mit $x \geq 1$, d. h. $Z \geq 120$. Diese Überlegung stimmt jedoch nicht ganz, da Drehimpulseffekte (Schalenmodell) nicht berücksichtigt wurden. Immerhin kann man so verstehen, warum Kerne mit $Z < 92$ stabil bleiben; ab $Z = 92$ besteht eine (kleine) Wahrscheinlichkeit für Spaltung, wenn die Energiebarriere E_S überwunden wird, die durch die Konkurrenz von Oberflächen- und Coulombkräften zustandekommt (s. Abb. 9.1). Für Uran liegt E_S bei etwa 7 MeV.

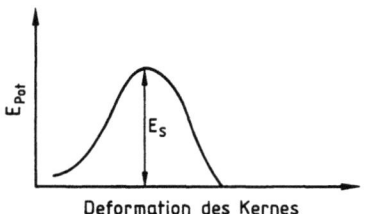

Abb. 9.1. Schematische Darstellung der Spaltbarriere

Führt man dem Kern diese Energie zu, z. B. durch Neutroneneinfang, so kann die Schwelle direkt übewunden werden. Dann zerreißt das Kerntröpfchen, und die Energie Q wird frei.

Um zu verstehen, warum Kerne mit ungerader Neutronenzahl schon bei Anlagerung eines langsamen (thermischen) Neutrons spalten, solche mit gerader Neutronenzahl aber erst, wenn das Neutron eine kinetische Energie von 1 bis 2 MeV mitbringt, muß man den Term der Paarungsenergie in der Weizsäcker-Formel in Betracht ziehen. Er hat eine Größe von etwa 0,5 MeV. Diese Energie wird zusätzlich zur Bindungsenergie des letzten Neutrons im Verbundkern (ca. 6,5 bis 7 MeV) frei, wenn ein Neutronenpaar gebildet wird, also z. B. beim Einfang (^{235}U+n) oder (^{239}Pu+n), nicht aber bei (^{238}U+n) oder (^{232}Th+n). Bei gu- (und uu-) Kernen reicht die freiwerdende Energie aus, um die Spaltschwelle schon mit thermischen Neutronen zu überwinden. Als gängige Brennstoffmaterialien im thermischen Reaktor kommen also nur ^{233}U, ^{235}U und ^{239}Pu in Frage. Davon findet sich nur ^{235}U in der Natur, und das auch nur in sehr geringer Häufigkeit (etwa 0,72 % der Atome des natürlichen Urans). Daher starten alle technischen Kernreaktoren, die die Spaltenergie ausnutzen, von diesem Nuklid.

Um allerdings genügend spaltfähiges Material bereitstellen zu können, muß man das Isotop ^{235}U gegenüber dem natürlichen Uran anreichern. Dies ist ein technisch sehr aufwendiger Prozeß, weil sich alle Uranatome chemisch gleichartig verhalten und man auf Verfahren angewiesen ist, die den kleinen Massenunterschied zwischen ^{235}U und ^{238}U ausnutzen (z. B. Zentrifugieren oder Gasdiffusion). Die relative Isotopenhäufigkeit des ^{235}U in gebräuchlichen Brennelementen beträgt etwa 3,3 %. Es sei darauf hingewiesen, daß man auch Natururan als Brennstoff verwenden kann, wenn man schweres Wasser (^{2}H$_2$O) als Moderator (s. u.) einsetzt.

Wegen der erwähnten Schalenstruktur der Kerne spalten die Kerne in Wirklichkeit nicht symmetrisch in zwei gleiche Hälften, sondern in ein schwereres und ein leichteres Bruchstück, die sich um die magischen Neutronenzahlen (N = 50 bzw. 82) gruppieren. Die Massenverteilung bei der Spaltung von ^{235}U mit langsamen Neutronen ist in Abb. 9.2 dargestellt.

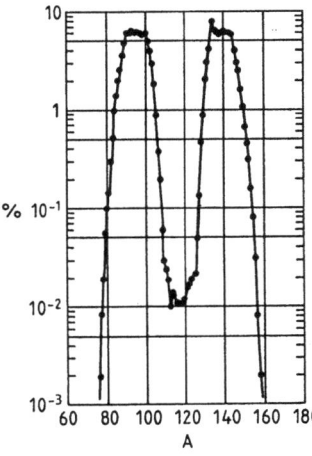

Abb. 9.2. Häufigkeitsverteilung der Spaltprodukte in % bei der Spaltung von ^{235}U mit thermischen Neutronen als Funktion der Nukleonenzahl A der Produkte

Aufgrund des Neutronenüberschusses des spaltenden Kerns (z. B. hat ^{236}U 92 Protonen und 144 Neutronen) besitzen die Fragmente mehr Neutronen als die stabilen Isotope der entstehenden Elemente. Neben ihrer kinetischen Energie tragen sie eine hohe Anregungsenergie, die sie zunächst durch Abdampfen von (schnellen) Neutronen vermindern; übrig bleiben meist β^-- und γ-aktive Kerne, die dann mit Halbwertszeiten zwischen Sekunden und vielen Jahren zerfallen. Ein Beispiel ist

$$^{235}\text{U} + ^1\text{n} \rightarrow {}^{90}\text{Kr} + {}^{143}\text{Ba} + 3\,^1\text{n} \quad ,$$

wobei die Fragmente über Zerfallsketten in die stabilen Nuklide ^{90}Zr und ^{143}Nd übergehen:

$$^{90}_{36}\text{Kr} \xrightarrow[32,3\,\text{s}]{\beta^-} {}^{90}_{37}\text{Rb} \xrightarrow[3,2\,\text{min}]{\beta^-} {}^{90}_{38}\text{Sr} \xrightarrow[28,8\,\text{a}]{\beta^-} {}^{90}_{39}\text{Y} \xrightarrow[64,1\,\text{h}]{\beta^-} {}^{90}_{40}\text{Zr} ,$$

$$^{143}_{56}\text{Ba} \xrightarrow[20\,\text{s}]{\beta^-} {}^{143}_{57}\text{La} \xrightarrow[14\,\text{min}]{\beta^-} {}^{143}_{58}\text{Ce} \xrightarrow[33\,\text{h}]{\beta^-} {}^{143}_{59}\text{Pr} \xrightarrow[13,6\,\text{d}]{\beta^-} {}^{143}_{60}\text{Nd} .$$

Für langfristige Sicherheitsbetrachtungen wichtig sind insbesondere Nuklide mit Halbwertszeiten, die vergleichbar mit der Dauer des Menschenlebens sind und die mit hoher Ausbeute entstehen (s. Abb. 9.2), wie z.B. $^{90}\text{Sr}(T = 28,5\text{a})$ und $^{137}\text{Cs}(T = 30,1\text{a})$.

9.3 Kettenreaktion

Die bei der Spaltung freiwerdenden Neutronen können in ^{238}U (oder ^{232}Th) eingefangen werden oder nach Abbremsung weitere Spaltungen und damit eine Kettenreaktion auslösen. Da der Spaltquerschnitt (z.B. in ^{235}U) nur für langsame Neutronen groß ist, müssen die Neutronen vorher in Materialien aus leichten Elementen wie Wasserstoff, Deuterium, Helium oder Kohlenstoff, die selbst einen kleinen Einfangquerschnitt haben, abgebremst werden, und zwar möglichst außerhalb des Brennstoffs, weil ^{238}U

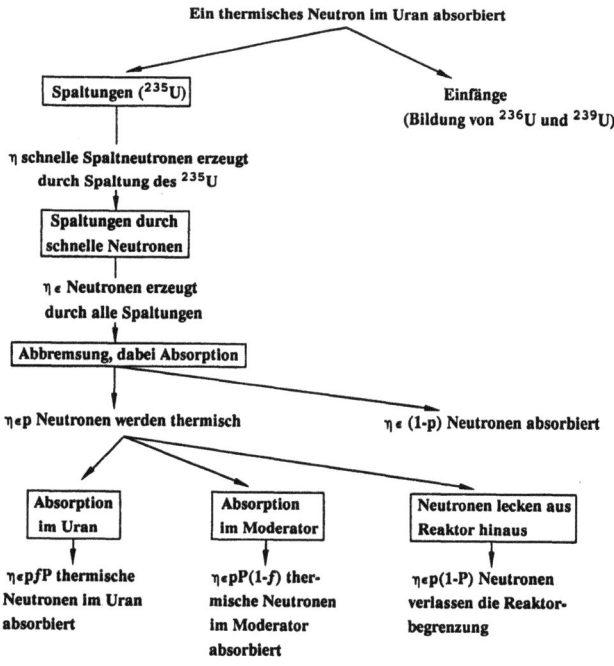

Abb. 9.3. Neutronenbilanz im Reaktor

und ^{232}Th für Neutronen mittlerer Energie viele Einfangresonanzen aufweisen (s. Abb. 6.17).

Die Bedingung für eine kontrollierte Kettenreaktion ist, daß genau ein Neutron aus einer Spaltung wieder eine Spaltung hervorruft. Zwar werden zwei bis drei Neutronen pro Spaltung frei, jedoch gehen auf verschiedene Weise Neutronen verloren, wie im Schema der Abb. 9.3 dargestellt ist. Deshalb sind bei der Konzeption eines Kernreaktors erhebliche Mühen erforderlich, um diese Bedingung zu erfüllen. Aus der Abbildung geht hervor, daß für den Multiplikationsfaktor k_{eff} der Neutronenzahl von einer Generation zur nächsten gelten muß

$$\eta \varepsilon p f P \equiv k_{\text{eff}} = 1 \quad ;$$

die einzelnen Faktoren werden weiter unten diskutiert.

Für $k_{\text{eff}} < 1$ ist der Reaktor unterkritisch, d. h. die Neutronenzahl wird mit der Zeit kleiner, die Kettenreaktion bricht ab; für $k_{\text{eff}} > 1$ ist er überkritisch, d. h. die Neutronenzahl wächst lawinenartig an. Letzteres muß unbedingt vermieden werden. Ein Hauptproblem beim Reaktorbetrieb ist daher die Steuerung der Neutronenbilanz. Außerdem muß dafür gesorgt werden, daß bei $k_{\text{eff}} = 1$ die erzeugte Wärme nicht größer ist als die an die nachgeschaltete „Last" (z. B. eine Turbine) abgeführte.

Die Neutronenausbeute wurde oben angegeben, sie liegt – je nach Spaltstoff – im Durchschnitt zwischen 2,4 und 2,9. Die „Spaltneutronenausbeute" η berücksichtigt, daß die Neutronen neben der Einleitung von Spaltprozessen auch durch Einfangprozesse verschwinden (s. Zeile 2 der Abb. 9.3) und ist daher kleiner: $\eta = 2,07$ in reinem ^{235}U, $\eta = 1,85$ in auf 3,3 % ^{235}U angereichertem Uran, $\eta = 1,34$ in Natururan.

Der „Schnellspaltfaktor" ε beschreibt die Neutronenausbeute durch Spaltung mit schnellen Neutronen an ^{238}U bzw. ^{232}Th und ist nur wenig größer als Eins (etwa 1,03). Im schnellen Brüter (s. u.) versucht man, diese Spaltung zum Abbrand des ^{238}U in großem Maße auszunutzen.

Die „Resonanzentkommwahrscheinlichkeit" p ist in Uranmetall fast gleich Null, denn die Neutronen werden im Bereich der Resonanzen (s. Abb. 6.17) fast alle absorbiert, ohne Spaltungen auszulösen. Das wird vermieden, wenn die Bremsung außerhalb des Brennstoffs im sog. „Moderator" durch wenige Stöße erfolgt, so daß p möglichst groß wird (im wassergekühlten Reaktor ist $p \approx 0,75$). Wegen der Temperaturabhängigkeit der effektiven Breiten der Resonanzen im ^{238}U fällt p mit steigender Temperatur. Dies ist zu erklären durch den Doppler-Effekt: Wenn sich das Uran erwärmt, führen die Uranatome größere Eigenbewegungen aus und können dann auch mit Neutronen reagieren, die im Laborsystem etwas größere oder kleinere kinetische Energien haben als die Resonanzenergie. Somit weist die Reaktivität einen negativen Temperaturkoeffizienten auf: Wird der Reaktorkern wärmer, so werden mehr Neutronen vom ^{238}U eingefangen, d. h. weniger Neutronen stehen für die Spaltung zur Verfügung, der Reaktor wird unterkritisch.

Der Faktor fP beschreibt den Bruchteil der thermisch gewordenen Neutronen, der im Uran eingefangen wird; der Bruchteil $(1 - f)P$ reagiert mit den Moderator- oder Konstruktionsmaterialien (vorwiegend Zirkalloy, eine Legierung aus 91,5 % Zr, 3,5 % Ni, sowie Fe, Co, Cr, Sn u. a., mit dem die Brennstäbe ummantelt sind). In Tabelle 9.2 sind die Einfangquerschnitte für thermische Neutronen einiger gängiger Moderatorsubstanzen aufgelistet. Man entnimmt daraus, daß in leichtem Wasser (^{1}H$_2^{16}$O) viel mehr Neutronen eingefangen werden als in ^{2}H$_2^{16}$O oder ^{12}C. So ist die „thermische Nutzung" f bei leichtem Wasser etwa 0,83, bei schwerem Wasser 0,95. Ein Leichtwasserreaktor kann mit Natururan nicht kritisch werden; entweder muß das Uran im Isotop ^{235}U angereichert (bei technisch erprobten Reaktoren auf etwa 3,3 %), oder schweres Wasser als Moderator eingesetzt werden (s. o.). In gebräuchlichen Reaktorkonstruktionen durchströmt das Wasser den Brennstoffkern und dient gleichzeitig als Kühlmittel.

Tabelle 9.2. Einfangquerschnitte für thermische Neutronen bei einigen Moderatorsubstanzen

Nuklid	$\sigma(n,\gamma)$ in barn
^{1}H	0,332
^{2}H	0,00053
^{4}He	0
^{12}C	0,0034
^{16}O	0,000178
^{23}Na	0,53

Im Typ des russischen Reaktors in Tschernobyl wurde Kohlenstoff (Graphit) als Moderator und zusätzlich Wasser als Kühlmittel verwendet. Dies trug bei dem Unglück im April 1986 dazu bei, daß bei einer durch Reduktion der Stromerzeugung auftretenden Überhitzung das Wasser Dampfblasen bildete und die Kühlung reduzierte, ohne daß gleichzeitig die Moderation unterblieb. Die Kettenreaktion setzte sich fort, der Kern wurde immer heißer, bis es zu einem Schmelzen des Reaktorkerns kam. Der Vorgang konnte gut rekonstruiert werden und ist in der Literatur dokumentiert (siehe Schriftenreihe der Gesellschaft für Reaktorsicherheit (GSR) mbH, s. auch Abschn. 9.6). Ähnliches kann bei Leichtwasserreaktoren nicht vorkommen, bei denen Moderator und Kühlmittel identisch sind.

Der Bruchteil $(1 - P)$ der Neutronen verläßt die Reaktorbegrenzung nach außen („Leckfaktor") und wird dort in Beton oder Stahl absorbiert. Ist der Reaktorkern klein, so ist seine Oberfläche im Verhältnis groß, also P so klein, daß der Reaktor unterkritisch bleibt. Es gibt also eine Minimalgröße („kritische Masse") des Brennstoffkerns, unterhalb derer eine Kettenreaktion wieder ausstirbt.

In die Berechnung der Faktoren ε, p, f und P gehen die Einzelheiten der Auslegung des Kerns mit Moderator- und Kühlsystem ein. Sie ist nur mit großen Rechenprogrammen durchführbar. Man muß auch bedenken, daß der Neutronenfluß in der Kernmitte größer ist als außen und wegen des Abbrandes von der Zeit abhängt. Um die Flußverteilung auszugleichen, setzt man verschieden beschaffene Brennstäbe in den einzelnen Zonen des Reaktors ein. Auf solche und viele weitere Einzelheiten der Auslegung kann hier nicht eingegangen werden. Alle Einflußfaktoren sind jedoch genau bekannt und werden bei Konstruktion und Betrieb eines Reaktors berücksichtigt.

Zur Steuerung der Reaktivität nutzt man die Tatsache aus, daß einige der Sekundärneutronen (bei Spaltung von ^{235}U: 0,65 %; bei ^{233}U: 0,26 %; bei ^{239}Pu: 0,21 %) mit einer gewissen Zeitverzögerung nach einem ß-Zerfall auftreten (s. Abschn. 4.3.4). Man sorgt dafür, daß der Reaktor ohne die verzögerten Neutronen leicht unterkritisch ist. Auf eine kurzzeitige Schwankung der Reaktivität reagiert der Reaktor mit einer Zeitverzögerung von 10 bis 60 Sekunden, so daß gegengesteuert werden kann.

Überschüssige Neutronen werden durch Substanzen mit hohem Einfangquerschnitt weggenommen. Die dazu dienenden Regelstäbe enthalten Cadmium und Bor. Zum Abschalten des Reaktors werden die Regelstäbe ganz in den Reaktorkern eingefahren. Dies geschieht im Notfall sehr schnell („scram") .

Einige der Spaltprodukte (z.B. ^{135}Xe) haben ihrerseits große Einfangquerschnitte und wirken als „Reaktorgift". Während des Betriebes müssen die Regelstäbe nach und nach herausgezogen werden, auch weil sich das ^{235}U verbraucht. Andererseits werden ^{239}Pu und ^{241}Pu gebildet, die während des Betriebes mehr und mehr zur Energieerzeugung durch Spaltung beitragen. Schemata der Entwicklung der Transuran-Nuklide sind in den Abb. 9.4 und 9.5 dargestellt.

Es ist interessant zu erwähnen, daß eine Kettenreaktion bereits vor etwa zwei Milliarden Jahren auf der Erde abgelaufen ist. In der Uranlagerstätte Oklo (Gabun, Zentralafrika) wurde im Jahre 1972 bei einer routinemäßigen massenspektrometrischen Kontrolle der Isotopenzusammensetzung des Urans festgestellt, daß eine Probe einen geringeren Gehalt an ^{235}U aufwies als der natürlichen Isotopenzusammensetzung des Urans entspricht. Statt 0,7202 % der Atome wurden nur 0,7171 gemessen. Nach Ausschluß aller möglichen äußeren Gründe konnte dies nur in der Lagerstätte selbst bedingt sein, zumal in der Folgezeit weitere Proben mit noch stärkeren Abreicherungen bis herab zu 0,3 Atomprozent (also nur etwa die Hälfte der natürlichen Häufigkeit!) gefunden wurden, und zwar umso ausgeprägter, je

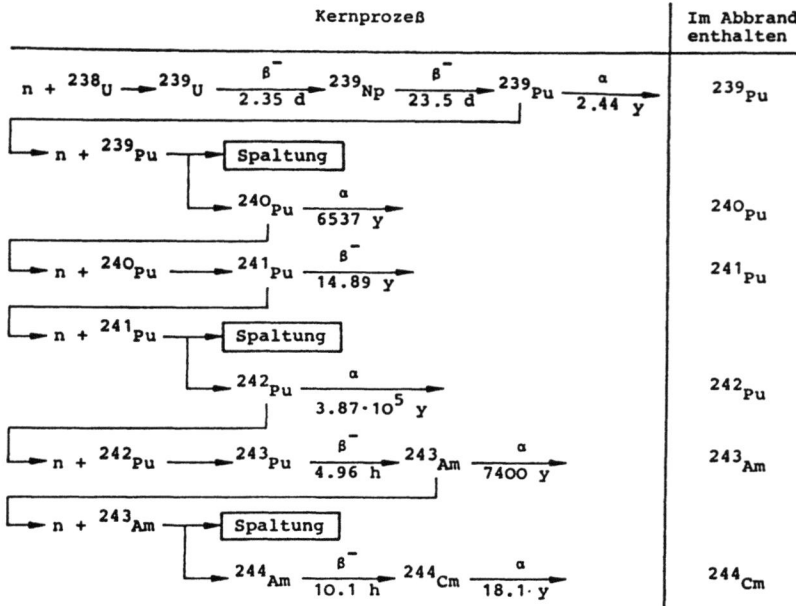

Abb. 9.4. Schema der Entwicklung von ^{238}U durch sukzessive Neutroneneinfangprozesse

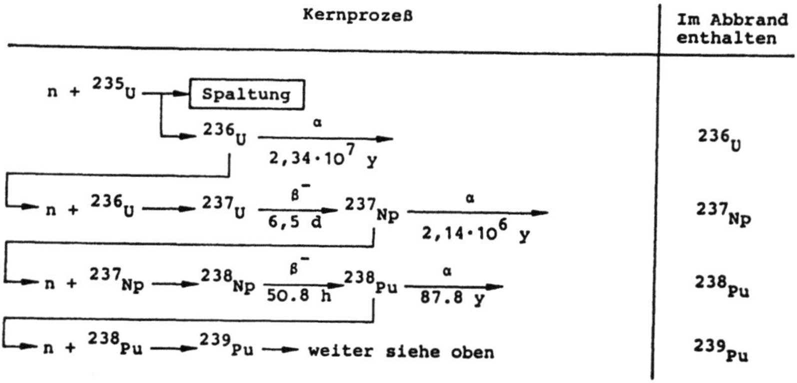

Abb. 9.5. Schema der Entwicklung von ^{235}U durch sukzessive Neutroneneinfangprozesse

höher der Gesamturangehalt an der jeweiligen Stelle war. Als Erklärung vermutete man, daß das fehlende ^{235}U durch eine Kettenreaktion gespalten wurde.

Eindeutige Beweise für die Richtigkeit dieser Vermutung ergaben Untersuchungen solcher chemischer Elemente, die als Spaltprodukte gebildet sein sollten, insbesondere des Elementes Neodym. Die natürliche Isotopenzusammensetzung des Neodyms unterscheidet sich beträchtlich von der des durch Spaltung entstandenen. So ist ^{142}Nd im natürlichen Nd zu 27,11 % enthalten, als Spaltprodukt kommt es gar nicht vor, weil die Zerfallskette der Nukleonenzahl $A = 142$ beim stabilen ^{142}Ce endet. Man kann also aus dem ^{142}Nd-Anteil des in der Uranlagerstätte gefundenen Neodyms auf den nicht aus der Spaltung herrührenden Bruchteil schließen. Nach Abzug dieses Anteils verbleibt eine Isotopenzusammensetzung, die - nach Korrigieren für die in Gegenwart von Neutronen ebenfalls stattfindenden (n,γ)-Prozesse – genau der Spaltverteilung entspricht. Auch in anderen Elementen wurde eine durch Spaltprozesse veränderte Isotopenhäufigkeit festgestellt.

Eine Kettenreaktion ist möglich, wenn der Urangehalt der Lagerstätte mehr als 30 % beträgt und ein Moderator (Wasser) vorhanden ist. Beide Voraussetzungen sind in Oklo erfüllt. Außerdem kann man zurückrechnen, daß vor zwei Milliarden Jahren die ^{235}U-Konzentration im Uran wegen der kürzeren Halbwertszeit des ^{235}U verglichen mit ^{238}U wesentlich höher war als heute, nämlich etwa 3,3 %, ein Wert, auf den man das ^{235}U in den Brennelementen heutiger Reaktoren künstlich anreichert. Somit können alle Bedingungen für einen natürlichen Reaktorprozeß in der Lagerstätte Oklo als gegeben gelten. Übrigens wurde dort auch ^{239}Pu erbrütet, das aber offenbar nur zu einem geringen Teil selbst wieder gespalten wurde und gemäß Abb. 9.4 zurück zu ^{235}U zerfiel. Dies erklärt, warum die jetzt vorgefundene ^{235}U-Konzentration relativ zur Erwartung aus den Spaltproduktmengen zu groß ist, wenn sie auch niedriger bleibt als die in anderen Uranlagerstätten (siehe oben).

Die Dauer des natürlichen Reaktorbetriebes in Oklo wurde auf einige hunderttausend Jahre abgeschätzt, allerdings wohl mit zeitlichen Schwankungen aufgrund der nicht immer konstanten Wasserzufuhr. Immerhin sind etwa $100 \cdot 10^9$ kWh an Wärmeenergie freigesetzt worden. Die Natur hat auch die Endlagerung der Spaltprodukte an Ort und Stelle ohne eine Ausbreitung über die Lagerstätte hinaus zustande gebracht. Das Oklo-Phänomen gilt als ein bemerkenswertes Beispiel dafür, wie moderne kernphysikalische Erkenntnisse zur Aufklärung eines ungewöhnlichen geologischen Ereignisses beitragen können. Weitere Einzelheiten finden sich in Artikeln von C. Keller (s. Literaturliste am Schluß des Buches).

9.4 Energieerzeugung

Als Beispiel betrachten wir einen mit leichtem Wasser gekühlten Reaktor typischer Bauart. Seine Brennelemente enthalten anfänglich auf 3,3 % im Isotop ^{235}U angereichertes Uran. Im Laufe von drei Betriebsjahren werden etwa 75 % der Masse des ^{235}U verbraucht. Von 1000 kg Brennstoff (967 kg ^{238}U + 33 kg ^{235}U) wandeln sich in dieser Zeit 25 kg ^{235}U und 24 kg ^{238}U um. Dabei entstehen etwa 35 kg Spaltprodukte, 4,6 kg ^{236}U, 0,5 kg ^{237}Np, 0,12 kg ^{243}Am, 0,04 kg ^{244}Cm, und es verbleiben etwa 9 kg Plutonium, die sich wie folgt zusammensetzen: 2 % ^{238}Pu, 58 % ^{239}Pu, 24 % ^{240}Pu, 12 % ^{241}Pu und 4 % ^{242}Pu. Mit thermischen Neutronen spaltbar sind nur ^{239}Pu und ^{241}Pu, also 70 % des gesamten Plutoniums. Die Frage, wie weit eine solche Mischung zur Herstellung von Bomben geeignet ist, wird in Kap. 10 diskutiert. Etwa 21 kg der Spaltprodukte stammen aus der Spaltung von ^{235}U, etwa 14 kg aus dem während des Betriebes erbrüteten Plutonium. Die angegebenen Zahlen hängen vom Reaktortyp und von der effektiven Nutzung des Reaktors ab und sind somit nur als Hinweise auf die Größenordnungen zu verstehen.

Zur Berechnung der beim Abbrand entstehenden Wärme geht man davon aus, daß pro Spaltung etwa 200 MeV an nutzbarer Energie freigesetzt werden, davon 165 MeV als kinetische Energie der Spaltfragmente, 13 MeV als prompte γ- und Neutronenenergie, 16 MeV als verzögerte (teilweise um Jahre) β^-- und γ-Strahlung. Weitere 10 MeV entfallen auf Antineutrinos und sind nicht nutzbar. Der Großteil der Energie wird im Reaktorkern absorbiert und letztlich in Wärme umgesetzt.

Bei kompletter Spaltung liefert 1 kg ^{235}U eine Wärmeenergie von rund 2,5 Megawattjahren (MWa). Bei einem angenommenen Wirkungsgrad von 30 % (s. Abschn. 3.6) beträgt die elektrische Energie 0,75 (MWa)$_e$. In einem Kraftwerk der elektrischen Leistung 1 GW$_e$ müssen also pro Jahr 1330 kg ^{235}U oder ^{239}Pu gespalten werden. Wie oben ausgeführt, werden in drei Jahren 3,5 % des Kernbrennstoffs gespalten, also pro Jahr etwa 1,2 %. Zur Erzeugung einer elektrischen Leistung von 1 GW$_e$ müssen demnach zu jeder Zeit etwa 1330 kg/0,012 = 110 t Brennstoff vorhanden sein. Da der Abbrand im Innern des Reaktorkerns größer ist als außen, werden neue Elemente außen eingesetzt, im Laufe der Zeit nach innen verschoben und schließlich nach drei Jahren innen entnommen.

Nach Abschalten des Reaktors hört die Wärmeproduktion nicht schlagartig auf, da die radioaktiven Spaltprodukte weiter strahlen. Im Abschaltmoment beträgt diese Wärmeerzeugung noch 7 % der thermischen Leistung, also immerhin 200 MW (nach 10 Sekunden noch 150 MW, nach 10 Minuten 60 MW, nach 24 Stunden 15 MW). Diese Wärme muß abgeführt werden, auch wenn das Hauptkühlsystem ausgefallen sein sollte. Dafür wird ein Notkühlsystem (aus Sicherheitsgründen mehrfach) installiert, wobei dem Kühlwasser Borsalze zugesetzt sind, die die restlichen Neutronen abfangen.

Es ist ein technisches Problem, wie man die in einem Reaktor entstehende Wärme nutzbar macht. Dies geschieht z.B. für die Elektrizitätserzeugung mittels eines nachgeschalteten Systems aus Wasserdampferzeuger, Turbine und Generator. Auch die Nutzung zur Kohleverflüssigung wird diskutiert.

Tabelle 9.3. Typische Daten der Kernkraftwerke (für den THTR liegt das Kraftwerk in Hamm-Uentrop zugrunde)

Merkmal	SWR	DWR	THTR
Thermische Leistung (MW_{th})	3300	3400	750
Elektrische Leistung (MW_e)	1100	1100	300
Brennstoff	$^{235}U + {}^{239}Pu$	$^{235}U + {}^{239}Pu$	$^{235}U + {}^{233}U$
Anreicherung des ^{235}U	3,3%	3,3%	93%
Anfangsmasse U/t	149	87	0,68
Anfangsmasse Th/t	0	0	6,5
Form der Elemente	dünne Stäbe $\varnothing = 1{,}37$ cm; $l = 3{,}5$ m	dünne Stäbe $\varnothing = 1{,}05$ cm; $l = 3{,}5$ m	kleine Kugeln $\varnothing = 6$ cm
Zahl der Elemente	37 000	39 000	675 000
Hüllenmaterial	Zirkalloy	Zirkalloy	Graphit
Elemente pro Paket	49	204	–
Wechsel	190 Pakete/a	64 Pakete/a	100 Kugeln/d
Moderator/Kühlmittel	H_2O	H_2O	He
Druck (bar)	69	152	40
Durchsatz	14 m³/s	17,6 m³/s	295,5 kg/s
Einlaßtemperatur (°C)	215	288	250
Auslaßtemperatur (°C)	288	316	750

Für die bisher in Deutschland realisierten Kernkraftwerke wurden vier verschiedene Reaktorkonzepte entwickelt, nämlich

Siedewasser-Reaktor (SWR)
Druckwasser-Reaktor (DWR) } Leichtwasser-Reaktor (LWR)

Hochtemperatur-Reaktor (HTR)

Schneller natriumgekühlter Brutreaktor (SNR).

In Tabelle 9.3 sind wesentliche Daten der ersten drei Typen aufgeführt. Beispiele für Kraftwerke mit SWR sind Gundremmingen und Krümmel, mit DWR Biblis und Obrigheim. Der SWR hat den Nachteil, daß das eventuell radioaktive Kühlwasser auch durch die Turbine strömt. Beim DWR sind Primär- und Sekundär-Kühlmittelkreislauf getrennt, ein kleiner Verlust an Wirkungsgrad wird dabei in Kauf genommen.

Würde die Elektrizitätserzeugung plötzlich aufhören, so würde bei einem LWR die Wassertemperatur zunächst ansteigen, dadurch die Dichte des Wassers sinken und damit die Reaktivität abnehmen. Der Reaktor regelt sich so von selbst zurück.

Beim HTR kann man Wasser nicht mehr als Kühlmittel verwenden. Man setzt hier Helium ein. Wegen der hohen Temperaturen ist Zirkalloy nicht als Hüllenmaterial für die hier vorteilhaften Brennstoffkugeln geeignet, daher umgibt man sie mit einer Graphitschicht, die ihrerseits zur Moderation beiträgt. Die Kugeln werden kontinuierlich (unten) abgezogen (ca. 100 Kugeln täglich) und wenn nötig durch neue ersetzt (Einfüllung von oben). Dadurch werden längere Stillstände zum Brennstoffwechsel vermieden. Während des Normalbetriebs wird beim Thorium-Hochtemperatur-Reaktor (THTR) das Uranisotop ^{233}U durch Neutroneneinfang in ^{232}Th erbrütet, das durch Spaltung einen Teil der Energieproduktion übernimmt und so die Ausbeute erhöht. Der negative Temperaturkoeffizient dieses Reaktortyps ist groß. Daher gilt er als das sicherste Reaktorkonzept. Die Konstruktion des Kerns wird darüberhinaus so ausgeführt, daß im Notfall die Kugeln nach unten aus- und auseinanderlaufen können, so daß der Reaktor schnell unterkritisch wird.

Ein 300 MW$_e$-Reaktor dieser Art wurde 1985 als Prototyp in Hamm-Uentrop (Schmehausen) nach einem zeitraubenden Genehmigungsverfahren, bei dem ständig weitere, kostspielige Sicherheitsvorkehrungen verlangt wurden, fertiggestellt und in Betrieb genommen. Nach drei erfolgreichen Betriebsjahren (wobei allerdings im Mai 1986, kurz nach dem Reaktorunfall in Tschernobyl, eine kleine Menge radioaktiven Aerosols versehentlich in die Luft abgeblasen wurde, was die stark sensibilisierte Öffentlichkeit über Gebühr aufschreckte) stellten sich technische Defekte bei einigen Bolzen des Reaktorgefäßes heraus, woraufhin das Kraftwerk gegen Ende des Jahres 1988 für noch unbestimmte Zeit abgeschaltet wurde. Dennoch stellt das HTR-Konzept nach den gewonnenen Erfahrungen eine zukunftsträchtige Alternative zu den Leichtwasserreaktoren dar, insbesondere wegen der hohen Betriebstemperatur. Heliumgas von bis zu 900 °C erscheint für die chemische Industrie als Quelle für die bei der Kohleverflüssigung benötigte Prozeßwärme interessant. Der deutsche THTR hat große internationale Anerkennung gefunden, was sich auch daran zeigt, daß ein ähnliches HTR-Kraftwerk von deutschen Firmen in der UdSSR gebaut werden soll.

Der schnelle Brüter (SNR) ist prinzipiell von den anderen Reaktortypen verschieden. Er nutzt die Spaltung von ^{238}U mit schnellen Neutronen aus. Im Vordergrund steht das Brüten von ^{239}Pu. Dazu wird der Kern mit einem Mantel von im Isotop ^{235}U abgereichertem Uran umgeben, in dem ein Anteil der Brutprozesse stattfindet. Der Mantel wirkt auch als Reflektor, indem rückwärts gestreute Neutronen zurück in den Kern gelangen. Als Kühlmittel wird flüssiges Natrium gewählt, das hervorragende Kühleigenschaften hat und nicht unter hohem Druck gehalten werden muß (unter Normaldruck schmilzt Natrium bei 97,7 °C und siedet bei 883 °C).

Der Wirkungsgrad für die Umwandlung in elektrische Energie in einem SNR-Kraftwerk ist wegen der hohen Betriebstemperatur von 600 °C merklich größer als bei Leichtwasserreaktoren. Der größte Vorteil ist, daß auch das Isotop ^{238}U, das sonst im wesentlichen Abfall bleibt, hier Spaltenergie freisetzt oder spaltbares ^{239}Pu erbrütet und damit die aus 1 kg U erzeugbare Wärme vervielfacht wird (bis zu einem Faktor 60). Außerdem kann den

Brennelementen das in den Leichtwasser-Reaktoren nicht verbrauchte Pu zugesetzt und damit durch Spaltung vernichtet werden.

Ein gewisser Nachteil besteht in der zusätzlichen Aktivierung des Natriums (aus ^{23}Na(n,γ) entsteht ^{23}Na(T = 15 h); aus ^{23}Na(n,2n) entsteht ^{22}Na(T = 2,62 a)). Daher wird der primäre Natrium-Kreislauf (mit radioaktivem Natrium) über einen Wärmeaustauscher, der sich noch innerhalb des Sicherheits-Doppeltanks befindet, von dem mit inaktivem Natrium betriebenen Sekundärkreislauf getrennt. Von diesem wird die Wärme außerhalb des Tanks über einen Dampferzeuger auf den Wasser-Dampf-Kreislauf übertragen, der die Turbine treibt. Da Natrium leicht mit Sauerstoff (Luft, Wasser) reagiert und brennt oder Wasserstoffgas (evtl. Knallgas) erzeugt, wird jeder Kontakt mit Sauerstoff durch Ersetzen der Luft durch Stickstoff oder Argon vermieden. Außerdem führt jeder Druckanstieg in den Natriumleitungen zur Abschaltung des Reaktors und zur Öffnung von Auslaufbehältern, die das Natrium aufnehmen und vor Luft- oder Wasserkontakt schützen.

Die gesamte Technologie des SNR-Reaktors ist inzwischen auf einen hohen Stand gebracht worden, ungelöste Probleme gibt es nicht. Die reizvolle Möglichkeit, die nutzbare Energiemenge aus dem vorhandenen Uran zu vervielfachen, hat auch in Deutschland zur Entwicklung der Brütertechnologie geführt. In europäischer Zusammenarbeit wurde beschlossen, in Kalkar am Niederrhein ein 300 MW$_e$-Demonstrationskraftwerk zu errichten, das auf den Erfahrungen mit dem 20 MW$_e$-Brutreaktor KNK des Kernforschungszentrums Karlsruhe und dem französischen Phenix-Projekt aufbaut. Inzwischen ist das SNR-300 Kraftwerk fertiggestellt, es fehlen jedoch die letzten Betriebsgenehmigungen, die von der Regierung des Landes Nordrhein-Westfalen bisher nicht erteilt worden sind.

Während die ursprüngliche Planung davon ausging, daß mit dem Kraftwerk die Realisierbarkeit und Wirtschaftlichkeit des Plutonium-Brüter-Konzepts demonstriert werden könne, wurden während er Bauphase Umorientierungen verlangt, die die Brutrate verkleinern, so daß pro Spaltung nicht mehr 1,35, sondern nur 0,96 neue spaltbare Kerne erzeugt werden. Damit ist der Reaktor eigentlich kein „Brüter" mehr, sondern ein „Konverter", und er wird offiziell als Forschungsreaktor eingestuft. Mit der Nicht-Inbetriebnahme des SNR-Kraftwerks würde Deutschland aus einer weltweit zukunftsträchtigen Technologieentwicklung aussteigen; ob und wie sich das auf die industrielle Zukunft unseres Landes auswirkt, ist offen.

9.5 Spaltprodukte

Während des Reaktorbetriebes entsteht ein bestimmtes Spaltprodukt ^A_ZX entweder direkt als Spaltfragment oder es wird als Folgeprodukt aus dem

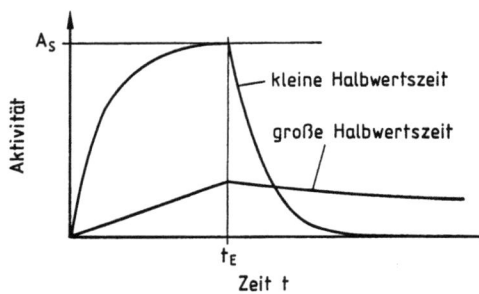

Abb. 9.6. Aktivierung von Spaltprodukten verschiedener Halbwertszeit im Reaktor. Die dargestellten Strahler haben um den Faktor 16 verschiedene Halbwertszeiten bei gleicher Spaltausbeute. (A_S) Sättigungsaktivität, (t_E) Zeitpunkt des Endes der Kettenreaktion

β^--Zerfall von Spaltfragment $^A_{Z-1}X$ nachgeliefert (das seinerseits direkt oder als Folgeprodukt aus dem β^--Zerfall des Nuklids $^A_{Z-2}X$ entstehen kann usw.). Andererseits zerfällt es mit seiner eigenen Zerfallskonstanten.

Abbildung 9.6 zeigt schematisch die Aktivität zweier Spaltprodukte mit unterschiedlicher Halbwertszeit als Funktion der Zeit, links während des Reaktorbetriebes, rechts nach Ende der Kettenreaktion. Die Unterschiede der beiden Kurven können in Wirklichkeit viel größer sein. Nach Beginn der Kettenreaktion steigt die Aktivität zunächst an und erreicht eine Sättigung, wenn das Brennelement lange genug im Reaktor war. Die Sättigungsaktivität ist proportional zur Spaltausbeute (s. Abb. 9.2).

Die kurzlebigen Spaltprodukte werden stärker aktiviert als die langlebigen. Daraus wird z.b. verständlich, warum im Fallout des Tschernobyl-Unglücks über Deutschland die Aktivität eines relativ kurzlebigen Nuklids wie ^{131}I($T = 8,02$ d) zunächst vorherrschend war: Dieser Strahler hatte im Reaktor seine Sättigungsaktivität erreicht und lebte lange genug, um den Transport durch die Atmosphäre bis zum Ort der Messung zu überstehen. Jod ist außerdem leicht flüchtig und wurde daher von den heißen Gasmassen des Reaktorbrandes mitgeführt. Die Nuklide ^{137}Cs und ^{90}Sr werden zwar mit etwa der gleichen Spaltausbeute wie ^{131}I erzeugt, waren aber wegen ihrer langen Halbwertszeit nicht bis zur Sättigung aktiviert. Strontium ist ein kaum flüchtiges Element. Daher wurde von der ^{137}Cs-Aktivität wesentlich weniger (als ^{131}I) und vom ^{90}Sr fast nichts im Fallout angetroffen.

In einem 1 GW$_e$-LWR-Kernkraftwerk entstehen, wie oben angegeben, etwa 1,33 t Spaltprodukte pro Jahr. Ihre Aktivität beträgt, wenn die Brennstäbe regelmäßig gewechselt wurden, im Gleichgewicht etwa $6,3 \cdot 10^{20}$ Bq. Von den Strahlern haben 85 % Halbwertszeiten, die unter 1 Jahr liegen, 1,4 % Halbwertszeiten zwischen 1 Jahr und 10 Jahren, 5,3 % zwischen 10 und 100 Jahren und 7,8 % von mehr als 100 Jahren. Letztere werden kaum aktiviert.

Nach Ende der Kettenreaktion klingt die Aktivität mit der Zeit ab; nach einem Tag beträgt sie noch $5,5 \cdot 10^{19}$ Bq, nach 150 Tagen $5 \cdot 10^{18}$ Bq und nach 10 Jahren $4,5 \cdot 10^{17}$ Bq. Diese Aktivitäten sind ungeheuer groß; ihre

Handhabung verlangt extreme Strahlenschutzmaßnahmen. Beim Auswechseln der Brennelement fallen außerdem 10 t aktiviertes Zirkalloy an. Es ist üblich, die abgebrannten Elemente in sog. Abklingbecken in Reaktornähe für mindestens ein halbes Jahr unter Wasser aufzubewahren, ehe sie zu einer Aufbereitungsanlage transportiert werden. Dann entwickeln sie immer noch eine Wärme von 20 kW/t Brennstoff. Der Transport erfolgt unter Kühlung und starker Strahlenabschirmung. Bei der Aufbereitung werden Uran und Plutonium von dem Rest der Spaltprodukte abgetrennt, um den nicht verbrauchten Brennstoff wieder verwenden zu können.

Zur endgültigen Ablagerung sollen die Spaltprodukte in Spezialglas eingeschmolzen und in Stahlzylindern von 20 cm Durchmesser und 3 m Länge eingebracht werden. Aus einem Kernkraftwerk der Leistung 1 GW_e kommen etwa 60 solcher Behälter pro Jahr, die je eine Aktivität von $7,5 \cdot 10^{15}$ Bq enthalten und anfänglich ca. 5 kW Wärme produzieren. Es verbleiben im wesentlichen die langlebigen Isotope der Transurane, soweit sie nicht abgetrennt werden konnten, und die Strahler ^{99}Tc, ^{129}I, ^{90}Sr, ^{137}Cs sowie Seltene Erden. Diese Behälter sollen tief unter der Erde in dafür hergerichteten Salzlagerstätten abgelegt werden. Bei gutem Wärmekontakt mit der Umgebung soll die Wärme von dem Gestein aufgenommen werden, ohne daß tektonische Veränderungen eintreten. Hierfür ist Salz besonders gut geeignet. Ein Kontakt mit dem Grundwasser muß ausgeschlossen werden, damit keine Aktivität zurück in den oberirdischen Wasserkreislauf geraten kann.

Neben den nicht-flüchtigen Spaltprodukten fallen beim Reaktorbetrieb auch gasförmige radioaktive Substanzen an. Fast alle sind kurzlebig; nach 30 Tagen bleiben nur ^{85}Kr($T = 10,76$ a) und einige Jodisotope übrig. Im DWR werden alle Gase für 30 Tage zurückgehalten und dann durch einen Jodfilter und einen hohen Schornstein abgeblasen. Die Konzentration beträgt schon in geringem Abstand vom Schornstein weniger als die zulässige Konzentration von 600 Bq/m^3 Luft. Im SWR fallen mehr Gase an (elektrolytisches H_2, O_2, Luft), die nicht so lange zurückgehalten werden können und abgeblasen werden, allerdings hauptsächlich mit kurzlebigen Aktivitäten (z.B. ^{16}N mit $T = 7,13$ s, von dem zwar nur wenig erzeugt wird, das aber eine sehr durchdringende γ-Strahlung von 6,28 MeV aussendet, die über den Compton-Effekt in der Luft in geringem Maße zur Strahlenbelastung außerhalb des Reaktorgeländes beiträgt). Durch verbesserte Techniken kann man heutzutage die Aktivität der abgeblasenen Gase um einen Faktor 10 bis 100 reduzieren, was allerdings erhebliche Kosten verursacht (Kondensation in organischem Material bei tiefen Temperaturen). Auch in HTR und SNR entstehen Gase, die auf ähnliche Weise behandelt werden.

Radioaktive Gase fallen darüberhinaus bei der Aufbereitung der Brennelemente an. Sie werden mit Tieftemperaturverfahren gesammelt und in Druckflaschen zur Endlagerung aufbewahrt. Die ebenfalls entstehenden Aerosole müssen sorgfältig gefiltert und überwacht werden, ehe die Abluft nach außen abgegeben werden darf.

Aus den flüssigen Abfällen können radioaktive Verunreinigungen – bis auf ^{3}H (Tritium, $T = 12,3$ a) – durch Filter und Ionenaustauscher entfernt werden. Die anfängliche Aktivität (hauptsächlich ^{99}Mo, ^{131}I, ^{133}I, ^{137}Cs) wird dadurch so weit abgesenkt, daß man unter der zulässigen Abwasserbelastung bleibt; je nach Mitteleinsatz kann man bis herab zu wenigen Bq/ltr kommen. Tritium kann man auf diese Weise nicht eliminieren, da es in das Wassermolekül eingebaut ist; es muß entweder stark verdünnt dem Abwasser zugesetzt oder mit den flüssigen Abfällen (Säuren) aus dem Aufbereitungsprozeß im Endlager deponiert werden.

Man kennt alle Tücken, die mit der Handhabung der Spaltprodukte und den riesigen Aktivitäten verbunden sind. Es ist selbstverständlich, daß man mit diesen gefährlichen Stoffen äußerst sorgfältig umgehen muß. Die notwendigen Arbeitsgänge können vollständig automatisiert werden, um menschliche Unzulänglichkeiten und vorsätzliche Sabotageakte so weit wie möglich auszuschalten. Das verbleibende Restrisiko kann jedoch niemals Null sein, auch wenn beliebig viele Maßnahmen getroffen werden.

Zum Schluß sei der gesamte Brennstoffkreislauf vom Uranbergwerk über die Aufbereitung und Anreicherung des Urans, die Brennelementfertigung bis zum Kraftwerk und die Behandlung der ausgedienten Brennelemente bis zur Endlagerung zusammengestellt (s. Abb. 9.7).

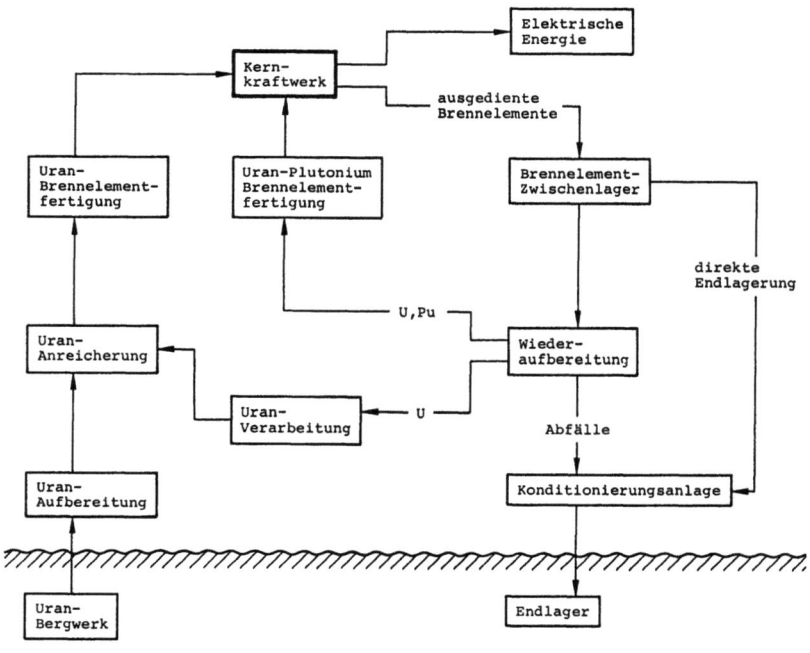

Abb. 9.7. Brennstoffkreislauf (schematisch)

Die ausgedienten Brennelemente werden für ca. zehn Jahre zwischengelagert, damit die Aktivität auf weniger als ein Tausendstel des Anfangswertes abklingen kann, ehe sie entweder zu einer Wiederaufbereitungsanlage gebracht werden oder – nach entsprechender Konditionierung – zur Endlagerung gelangen. Der letztere Weg ist zwar wiederholt vorgeschlagen worden, hat aber gravierende Nachteile: Erstens ist er nicht erprobt, insbesondere sind die Maßnahmen zur Konditionierung, d. h. zur Ummantelung mit undurchlässigen, aber wärmeleitenden Schutzschichten, nicht entwickelt, die für viele Millionen Jahre (s. Tabelle 9.1) unzerstörbar sein müßten. Zweitens würden die wertvollen Rohstoffe Uran und Plutonium der Weiterverwendung entzogen und damit mögliche Energiequellen für die Zukunft unzugänglich gemacht. Im übrigen ist erwiesen, daß die direkte Endlagerung gegenüber dem Entsorgungskonzept mit Wiederaufarbeitung keine entscheidenden sicherheitstechnischen Vorteile bringt.

Vom wirtschaftlichen Standpunkt erscheint es daher sinnvoll, in einer Wiederaufbereitungsanlage die in den Brennelementen verbliebenen Mengen an Uran und Plutonium abzutrennen und nur die Spaltprodukte nach Einschmelzen in eine Glas-Keramik-Masse, die dann nur über einige Jahrzehnte haltbar sein muß, endgültig abzulagern. Die zur Trennung benötigten chemischen Technologien sowie die Konditionierungsverfahren sind bekannt und erprobt. Entsprechende Entsorgungsanlagen existieren im Kernforschungszentrum Karlsruhe seit 1971 (wenn auch mit der nur kleinen Verarbeitungskapazität von 35 t Brennelemente pro Jahr) und bereits seit längerer Zeit und in größerem Maßstab in Frankreich, Großbritannien, Belgien und den USA.

Das deutsche Atomgesetz bestätigt den Vorrang der Wiederaufbereitung vor der direkten Einlagerung und ist die Grundlage für die Errichtung einer entsprechend dem Brennelementanfall ausgelegten Wiederaufbereitungsanlage. Der Standort war ursprünglich nahe der Endlagerung (Salzstock bei Gorleben, Niedersachsen) geplant, was den Transport der konditionierten Spaltprodukte stark vereinfacht hätte, jedoch wurde aus politischen Gründen Wackersdorf in Bayern gewählt. Inzwischen wurde beschlossen, die Anlage nicht weiterzubauen und die Aufarbeitung in Frankreich durchführen zu lassen.

In einer Uran-Plutonium-Brennelementfertigung werden für Leichtwasserreaktoren geeignete, neue Brennelemente (UO_2-PuO_2-Mischoxide) hergestellt. Überschüssiges Uran kann zur erneuten Anreicherung des ^{235}U weitergeleitet werden. Auch die Brennelemente aus Brüterkraftwerken können von den Spaltprodukten befreit und in Form neuer, separater Uran- und Plutoniumbrennelemente für den Wiedereinsatz aufbereitet werden. Gerade in Hinsicht auf die Brütertechnologie, bei der ja mehr Spaltstoff erzeugt als verbraucht wird, ist eine Wiederaufarbeitung geboten.

Die Kernkraftgegner wehren sich gegen eine Wiederaufbereitungsanlage und befürchten einerseits, daß die Sicherheit der Bevölkerung nicht gewährleistet sei, weil zu viel Radioaktivität an die Umgebung abgegeben würde, und andererseits, daß auch bombenfähiges Plutonium hergestellt werden könnte (s. Kap. 10). Allen gegenteiligen Beteuerungen schenken sie keinen Glauben. Ihre Argumentation birgt aber den Widerspruch in sich, daß beklagt wird, die vollständige Kernkraftwerksentsorgung sei nicht sichergestellt, während gleichzeitig die Schließung des Brennstoffkreislaufs bekämpft wird. Sie bleiben auch die Antwort auf die Frage schuldig, auf welche Weise die zukünftigen Generationen ihren Energiebedarf befriedigen sollen, bevor neue Wege zu dessen Deckung ausgereift sind.

9.6 Sicherheitsfragen

Wie bei jeder großtechnischen Anlage sind auch bei Kernkraftwerken Unfälle nicht auszuschließen. Bei der Planung und im Genehmigungsverfahren wird daher verlangt, daß die Sicherheitsvorkehrungen so ausgelegt sind, daß Unfälle vorkommen dürfen, aber dennoch keine nennenswerte Radioaktivität austritt oder gar ganze Landstriche verseucht werden. Man kann dabei auf ein recht umfangreiches Wissen und die internationalen Erfahrungen von mehreren Jahrzehnten zurückgreifen und lernt darüberhinaus selbstverständlich laufend hinzu.

Als „größter anzunehmender Unfall" (GAU) bei Betrieb eines LWR-Kraftwerks gilt der Bruch einer Heißdampfleitung, wobei automatisch das – vierfach ausgelegte – Notkühlsystem zum Einsatz kommt. Wenn die Notkühlung nicht funktionieren sollte, kann ein „Super-GAU" eintreten, bei dem der Reaktorkern so heiß wird, daß er zumindest teilweise schmilzt. Dabei können Dampfexplosionen und Brände entstehen, die flüchtige Spaltprodukte in die Umwelt tragen.

Ein solcher Unfall hat sich am 26.04.1986 im Block 4 des Kernkraftwerks Tschernobyl bei Kiew (UdSSR) ereignet. Über den Ablauf der Geschehnisse ist – mit längerer Zeitverzögerung – im einzelnen berichtet worden. Das kann hier nicht vollständig wiederholt werden. Eine Reihe von Bedienungsfehlern der Operateure und unzureichende Sicherheitsvorkehrungen (z.B. fehlender druckfester Sicherheitseinschluß, nicht optimale automatische Begrenzung von Leistungsanstiegen) waren auslösende Faktoren des Unfalls. Unmittelbare Ursache war ein plötzlicher Leistungsanstieg im Reaktorkern, der zu einem starken Anstieg der Dampfproduktion, zur Dampfblasenbildung und zu einem mechanischen Versagen von Druckrohren führte. Da die Regelstäbe nicht schnell genug einfuhren, kam es zumindest partiell zu einem Kernschmelzen. Es ereigneten sich zwei Explosionen. Das Wasser verdampfte, und der in diesem Reaktortyp zur Moderation verwendete Graphit geriet in Brand. Das Feuer konnte erst nach mehreren Tagen gelöscht werden. Der obere Bereich des Reaktorgebäudes wurde zerstört, ein Zwischentrakt und das Maschinenhaus beschädigt.

Die fehlende Umschließung des Reaktors durch einen Sicherheitsbehälter führte dazu, daß der sich entwickelnde Feuersturm große Mengen an radioaktiven Stoffen mit sich trug und bis in 2000 m Höhe transportierte. Etwa 50 % der Aktivität rührten von ^{131}I her, auch ^{137}Cs, ^{134}Cs, ^{132}Te und ^{95}Zr waren in größerem Umfang enthalten. Andere Nuklide traten hinzu, die nur in Oxidform flüchtig sind, wie ^{103}Ru, ^{95}Nb und ^{99}Mo. Die Elemente Strontium und Barium waren weniger vertreten. Die Freisetzung endete erst am 13.05.1986, als der Reaktorkern mit 5000 t Sand, Kalk, Bor und Blei zugedeckt war. Es gab eine größere Anzahl von akuten Todesfällen (etwa 30) und mehrere hundert Verletzte. Über die Langzeitfolgen ist bisher wenig bekannt. Immerhin mußten etwa 100 000 Personen evakuiert werden.

Die radioaktive Luftmasse wurde zunächst nach Norden getrieben und erreichte Finnland und Nordskandinavien, wo nach einem einsetzenden Regenfall die größte Aktivitätskonzentration gemessen wurde, abgesehen natürlich von der unmittelbaren Umgebung des Reaktorstandorts. Dann zog die verseuchte Luft über Südosteuropa und drehte schließlich in Richtung Deutschland und Frankreich. In Deutschland war vor allem das Land Bayern betroffen, wo Aktivitätskonzentrationen von 150 Bq/m^3 Luft und Depositionen von bis zu 50000 Bq/m^2 Erdoberfläche gemessen wurden, allerdings mit großen Unterschieden von Ort zu Ort. Rechnet man mit einer mittleren Deposition von 10000 Bq/m^2 an ^{131}I, so ist eine Aktivität von etwa $3 \cdot 10^{15}$ Bq über Deutschland fein verteilt niedergegangen, was einer Menge von 1 g ^{131}I entspricht (rund 1/1000 des im Reaktor vorher enthaltenen Jods). Kleine Stoffmengen können große Aktivitäten besitzen!

Da die Halbwertszeiten der Hauptkomponenten Tage bis Wochen betrugen, klang die Aktivität zunächst schnell ab und war nach zwei Monaten auf ein Hundertstel des Maximalwerts abgefallen. Übrig geblieben sind die Cs-Isotope ^{134}Cs($T = 2,06$ a) und ^{137}Cs($T = 30,1$ a), die zur Strahlenbelastung der Menschen auch heute noch beitragen, wenn auch in geringfügigem Maße. Die Belastung durch diese Strahler von außen und durch die Zufuhr über Nahrungsmittel ist von der gleichen Größenordnung wie diejenige, die durch den Fallout aller oberirdischen Kernwaffenversuche in den fünfziger und sechziger Jahren bestand und noch besteht, und ist maximal etwa so groß wie die natürliche Strahlenbelastung durch die kosmische und umweltbedingte Strahlung (s. Abschn. 8.3). Wir sind in Deutschland also relativ glimpflich davongekommen.

Die Fachleute sind sich einig, daß ein Unfall der gleichen Art wie in Tschernobyl bei den in Deutschland installierten Leichtwasserreaktoren nicht auftreten kann, denn die hiesigen Kraftwerke sind anders konstruiert

(z. B. wird nicht Graphit als Moderator und Wasser zur Moderation und Kühlung verwendet, sondern das Wasser allein übt beide Funktionen aus; ein Wasserverlust oder eine Dampfblasenbildung führt zur Unterkritikalität, ein Druckanstieg zum automatischen Einfahren der Regelstäbe und damit zur Abschaltung des Reaktors). Außerdem ist ein Sicherheitseinschluß vorgeschrieben, der selbst hohen Druckanstiegen im Innern standhält. Ein Reaktor wie der in Tschernobyl ist in der Bundesrepublik Deutschland nicht in Betrieb und wäre nicht genehmigt worden. Die Befürworter der Kernenergie lassen sich daher durch den Unfall in Rußland kaum abschrecken.

Sollte dennoch in Deutschland ein Super-GAU mit Kernschmelzen und Platzen des Sicherheitsbehälters eintreten, bei dem 50% der Gleichgewichtsaktivitäten, auch von ^{90}Sr und ^{137}Cs, in die Atmosphäre gelangten, so wäre der Schaden erheblich, wie dies auch in Tschernobyl und Umgebung der Fall war. Wegen der größeren Bevölkerungsdichte in der Bundesrepublik könnten noch mehr Menschen betroffen sein, außerdem wären große Flächen unbewohnbar, weit größere für die Nahrungsmittelerzeugung über längere Zeiten unbrauchbar. Die Sicherheitsvorsorge muß also gewährleisten, daß ein solcher Vorfall nicht eintritt. Sowohl sehr aufwendige Baumaßnahmen als auch ein ausgeklügeltes System aus Sensoren und Regeleinrichtungen, mehrfach und nach verschiedenen Prinzipien ausgelegt und über automatische Steuerungen verknüpft, sorgen für einen sicheren Betrieb selbst bei möglichen Störfällen durch Materialschäden oder Bedienungsfehler. So wird ein Schutz vor radioaktiver Verseuchung geboten.

Die deutschen Sicherheitsmaßnahmen betreffen zunächst drei Ebenen bei der Auslegung des Reaktors selbst:

1. Werkstoffauswahl mit Ermüdungs- und Versprödungsanalysen, Inspektionen, Wartung und Qualitätssicherung durch wiederholte Prüfungen;
2. selbstregelndes Betriebsverhalten, Störungsanzeigen, Begrenzungseinrichtungen für die Reaktorleistung, den Kühlmitteldruck und dessen Menge sowie für das Einfahren der Steuerelemente;
3. Schutz gegen den Austritt radioaktiver Stoffe, Abschirmungen gegen die Strahlung, Reaktor-Schnellabschaltsystem sowie Bereitstellung von Notversorgungen für Strom, Kühlmittel und Speisewasser für den Dampfkreislauf.

Weitere Maßnahmen dienen zur Schadensbegrenzung bei dennoch auftretenden Störfällen (Kühlmittelverlust, Bruch einer der zahlreich vorhandenen Leitungen, eventuelle Schäden durch Bruchstücke) und zum Schutz gegen äußere Einwirkungen (Explosionen, Erdbeben, Flugzeugabsturz). Alle erdenklichen Störfälle werden in die Sicherheitsüberlegungen einbezogen. Nirgendwo gibt es eine vergleichbar umfassende Sicherheitsstrategie wie bei der deutschen Kerntechnik.

Alle Betriebserfahrungen mit Kernkraftwerden werden von der Gesellschaft für Reaktorsicherheit gesammelt mit dem Ziel, die Sicherheit weiter zu verbessern. Mit einer niedrigen Meldeschwelle müssen alle besonderen Vorkommnisse vom Betreiber angezeigt werden. Sie werden in die folgenden Kategorien eingeteilt:

S: Vorkommnisse, die für die Gewährleistung der Sicherheit unmittelbar von Bedeutung sind (Störfälle mit Abschaltung des Reaktors oder mit erheblicher Aktivitätsfreisetzung).

E: Vorkommnisse, die sicherheitstechnisch möglicherweise – aber nicht unmittelbar – von Bedeutung sein können (z. B. Ausfall einer Pumpe oder eines Ventils).

N: Vorkommnisse, die vom routinemäßigen Betrieb abweichen, ohne von konkreter sicherheitstechnischer Bedeutung zu sein.

V: Vorkommnisse vor Beladung des Reaktors, die für den späteren Betrieb bedeutsam sein könnten.

Ein Störfall der Kategorie S ereignete sich zum Beispiel am 1.7.1983 im Kernkraftwerk Philippsburg I, als zu Beginn der jährlichen Revision die Jodabgabe infolge defekter Brennelemente den zulässigen Tagesgrenzwert um den Faktor 1,4 überstieg. Bei einem Störfall der Kategorie E im Kernkraftwerk Biblis A am 16./17.12.1987 war bei Betriebsbeginn nach einem Kurzstillstand ein Ventil in seiner Funktion gestört und undicht. Dies wurde von der Betriebsmannschaft erst nach 15 Stunden bemerkt. Der Reaktor wurde daraufhin wieder abgeschaltet. Beim Versuch, das Ventil zu schließen, kam es durch einen Bedienungsfehler – kurzzeitige Öffnung des dahinter liegenden zweiten Ventils – zur Freisetzung von geringfügigen Radioaktivitäten, die über den Kamin abgegeben wurden. Nicht die weit unter dem zugelassenen Grenzwert liegende Aktivitätsabgabe, sondern der Ventilausfall und der Fehler der Operateure waren meldepflichtig. Der Reaktor wurde nach Schließen des Ventils und, nachdem die zuständigen Institutionen zu dem Ergebnis kamen, daß das Ereignis unbedeutend und ein Weiterbetrieb des Kraftwerks zulässig war, wieder in Betrieb genommen.

Der Vorfall wurde, insbesondere wegen mangelhafter Information der Öffentlichkeit, von Kernkraftgegnern zur Argumentation gegen die Kraftwerke benutzt, obwohl zu keiner Zeit Gefahren für die Bevölkerung bestanden haben. Er wird hier erwähnt, um zu zeigen, daß das deutsche Sicherheitssystem gut funktioniert. Denn dieser nicht vorhergesehene Störfall, der nur bei mehreren weiteren, unabhängigen Versagensereignissen zu einem Störfall der Kategorie S geführt hätte, gab Anlaß zu der Auflage, bei allen Reaktoren dieses Bautyps eine Verriegelung zu installieren, die gewährleistet, daß bei undichtem Erstventil das nachgeschaltete Ventil nicht geöffnet werden kann.

Sowohl in den USA als auch in der Bundesrepublik Deutschland wurden Risikostudien angefertigt (Rasmussen-Bericht, Deutsche Risikostudie).

Solche Studien haben das Ziel, Fehler und Schwächen in der Konstruktion einer Anlage aufzudecken, ehe sie zu Unfällen geführt haben. Methodisch wird dabei so vorgegangen, daß aus Erfahrungswerten für das Versagen einzelner Teile (Ermüdung, Verschleiß, Korrosion) die Wahrscheinlichkeit für das Auftreten von Störfällen abgeschätzt und, soweit möglich, alle Folgenketten vorausbedacht werden. Damit ergeben sich einerseits Hinweise auf Schwachstellen der Auslegung und andererseits statistische Voraussagen über das Risiko des Verlustes von Menschenleben durch dennoch auftretende Unfälle und deren Folgen. Ein solcher umfassender Bewertungsversuch liegt hier erstmals für eine Technologie (die Kernenergiegewinnung) vor; für andere Technikbereiche gibt es nichts Gleichwertiges.

Einzelaussagen der Analysen sind mehrfach und zum Teil berechtigt angegriffen worden, jedoch bleibt die Endaussage bestehen, daß das Individualrisiko für Krankheit und Tod durch Störfälle in Kernkraftwerken sehr gering ist im Vergleich zum Risiko durch andere menschliche Aktivitäten. Um eine grobe Einordnung zu ermöglichen, sind in Tabelle 9.4 die mittleren Individualrisiken für verschiedene Unfallarten gegenübergestellt. Man entnimmt dieser Übersicht, daß laufende Kernkraftwerke die Schadensrisiken einzelner Personen nicht nennenswert erhöhen.

Die Risikoabschätzung für einen GAU ist deshalb schwierig, weil eine sehr kleine Wahrscheinlichkeit für das Eintreten eines solchen Unfalls mit der sehr großen Schadenswirkung verknüpft werden müßte. Für beide Größen ist man auf Schätzungen angewiesen. Es ist nicht verwunderlich, daß dabei verschiedene Resultate entstehen, die obendrein zeitabhängig

Tabelle 9.4. Individualrisiken (Mittelwerte je 1 Million Personen und Jahr)

Art des Risikos	Risiko
Tödlicher Unfall durch	
Berufstätigkeit (im Durchschnitt)	130
Berufstätigkeit im Bergbau	540
Berufstätigkeit im Gesundheitsdienst	40
Haushalt und Freizeit	230
Teilnahme am Straßenverkehr (75 min/Tag)	240
Benutzung von Linienflugzeugen (1 h/Woche)	50
Benutzung sonstiger, nichtmilitärischer Flugzeuge (1 h/Woche)	1000
Blitzschlag	0,6
elektrischer Strom	4
Tod durch Krebs oder Leukämie	
(aufgrund natürlicher und zivilisationsbedingter Ursachen)	2700
Störfälle in Kernkraftwerken	
(Mittelwerte nach der deutschen Risikostudie in Kernkraftwerksnähe)	
Tod durch akutes Strahlensyndrom („Frühschäden")	0,01
Tod durch Krebs oder Leukämie („Spätschäden")	0,2

sind, weil der Lernprozeß nie zum Abschluß kommt. Das verbleibende „Restrisiko" ist einer der Gründe für die Auseinandersetzungen im politischen Bereich; es hängt erfahrungsgemäß auch vom menschlichen Versagen oder der Verkettung unwahrscheinlicher Ereignisse ab. Kein Wunder also, daß sich Ängste in der Bevölkerung aufbauen. Solange aber keine wirklichen Alternativen aufgezeigt werden, die kein entsprechendes Angstpotential in sich bergen (weltweite Klimaveränderung, Verarmung, soziale Katastrophen), muß man mit allen zur Verfügung stehenden Mitteln versuchen, die Energieproduktion sicher und umweltschonend zu gestalten. Im übrigen ist jede menschliche Tätigkeit mit einem Risiko verbunden. Die absolute Sicherheit ist eine Utopie, die sich nie verwirklichen läßt.

10 Plutonium

Plutonium, das Transuranelement mit der Kernladungszahl $Z = 94$, ist in mehrerer Hinsicht ein gefährlicher Stoff:
1. Es ist, wie alle Schwermetalle, physiologisch toxisch. Es gehört, besonders wegen seiner Radioaktivität, zu den giftigsten Stoffen überhaupt.
2. Wegen der vergleichsweise niedrigen Halbwertszeiten aller Isotope (s. Tabelle 9.1) ist die spezifische Aktivität groß, z. B. beträgt die α-Aktivität von 1 g ^{239}Pu $2,3 \cdot 10^9$ Bq. Die Inkorporation von weniger als 1 mg ^{239}Pu ruft bereits schwere Strahlenschäden beim Menschen hervor, besonders wenn Plutoniumdämpfe oder -stäube eingeatmet werden.
3. Wenn in einer Plutoniumprobe Isotope mit geradzahliger Nukleonenzahl A enthalten sind, wirkt sie als starke Neutronenquelle, denn bei diesen Isotopen ist die spontane Spaltung millionenfach wahrscheinlicher als bei den ungeradzahligen Isotopen (s. Tabelle 9.1). Rechnet man mit der Isotopenzusammensetzung eines drei Jahre lang im Kernreaktor verbliebenen Brennelementes (^{238}Pu : ^{239}Pu : ^{240}Pu : ^{241}Pu : ^{242}Pu $= 2 : 58 : 24 : 12 : 4$, s. Abschn. 9.2) und einer Neutronenausbeute von $\eta = 2,9$ Neutronen pro Spaltung, so emittiert 1 g dieses Reaktorplutoniums die Anzahl von 435 Neutronen pro Sekunde.
4. Plutoniumisotope mit ungeradzahliger Neutronenzahl dienen als am besten geeigneter Spaltstoff für die Herstellung von nuklearen Bomben („Atombomben"), da die anderen möglichen Substanzen entweder nur mit enormem Aufwand auf die nötige Menge und Isotopenkonzentration ($>95\%$) aus natürlichem Uran angereichert werden können (^{235}U) oder gar nicht zur Verfügung stehen (^{233}U).
5. Plutonium hat eine kritische Masse von rund 10 kg, was einem Metallvolumen von nur etwa einem halben Liter entspricht. Größere Mengen müssen daher in kleine Portionen aufgeteilt und separat hantiert werden.

Um die Frage zu diskutieren, ob man Bomben aus dem Plutonium der abgebrannten Brennelemente herstellen kann, die ja größere Mengen davon enthalten, muß man etwas weiter ausholen und zunächst genauer auf den Mechanismus eingehen, auf dem die Sprengwirkung der Bombe beruht.

Die Sprengwirkung wird normalerweise in der Einheit „Kilotonne TNT" angegeben, die ein reines Energiemaß ist. Eine Bombe, wie sie 1945 über Hiroshima gezündet wurde, hatte eine Sprengkraft von 20 Kilotonnen. Das bedeutet, daß die Energiefreisetzung bei der Explosion 20000 mal so groß war wie die einer Tonne des konventionellen Sprengstoffs Trinitrotoluol. Der Umrechnungsfaktor ist

$$1 \text{ Kilotonne TNT} \cong 1,13 \cdot 10^6 \text{ kWh} = 2,6 \cdot 10^{25} \text{ MeV} \quad .$$

Die Energie muß in sehr kurzer Zeit (weniger als 1 μs) freigesetzt werden, sonst geht ein Teil der Wirkung verloren.

Es sei angemerkt, daß Bomben mit Explosionsstärken im Megatonnenbereich nicht mehr auf dem Spaltvorgang im Plutonium beruhen, sondern auf der Verschmelzung („Fusion") von leichten Atomkernen, z. B. Wasserstoff zu Helium („Wasserstoffbombe"). Bei der Fusion werden keine Spaltproduktaktivitäten erzeugt, jedoch werden solche Bomben durch Spaltexplosionen gezündet, so daß die Verseuchung der Erdoberfläche mit radioaktivem Material genau so groß ist wie bei den (älteren) Spaltbomben. Auch wird die Radioaktivität wegen der höheren Explosionstemperatur in höhere Zonen der Atmosphäre verfrachtet und infolgedessen über die ganze Hemisphäre verteilt (der Austausch über den Äquator ist gering).

Der Mechanismus der Spaltexplosion soll zunächst am Beispiel einer Bombe aus reinem ^{239}Pu näher erklärt werden. Bei der Spaltung eines ^{239}Pu-Kerns entstehen etwa 200 MeV an Energie, davon 90 % (180 MeV) prompt (s. Abschn. 9.4). Der Rest wird mit einer Zeitverzögerung durch β- und γ-Zerfälle freigesetzt und trägt nicht zur Sprengwirkung bei. In einer 20-Kilotonnen-Bombe müssen somit etwa $3 \cdot 10^{24}$ Kerne spalten, das sind 1,2 kg ^{239}Pu. Die Plutoniummenge in der Bombe muß zwar noch etwas größer sein (kritische Masse, s. o.), dennoch muß ein beträchtlicher Anteil während des Ablaufs der Kernreaktion auch wirklich von Neutronen getroffen und gespalten werden.

Zur Zündung werden entweder zwei unterkritische Massen mit hoher Geschwindigkeit aufeinander geschossen, so daß die Vereinigungsmenge überkritisch wird, oder eine die unterkritische Masse konzentrisch umgebende konventionelle Sprengladung wird gezündet, woraufhin durch die Implosion eine Verdichtungswelle durch das Spaltmaterial läuft, die eine kurzzeitige Überkritikalität herbeiführt. Außerdem muß eine Neutronenquelle vorhanden sein, die die Kettenreaktion in Gang setzt. Dazu wird Berylliumpulver verwendet, dessen Umhüllung beim Zündungsprozeß zerstört wird. Die α-Teilchen aus dem Plutoniumzerfall lösen die Kernreaktion ^{9}Be(α,n)^{12}C aus, wobei Neutronen entstehen. Neutronenabsorber werden möglichst vermieden. Jedoch umgibt man das Spaltmaterial mit einem festen Mantel, der einerseits als Neutronenreflektor dient und somit die Spaltausbeute verbessert, indem die Neutronenverluste nach außen verringert werden, und der andererseits das Spaltmaterial bei der Explosion noch etwas länger zusammenhält, bevor die Masse aufgrund der erzeugten Hitze auseinanderdampft.

Nimmt man an, daß während der (kurzen) Zündzeit N_0 Neutronen anwesend sind und daß ein Bruchteil ξ von diesen eine Spaltung auslöst (der Anteil $(1 - \xi)$ wird spaltungslos eingefangen oder verläßt das System nach außen) und daß bei jeder Spaltung im Mittel η neue Neutronen entstehen, so sind nach einer „Generation" $N_0\xi\eta$ Neutronen vorhanden. Nach zwei Generationen beträgt die Anzahl $N_0(\xi\eta)^2$, nach n Generationen $N_0(\xi\eta)^n$.

In der ersten Generation laufen dabei $N_0\xi$ Spaltprozesse ab, in der zweiten $N_0\xi(\xi\eta)$, in der n-ten Generation $N_0\xi(\xi\eta)^{n-1}$ Spaltungen. Insgesamt ergibt sich durch Summation der geometrischen Reihe für die Gesamtzahl Y der Spaltungen

$$Y = N_0\xi\left[1 + \xi\eta + (\xi\eta)^2 + \cdots (\xi\eta)^{n-1})\right] = N_0\xi\frac{1 - (\xi\eta)^n}{1 - \xi\eta} \quad.$$

Damit $3 \cdot 10^{24}$ Kerne spalten, muß bei den hier angenommenen Werten $\eta = 2,9$, $\xi = 0,5$, $N_0 = 1$ die Zahl n der Generationen gleich 68 sein, d. h. 68 Generationen von Spaltprozessen müssen ablaufen können, ehe das Bombenmaterial auseinanderfliegt. 99,9 % der Spaltungen finden in den letzten 6 Generationen statt, d. h. innerhalb von $0,06\mu s$, denn die Zeit zwischen zwei aufeinanderfolgenden Generationen beträgt etwa $0,01\mu s$. Dann expandiert das Material aufgrund der erzeugten Hitze rapide, die Kettenreaktion bricht ab und nur noch wenige Neutronen reagieren später mit dem Plutonium. Die Wirkung der Bombe besteht aus einer Licht- und Hitzewelle, der prompten Kernstrahlung (Neutronen und γ-Strahlung), einer Druckwelle und der Radioaktivität der Spaltprodukte, die, je nach Partikelgröße und Windverhältnissen, in der näheren und ferneren Umgebung der Explosionsstelle im Laufe der Zeit abgelagert werden („Fallout"). Welche horrenden Ausmaße die Zerstörungen und die Schädigungen der Menschen durch eine einzige Atombombenexplosion haben, konnte in Hiroshima und Nagasaki studiert werden. Das soll in seiner ganzen Grausamkeit hier nicht dargestellt werden (s. S. Glasstone und P. J. Dolan, Literaturliste).

Nun kommen wir auf die oben aufgeworfene Frage der Bombenherstellung aus Reaktorplutonium mit 30 % Anteil an Isotopen mit gerader Nukleonenzahl zurück. Wir gehen zunächst von einer unterkritischen Menge dieses Isotopengemisches aus, also $\xi\eta < 1$, d. h. $\xi < 0,345$. Die Masse ist also so klein, daß genügend Neutronen über die Oberfläche entweichen. Die von den genannten 435 Neutronen/(g·s) ausgelösten Kettenreaktionen werden daher nach wenigen Generationen wieder aussterben. Kommt aber eine zweite unterkritische Masse in die Nähe, wie dies zur Zündung der Bombe geschieht, so werden immer mehr und immer längere Kettenreaktionen ablaufen. Das Material heizt sich – aber in der Zeitskala von hundertstel Mikrosekunden langsam – auf und verdampft bereits, ehe die beiden Teilmassen soweit vereinigt sind, daß 68 Generationen ungestört ablaufen können. Die Bombe zündet also zu früh und mit stark verminderter Sprengwirkung. Daher ist Reaktorplutonium für die Bombenherstellung zu militärischen Zwecken nicht geeignet. Auch Amateurbastlern ist vom Umgang mit einer Neutronenquelle von der Stärke, wie sie einige kg Reaktorplutonium darstellen und die durch die Neutronen aus den aussterbenden Kettenreaktionen noch vervielfacht wird, dringend abzuraten!

Man kann aber geeignetes Bombenplutonium gewinnen, wenn man die Reaktorbrennstäbe schon nach kurzer Abbrandzeit (30 Tage) entnimmt und das Plutonium abtrennt. Dann hat sich erst eine kleine Menge der geradzahligen Isotope gebildet, es liegt fast reines ^{239}Pu vor. Dieses muß nur chemisch vom Uran abgetrennt werden, eine viel einfachere Prozedur als die Anreicherung von ^{235}U in Natururan. Dies ist denn auch der Weg, der in den Kernwaffenstaaten beschritten wird. Wie in Kap. 9 gezeigt, produziert ein 1 GW$_e$-Reaktor etwa 200 kg Pu im Jahr, genug für 20 Bomben, wenn man die Brennelemente oft genug wechselt. Die Länder Indien und China haben bereits mit solchen Bomben experimentiert, obwohl die meisten Staaten der Welt den Non-Proliferation-Vertrag unterschrieben haben, der sie verpflichtet, keine Nuklearbomben herzustellen.

Von der Internationalen Atomenergiebehörde in Wien (IAEA) wird regelmäßig kontrolliert, daß alle Brennstäbe in Kernreaktoren wirklich lange genug in den Reaktoren verbleiben, so daß kein bombenfähiges Plutonium entnommen werden kann. Allerdings erlauben nicht alle Länder den Inspektoren der IAEA den Zutritt zu ihren Reaktoren. Trotzdem birgt der Umgang mit Plutonium, das ja in einer Aufbereitungsanlage, die mehrere Kernkraftwerke entsorgt, in Mengen von vielen Tonnen pro Jahr anfällt, große Gefahren. Hier setzt u. a. die Kritik der Kernkraftgegner an, die sich gegen eine „Plutoniumwirtschaft" wenden. Sie entsteht, wenn mit mehr als Kilogramm-Mengen reinen Plutoniums hantiert wird. Die Handhabung muß in mehrerlei Hinsicht genau kontrolliert werden: Alle Manipulationen müssen durch fernbediente Roboter durchgeführt werden. Das verarbeitete Plutonium muß bis auf das letzte Gramm genau verfolgt und registriert werden, um Diebstählen vorzubeugen bzw. diese sofort zu erkennen. Es dürfen nie mehr als wenige kg Plutonium an einer Stelle zusammengebracht werden, denn sonst könnte eine, wenn auch eingeschränkte, Kernexplosion mit allen gräßlichen Folgen ausgelöst werden. Transporte von Plutonium verlangen außerordentliche Schutzmaßnahmen. Schließlich muß das Personal bestens geschult und unbedingt loyal sein, um terroristische Machenschaften auszuschließen.

Daß diese Vorsichtsmaßnahmen prinzipiell erfüllt werden können, zeigt die seit Jahren betriebene Großaufbereitungsanlage in La Hague (Frankreich), wo jährlich 500 kg Plutonium verarbeitet werden. Auch in den USA und in Sowjetrußland gibt es solche Anlagen, die auch für militärische Zwecke genutzt werden.

Das Plutonium ist als Beimischung zu normalem Brennstoff für die Kernkraftwerke von großem Wert, da es wie das Nuklid ^{235}U mit thermischen Neutronen spaltbar ist und daher dieses wegen der hohen Anreicherungskosten teure Material ersetzen kann. Wie bereits ausgeführt (s. Abschn. 9.4.), erlaubt es, die auf der Erde begrenzten Uranvorräte um einen großen Faktor besser auszunutzen. Besonders in SNR-Reaktoren wird das Plutonium vorteilhaft verwendet und stellt somit auch für die friedliche Nutzung der Kernenergie einen großen Wert dar. Dort wird es durch den Spaltprozeß wieder vernichtet, so daß es nicht aufwendig endgelagert werden muß.

Die Abwägung aller Argumente für und wider die Plutoniumwirtschaft ist im Detail wesentlich schwieriger als hier dargestellt werden kann. Eine Entscheidung, wie sie auch immer ausfallen mag, wird weitreichende Konsequenzen haben. Entweder zieht man sich aus einer modernen Hochtechnologieentwicklung zurück mit allen Folgen für die Energiebereitstellung in der Zukunft, von der die Industrie und damit der Lebensstandard der Bevölkerung abhängt, oder man nimmt die genannten strikten Kontrollen und damit Freiheitseinschränkungen in Kauf. Diese Entscheidung muß aufgrund einer Willensbildung im politischen Bereich gefällt werden. Die Wissenschaft wird dazu ihren Sachverstand beitragen.

Nachwort

Die vorliegende Schrift hat aufgezeigt, wie das vor hundert Jahren noch völlig unbekannte Phänomen der Radioaktivität inzwischen weite Lebensbereiche durchsetzt und wie insbesondere die vor ziemlich genau fünfzig Jahren entdeckte Kernspaltung einen gewaltigen Einfluß auf die Gesellschaft genommen hat. Die Wissenschaft brachte vielgestaltige und interessante Zusammenhänge zutage, die nicht rückgängig zu machen sind und mit denen wir von jetzt an leben müssen. Peter Brix schreibt in dem im Vorwort zitierten Artikel: „Je tiefer der forschende Mensch in das Naturgesetz und die Struktur der Materie eindringt, desto ehrfürchtiger erkennt er die Unbegreifbarkeit der Schöpfung. Symmetrie, Maß und Zahl im Bauplan des Kosmos enthalten die physikalischen Grundvoraussetzungen für die wunderbare Chance, daß sich rund 20 Milliarden Jahre nach Beginn der Zeit am Rande einer Galaxie auf dem kleinen Planeten Erde zuerst das Leben und dann der Mensch entwickeln durfte". Wie unsere Erkenntnisse zum Wohl der Menschheit eingesetzt werden, hängt nur von uns selbst ab. Das gilt nicht nur für den hier betrachteten Problemkreis der Radioaktivität, sondern für viele Ergebnisse der modernen Forschung und Technologie. Notwendige Entscheidungen werden immer folgenreicher und sind infolgedessen immer schwieriger zu fällen. Die Rückbesinnung auf die Frage, was wir Menschen auf der Erde eigentlich wollen, drängt sich auf und weist in religiöse Dimensionen. Ohne eine baldige und allseits akzeptierte Antwort kann die Zukunft jedoch nicht menschengerecht gestaltet werden. Diese Einsicht verlangt ein Zusammenwirken über alle ideologischen und tagespolitischen Grenzen hinweg.

Anhang

A1 Relativistische Beziehung zwischen Masse und Energie

Ohne Herleitung wird hier die Einsteinsche Formel

$$E = mc^2$$

verwendet (Bedeutung der Symbole s. Kap. 2 und 3) und mit der in Abb. 3.6 dargestellten Abhängigkeit der Masse von der Geschwindigkeit

$$m = \frac{m_0}{\sqrt{1 - v^2/c^2}} \tag{A1.1}$$

in Verbindung gebracht. Die Wurzel im Nenner läßt sich als Potenzreihe schreiben:

$$\frac{1}{\sqrt{1 - v^2/c^2}} = 1 + \frac{1}{2}\left(\frac{v}{c}\right)^2 + \frac{3}{8}\left(\frac{v}{c}\right)^4 + \ldots ,$$

womit sich ergibt

$$E = m_0 c^2 + \frac{1}{2} m_0 v^2 \left[1 + \frac{3}{4}\left(\frac{v}{c}\right)^2 + \ldots\right] .$$

Für sehr kleine Werte von v/c unterscheidet sich der Wert der eckigen Klammer kaum von Eins, so daß dann annähernd gilt

$$E \approx m_0 c^2 + \frac{1}{2} m_0 v^2 .$$

Den letzten Term erkennt man als die nichtrelativistische kinetische Energie. Es ist naheliegend, die (geschwindigkeitsabhängige) eckige Klammer als relativistisches Korrekturglied für die kinetische Energie anzusehen und allgemein zu schreiben

$$E = m_0 c^2 + T_{\text{rel}} . \tag{A1.2}$$

Aus Dimensionsgründen ist auch der Term $m_0 c^2$ eine Energie, der aus der Ruhmasse m_0 und dem Quadrat der Lichtgeschwindigkeit gebildet ist. Wie in Abschn. 3.4 ausgeführt, enthält dieser Term auch die eventuellen potentiellen Energien. Für die Summen der Energien E aller Teile eines Systems gilt nach der Relativitätstheorie ein Erhaltungssatz.

Setzt man (A1.1) in die Einsteinsche Formel ein, so ergibt sich

$$E = \frac{m_0 c^2}{\sqrt{1 - v^2/c^2}} \quad . \tag{A1.3}$$

Quadrieren liefert

$$E^2 - \frac{E^2 v^2}{c^2} = m_0^2 c^4 \quad .$$

Benutzt man im zweiten Summanden nochmals die Beziehung $E = mc^2$ und führt den Impuls $p = mv$ ein, so erhält man

$$E = \sqrt{p^2 c^2 + m_0^2 c^4} \quad . \tag{A1.4}$$

Mit (A1.2) folgt für die relativistische kinetische Energie:

$$T_{\text{rel}} = \sqrt{p^2 c^2 + m_0^2 c^4} - m_0 c^2 \quad . \tag{A1.5}$$

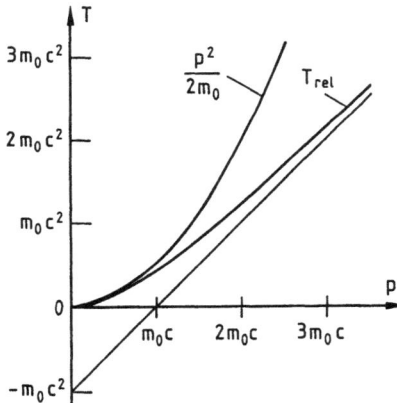

Abb. A1.1. Abhängigkeit der kinetischen Energie T vom Impuls p im nichtrelativistischen und relativistischen Fall. Die eingezeichnete Gerade stellt die Asymptote an die letztere Abhängigkeit dar

In Abb. A1.1 ist die Abhängigkeit der kinetischen Energie eines Teilchens von seinem Impuls graphisch dargestellt, sowohl für den relativistischen als auch für den nichtrelativistischen Fall. Durch eine Vielzahl von Experimenten hat sich die Abhängigkeit $T_{\text{rel}}(p)$ als mit den Meßdaten verträglich herausgestellt.

Für ein Photon, das keine Ruhmasse hat ($m_0 = 0$), gilt der Zusammenhang

$$E = pc \quad . \tag{A1.6}$$

Hier sind Energie und Impuls direkt proportional.

A2 Nichtrelativistische Stoßkinematik

Die Raumkoordinaten der betrachteten Stoßpartner (hier: Massenpunkte mit den Massen m_1 und m_2) seien mit $\boldsymbol{r}_1$ und $\boldsymbol{r}_2$ bezeichnet (fett gedruckte Symbole bedeuten Vektoren mit den Koponenten (x_1, y_1, z_1) bzw. (x_2, y_2, z_2), s. Abb. A2.1). Dabei wird zur Darstellung ein kartesisches Koordinatensystem gewählt, dessen Nullpunkt beliebig angenommen werden kann und dessen senkrecht aufeinanderstehende Achsen fest mit dem Labor verbunden sind („Laborsystem" LS).

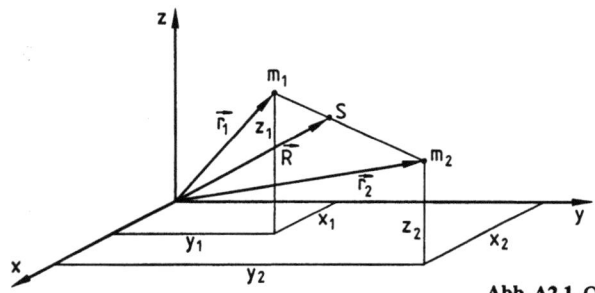

Abb. A2.1. Ortsvektoren und Schwerpunkt im Laborsystem

Der Schwerpunkt der beiden Massen liegt an der Stelle

$$R = \frac{1}{m_1 + m_2} (m_1 \boldsymbol{r}_1 + m_2 \boldsymbol{r}_2) \quad . \tag{A2.1}$$

Er hat die Geschwindigkeit

$$V = \frac{1}{m_1 + m_2}(m_1 \boldsymbol{v}_1 + m_2 \boldsymbol{v}_2) \quad . \tag{A2.2}$$

Beim Stoß werden der Gesamtimpuls und die gesamte kinetische Energie erhalten. Der Impulserhaltungssatz liefert

$$m_1 \boldsymbol{v}_1 + m_2 \boldsymbol{v}_2 = m_1 \boldsymbol{v}_1' + m_2 \boldsymbol{v}_2' \quad , \tag{A2.3}$$

wobei die gestrichenen Größen den Bewegungszustand nach dem Stoß repräsentieren. Mit (A2.2) folgt

$$(m_1 + m_2)V = (m_1 + m_2)V' \to V = V', \tag{A2.4}$$

die Geschwindigkeit des Schwerpunktes bleibt nach Größe und Richtung erhalten. Das bedeutet, daß die Bewegung des Schwerpunkts vom Stoß nicht beeinflußt wird.

Die Geschwindigkeitsvektoren vor bzw. nach dem Stoß spannen eine Ebene auf („Streuebene"). Kennt man die vier Geschwindigkeitskomponenten (v_1 und v_2) vor dem Stoß, so erhält man aus dem Impulssatz zwei, aus dem Erhaltungssatz für die Energie eine dritte Gleichung

$$\tfrac{1}{2}m_1 v_1^2 + \tfrac{1}{2}m_2 v_2^2 = \tfrac{1}{2}m_1 v_1'^2 + \tfrac{1}{2}m_2 v_2'^2 \tag{A2.5}$$

für die vier unbekannten Komponenten v_1', v_2' nach dem Stoß. Eine vollständige Beschreibung des Stoßproblems verlangt noch eine vierte Gleichung. Sie enthält die Dynamik der Wechselwirkung und sagt etwas aus über die Wahrscheinlichkeit, daß die Streuung so verläuft, daß das abgelenkte Teilchen in das Raumwinkelelement $d\Omega$ unter dem Ablenkwinkel Θ zur Einfallsrichtung austritt (Wirkungsquerschnitt, s. Anhang A3).

Für theoretische Betrachtungen ist es einfacher, den Stoßprozeß statt im Laborsystem im sog. Relativsystem (RS) zu beschreiben. Dazu führt man sechs neue Koordinaten für die beiden Partner ein, nämlich die Schwerpunktskoordinaten nach (A2.1) und die Relativkoordinaten

$$\boldsymbol{r} = \boldsymbol{r}_1 - \boldsymbol{r}_2 \quad ; \quad \boldsymbol{v} = \boldsymbol{v}_1 - \boldsymbol{v}_2 \quad . \tag{A2.6}$$

Dabei ist $\boldsymbol{r}$ ein Vektor, der vom Teilchen 2 zum Teilchen 1 zeigt. Im RS kann man sich also das Teilchen 2 in Ruhe am Ursprung denken und betrachtet die Bewegung des Teilchens 1 relativ zum Teilchen 2.

Mit der „reduzierten Masse" $\mu = m_1 m_2/(m_1 + m_2)$ ergibt sich nach Auflösung von (A2.1) und (A2.6):

$$\begin{aligned} \boldsymbol{r}_1 &= \boldsymbol{R} + \frac{\mu}{m_1}\boldsymbol{r} \quad ; \quad \boldsymbol{v}_1 = \boldsymbol{V} + \frac{\mu}{m_1}\boldsymbol{v} \quad ; \\ \boldsymbol{r}_2 &= \boldsymbol{R} - \frac{\mu}{m_2}\boldsymbol{r} \quad ; \quad \boldsymbol{v}_2 = \boldsymbol{V} - \frac{\mu}{m_2}\boldsymbol{v} \quad . \end{aligned} \tag{A2.7}$$

Setzt man diese Beziehungen in den Energieerhaltungssatz (A2.5) ein, so ergibt sich nach Ausrechnung

$$v^2 = v'^2 \quad ,$$

d. h. im Relativsystem wird nur die Richtung, nicht aber der Betrag des Geschwindigkeitsvektors geändert. Die gesamte kinetische Energie läßt sich dann schreiben als

$$T_{\text{LS}} = \tfrac{1}{2}m_1 v_1^2 + \tfrac{1}{2}m_2 v_2^2 = \tfrac{1}{2}(m_1 + m_2)V^2 + \tfrac{1}{2}\mu v^2 \quad , \tag{2.8}$$

sie stellt sich dar als Summe aus den kinetischen Energien von Schwerpunkts- und Relativbewegung. Nur letztere ($T_{RS} = \mu v^2/2$) steht für die Stoßwechselwirkung zur Verfügung, da die Schwerpunktsbewegung nach (A2.4) erhalten bleibt.

Für den Spezialfall $v_2 = 0$, d. h. das Teilchen 2 ist vor dem Stoß in Ruhe (in der Praxis oft zumindest näherungsweise erfüllt), ergibt sich aus (A2.7):

$$V = \frac{\mu}{m_2} v \quad ; \quad v_1 = \mu \left(\frac{1}{m_2} + \frac{1}{m_1} \right) v = v \quad .$$

Mit (A2.3) und $v'_1 - v'_2 = v'$ folgt

$$\frac{m_1}{\mu} v'_1 = \frac{m_1}{m_2} v + v' \quad ; \quad \frac{m_2}{\mu} v'_2 = v - v' \quad .$$

Ein entsprechendes Vektordiagramm ist in Abb. A2.2 dargestellt.

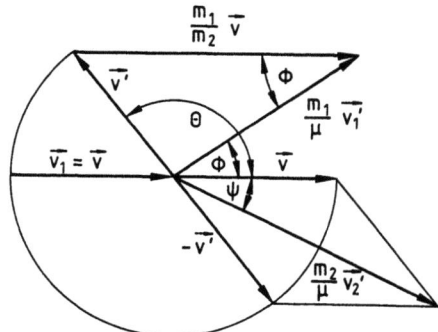

Abb. A2.2. Vektordiagramm der Geschwindigkeiten, wenn die Masse m_2 vor dem Stoß in Ruhe ist

Der Ablenkwinkel im RS sei mit Θ bezeichnet; in der Literatur wird er oft Θ_{cm} (cm = center of mass) genannt. Der Ablenkwinkel im LS sei ϕ, er ist von Θ verschieden.

Der Kosinussatz im unteren Dreieck liefert:

$$(m_2 v'_2)^2 = \mu^2 v^2 + \mu^2 v'^2 - 2\mu^2 vv' \cos \Theta$$
$$= 2\mu^2 v^2 (1 - \cos \Theta) = 4\mu^2 v^2 \sin^2 \frac{\Theta}{2} \quad .$$

Daraus folgt für die Energie des gestoßenen Teilchens nach dem Stoß mit $T_1 = m_1 v_1^2 / 2$ und $v^2 = v_1^2$:

$$T'_2 = \frac{1}{2} m_2 v'^2_2 = T_1 \frac{4 m_1 m_2}{(m_1 + m_2)^2} \sin^2 \frac{\Theta}{2} \quad .$$

Diese Beziehung wird in Kap. 6 mehrfach verwendet.

Das stoßende Teilchen besitzt nach dem Stoß die Energie

$$T'_1 = T_1 - T'_2 = T_1 \left(1 - \frac{4m_1 m_2}{(m_1 + m_2)^2} \sin^2 \frac{\Theta}{2}\right) .$$

Eine Umrechnung ergibt

$$\frac{T'_1}{T_1} = \frac{1}{(m_1 + m_2)^2} (m_1^2 + m_2^2 + 2m_1 m_2 \cos \Theta) . \qquad (A2.9)$$

Diese Gleichung wird in Abschn. 6.4 benötigt.
Aus dem Sinussatz im oberen Dreieck von Abb. A2.2 ergibt sich

$$\frac{\sin(\Theta - \phi)}{\sin \phi} = \frac{m_1}{m_2} ,$$

was sich auflösen läßt zu

$$\tan \phi = \frac{\sin \Theta}{(m_1/m_2) + \cos \Theta} . \qquad (A2.10)$$

Dies ist die Beziehung zwischen den Winkeln im LS und im RS.

A3 Wirkungsquerschnitt

Das Konzept des Wirkungsquerschnitts ist in Abschn. 6.3 eingeführt, siehe Gleichung (6.2). Um eine Anschauung von der Bedeutung des Wirkungsquerschnitts zu erhalten, sei die Wahrscheinlichkeit dafür betrachtet, daß ein Streuprozeß unter dem Ablenkwinkel Θ im Relativsystem auftritt. Damit eine Ablenkung in den Winkelbereich zwischen Θ und $\Theta + d\Theta$ zustandekommt, muß das einfallende Teilchen das Streuzentrum mit einem „Stoßparameter" (Abstand von der Symmetrieachse, s. auch das Beispiel in Abb. A3.1) zwischen b und $b + db$ anfliegen.

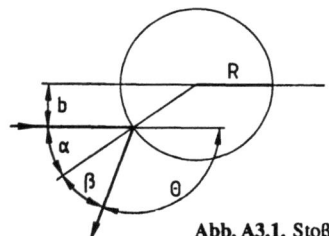

Abb. A3.1. Stoß zweier Kugeln im Relativsystem

Das Projektil kann mit einer Gewehrkugel verglichen werden, die senkrecht auf eine Zielscheibe geschossen wird. Jedem Ring der Zielscheibe (Radius b, $b + db$) kann ein bestimmter Bereich (Θ, $\Theta + d\Theta$) eindeutig zugeordnet werden. Die Wahrscheinlichkeit, einen Ablenkwinkel zwischen Θ

und $\Theta+d\Theta$ zu erleiden, kann man dann für jedes Teilchen und pro Streuzentrum durch die Fläche $d\sigma$ ausdrücken (Kreisringfläche), wobei $d\sigma = 2\pi b\, db$ und b eine Funktion von Θ ist. Die Größe $d\sigma$ wird als „differentieller Wirkungsquerschnitt", die Größe $\int(d\sigma/d\Omega)d\Omega$ als „integraler Wirkungsquerschnitt" bezeichnet (Maß für die Wahrscheinlichkeit, daß überhaupt ein Streuprozeß stattfindet). $d\sigma/d\Omega$ ist die Zahl der pro Streuzentrum in das Raumwinkelelement gestreuten Teilchen, dividiert durch den Strom der einfallenden Teilchen, entspricht also genau der Definitionsgleichung (6.2). Analoges gilt für den integralen Wirkungsquerschnitt.

Als ein Beispiel betrachten wir den Stoß einer kleinen Kugel (mit beliebig kleinem Radius) an einer großen Kugel vom Radius R (s. Abb. A3.1) im Relativsystem, in dem die große Kugel ruht. Die Wechselwirkungskräfte seien abstoßend und von kurzer Reichweite, so daß ein elastischer Stoß erfolgt, d. h. $\alpha = \beta$. Die mit dem Stoßparameter b anfliegende kleine Kugel wird um den Winkel $\Theta = \pi - 2\alpha$ abgelenkt. Dann ergibt sich mit $b = R\sin\alpha$ (s. Abb. A3.1)

$$d\sigma = 2\pi b\, db = \pi\, d(b^2) = \pi R^2\, d(\sin^2\alpha) = \pi R^2\, d\left(\sin^2\frac{\pi-\Theta}{2}\right)$$
$$= \pi R^2 2\sin\frac{\pi-\Theta}{2}\cos\frac{\pi-\Theta}{2}\left(-\frac{1}{2}d\Theta\right)$$
$$= -\pi R^2 \tfrac{1}{2}\sin\Theta\, d\Theta = \tfrac{\pi}{2}R^2\, d(\cos\Theta) \quad .$$

Jeder Wert von $\cos\Theta$ kommt also mit gleicher Wahrscheinlichkeit vor. Mit $d\Omega = -2\pi\, d(\cos\Theta)$ ergibt sich schließlich (das Minuszeichen kann weggelassen werden, es bedeutet nur, daß σ kleiner wird, wenn Θ wächst):

$$\frac{d\sigma}{d\Omega} = \frac{1}{4}R^2 \quad .$$

Also ist die Streuverteilung im Relativsystem isotrop.

Der integrale Wirkungsquerschnitt folgt zu

$$\sigma = \pi R^2 \quad .$$

Dies bedeutet anschaulich, daß die gestoßene Kugel aus dem ankommenden Teilchenstrom ein Teilbündel von der Größe ihres geometrischen Querschnitts herausnimmt und gleichmäßig in alle Richtungen streut.

Die Streuung von Neutronen an Protonen (s. Abschn. 6.4) verläuft nach diesem Schema mit dem Unterschied, daß nicht die geometrische Ausdehnung des Protons (aus Elektronenstreuexperimenten bekannt zu $r_p \approx 0,8\,\text{fm}$), sondern ein größerer Radius eingeht. Es ist $\pi r_p^2 \approx 2\cdot 10^{-30}\,\text{m}^2 = 0,02\,\text{b}$, aber $\sigma_{\text{exp}} \approx 20\,\text{b}$ (s. Abschn. 6.4). Dies zeigt, daß die Kernkraft auch noch außerhalb des Nukleons wirkt, allerdings ist ihre Reichweite auf die unmittelbare Umgebung des Kerns beschränkt.

Um im allgemeinen Fall den Wirkungsquerschnitt für einen Streuprozeß berechnen zu können, muß die Beziehung zwischen dem Winkel Θ und dem Stoßparameter b bekannt sein. Die Funktion $\Theta(b)$ wird „Ablenkfunktion" genannt. So gilt für die Streuung eines geladenen Teilchens (Ladung $Z_\mathrm{p}e$) an einer Ladung $Z_\mathrm{T}e$ der aus der klassischen Physik herleitbare Zusammenhang

$$b^2 = \frac{Z_\mathrm{p}^2 Z_\mathrm{T}^2 e^4}{(4\pi\varepsilon_0)^2} \frac{1}{\mu^2 v_0^4} \cotg^2 \frac{\Theta}{2}$$

(μ = reduzierte Masse, v_0 = Geschwindigkeit des einfallenden Teilchens), woraus sich nach elementaren Umrechnungen die „Rutherfordsche Streuformel" ergibt

$$\frac{d\sigma}{d\Omega} = \frac{Z_\mathrm{p}^2 Z_\mathrm{T}^2 e^4}{(4\pi\varepsilon_0)^2 16 T_0^2} \frac{1}{\sin^4 \frac{\Theta}{2}}$$

(mit $T_0 = \frac{1}{2}\mu v_0^2$. Die gleiche Formel ergibt sich auch aus einer nichtrelativistischen, quantenmechanischen Rechnung ohne Berücksichtigung des Spins). Streuung unter kleinen Winkeln ist also stark bevorzugt.

Will man aus dieser Formel den integralen Wirkungsquerschnitt berechnen, so stellt man fest, daß dieser unendlich groß wird („divergiert"). Dies liegt daran, daß auch bei sehr großen Stoßparametern noch eine Winkelablenkung auftritt, denn die Coulombkraft hat eine sehr große Reichweite. Jedoch wird die Kernladung $Z_\mathrm{T}e$ durch die Elektronenhülle des Atoms spätestens beim Hüllenradius (ca. 10^{-10} m) abgeschirmt, so daß größere Stoßparameter nicht mehr beitragen können und man die Integrationsgrenze entsprechend beschränken muß. Dann verschwindet die Divergenz.

Das Konzept des Wirkungsquerschnitts hat sich außer für die Streuung auch für die theoretische Behandlung von Kernreaktionen bewährt. Aus dem Vergleich von experimentellen und theoretischen Wirkungsquerschnitten lernt man etwas über die Wechselwirkungskräfte zwischen den Stoßpartnern. Man hat inzwischen auf diese Weise ein recht vollständiges Bild über die starke und die schwache Wechselwirkung bei Kernen und Elementarteilchen gewonnen.

A4 Zum Energieverlust geladener Teilchen

Unter der Voraussetzung einer allein elektromagnetischen Wechselwirkung zwischen einem mit nichtrelativistischer Geschwindigkeit einen Stoff durchquerenden Teilchen und seinen Stoßpartnern im Targetmaterial haben Bethe und Bloch für den Energieverlust dT von Protonen und schwereren Teilchen auf der Strecke dx den folgenden Ausdruck hergeleitet:

$$\left(-\frac{dT}{dx}\right)_{\text{Ion.+Anr.}} = 4\pi\gamma_C^2 \, e^4 \, \frac{Z_p^2 Z_T^2 N_T}{m_T v_p^2} \ln \frac{T_{\max}}{T_{\min}} \quad .$$

Dabei sind Z_p die Ladung und v_p die Geschwindigkeit des Projektils, m_T und Z_T die Masse bzw. die Ladung des Stoßpartners und $T_{\max}$ bzw. $T_{\min}$ die maximal bzw. minimal auf den Stoßpartner übertragbare Energie. N_T ist die Zahl der Stoßpartner pro Volumeneinheit. Man sieht sofort, daß wegen des Faktors m_T im Nenner hauptsächlich solche Stöße zum Energieverlust beitragen, die an leichten Partnern (Elektronen) stattfinden. Man kann sich daher auf die Betrachtung von Stößen mit (als frei angenommenen) Elektronen beschränken; dies gilt aber nur, wenn die Primärenergie einen gewissen Mindestwert hat (s. u.). Die Ruheenergie der Elektronen ist $m_e c^2$, ihre Ladung $Z_T = -1$ und ihre Anzahl pro cm³ $N_T = (Z\varrho/(A)u)_T$, wobei die Werte Z, ϱ und (A) für das Targetmaterial einzusetzen sind (es gibt Z Elektronen pro Atom, $1/(A)u$ Atome pro g, $\varrho/(A)u$ Atome pro cm³). Mit $m_1 = m_p$ (Projektilmasse), $m_2 = m_e$ folgt aus (6.1) der Wert $T_{\max} = 2m_e v_p^2$. Für $T_{\min}$ kann man eine mittlere Energie I für Anregung und Ionisation einsetzen, I ist im wesentlichen proportional zu $Z (I = Z \cdot (10 \text{ bis } 19) \text{ eV})$, s. Tabelle A4.1. Damit ergibt sich nach Einsetzen von Zahlenwerten für die bekannten Konstanten (s. Tabelle 3.4)

$$\left(-\frac{dT}{\varrho dx}\right)_{\text{Ion.+Anr.}} = 0.306 \frac{\text{MeV}}{\text{g/cm}^2} Z_p^2 \left(\frac{Z}{(A)}\right)_T \left(\frac{c}{v_p}\right)^2 \ln \frac{2m_e v_p^2}{I} \quad .$$

Dies ist die in Abschn. 6.2 diskutierte Bethe-Bloch-Formel für Protonen.

Tabelle A4.1. Experimentelle Werte der Funktion I/Z (siehe Text) für 1 MeV-Protonen (gewonnen unter Annahme $C_K = 0$)

Element	Z	I/Z (in eV)
Beryllium	4	19
Luft	7,2	12
Aluminium	13	13
Kupfer	29	12
Blei	82	10

Stöße mit freien Elektronen kommen nur zustande, wenn das Projektilteilchen so schnell ist, daß es einzelne Elektronen „sieht". Das wird der Fall sein, wenn seine Geschwindigkeit größer ist als die Geschwindigkeit der Elektronen im Atomverband. Eine Abschätzung hierfür kann man mit Hilfe des Bohrschen Atommodells gewinnen. Die kinetische Energie des Elektrons im Grundzustand ($n = 1$) des Wasserstoffatoms ($Z = 1$) ist $T = R$ (s. Abschn. 3.3 und Tabelle 3.4), also ist seine Geschwindigkeit

$$v_{\text{Bohr}} = \sqrt{\frac{2R}{m_e}} = \alpha c \quad \text{mit} \quad \alpha = \frac{1}{137} \quad .$$

Die Bedingung für die Projektilenergie ist also $T_0 > m_1\alpha^2 c^2/2$. Für Protonen ergibt sich als Merkwert $T_0 > 100\,\text{keV}$. Bei kleineren Energien gilt die Bethe-Bloch-Formel nicht mehr, siehe auch Abb. 6.1. Die Varianz σ (nicht zu verwechseln mit dem Wirkungsquerschnitt!) der Streuung des Energieverlustes (s. Abschn. 6.2.2) wird gegeben durch (hier ohne Beweis):

$$\sigma = Z_p \sqrt{2\left(\frac{Z}{(A)}\right)_T} \sqrt{\frac{\varrho\Delta x}{\text{mg/cm}^2}}\, 8{,}88\,\text{keV} \quad ,$$

für die Winkelaufstreuung (Wurzel aus dem Quadrat des mittleren Ablenkwinkels im Laborsystem) ergibt sich

$$\sqrt{\overline{\phi^2}} \approx 2\frac{m_T}{m_p}\sqrt{\frac{\Delta T}{T_{\max}}} \quad .$$

Zahlenbeispiel: 10 MeV-Protonen durchsetzen Luft (s. Abb. 6.3). Es gilt

$$\frac{1}{2}\frac{m_p v_p^2}{m_p c^2} = \frac{10\,\text{MeV}}{938\,\text{MeV}} \rightarrow \left(\frac{v_p}{c}\right)^2 = \frac{1}{47} \quad ,$$

also genügt eine nichtrelativistische Betrachtung. Die maximal auf ein Elektron übertragbare Energie ist nach (6.1):

$$T_{\max} = 2m_e v_p^2 = 2m_e c^2 \left(\frac{v_p}{c}\right)^2 = 21{,}8\,\text{keV} \quad .$$

Für Luft gilt $(Z/A)_T = 1/2$, $I = 86\,\text{eV}$. Damit wird

$$\ln\frac{2m_e v_p^2}{I} = \ln\frac{21800}{86} = 5{,}54 \quad .$$

Für den Energieverlust ergibt sich

$$-\frac{dT}{\varrho dx} = 0{,}306\,\frac{\text{MeV}^2}{\text{g/cm}^2} \cdot 1 \cdot \frac{1}{2} \cdot 47 \cdot 5{,}54 = 40\,\frac{\text{MeV}^2}{\text{g/cm}^2}$$

Dieser Zahlenwert kann auch aus Abb. 6.1 abgelesen werden.

Für die Varianz erhält man:

$$\sigma = \sqrt{\frac{\varrho\Delta x}{\text{mg/cm}^2}}\, 8{,}88\,\text{keV} \quad .$$

In dem in Abschn. 6.2.2 diskutierten Beispiel ist $\varrho\Delta x = 5\,\text{mg/cm}^2$, also

$\sigma \approx 20$ keV. Für den quadratisch gemittelten Ablenkwinkel erhält man mit $\overline{\Delta T} = 200$ keV und $T_{max} = 21.8$ keV den Wert $3 \cdot 10^{-3}$ rad, das entspricht 1/6 Winkelgrad. Die Bahn ist also fast geradlinig. Erst bei dicken Schichten oder bei niedriger Protonenenergie kommt eine merkliche Winkelaufstreuung zustande.

Für Elektronen als Primärteilchen muß die Bethe-Bloch-Formel aus den in Abschn. 6.3 erwähnten Gründen etwas abgeändert werden. Man erhält den auch im relativistischen Bereich gültigen Ausdruck

$$\left(-\frac{dT}{\varrho dx}\right)_{\text{Ion.+Anr.}} \approx 0,306 \, \frac{\text{MeV}^2}{\text{g/cm}^2} \left(\frac{Z}{(A)}\right)_T$$

$$\times \frac{c^2}{v_e^2} \left[\frac{1}{2} \ln \frac{2m_e v_e^2 \frac{1}{2} T_e}{I^2(1-\beta^2)} - \beta^2 - \frac{1}{2}\delta - \frac{C_K}{Z}\right]$$

Dabei ist $\beta = v_e/c$, δ eine Polarisationskorrektur und C_K ein Faktor, der berücksichtigt, daß die K-Elektronen u. U. so stark an die Targetkerne gebunden sind, daß sie nur mit reduzierter Wahrscheinlichkeit Energie vom Projektil übernehmen können. Die Polarisationskorrektur rührt her von der Coulomb-Abstoßung der Elektronen untereinander, die bewirkt, daß die Targetelektronen im Mittel durch ein anfliegendes, schnelles Elektron „weggeschoben" werden. Die Polarisation spielt erst im relativistischen Bereich eine Rolle und ist in Gasen größer als in kondensierter Materie.

Die letzte Gleichung ist nur eine grobe Näherung. Doch lassen sich wesentliche Abhängigkeiten vom Targetmaterial und von der Einfallsenergie daraus erkennen. Genauere Formeln sind sehr unhandlich.

Um numerische Werte zu erhalten, schreibt man die Gleichung zweckmäßig in der folgenden Form (ohne die K-Schalen-Korrektur):

$$\left(-\frac{dT_e}{\varrho dx}\right)_{\text{Ion.+Anr.}} = 0,306 \, \frac{\text{MeV}}{\text{g/cm}^2} \left(\frac{Z}{(A)}\right)_T$$

$$\times \frac{c^2}{v_e^2} \left[A^{\pm}(T_e) - 2\ln \frac{I}{10\,\text{eV}} - \delta\right] \quad ,$$

wobei A^+ für Positronen, A^- für Elektronen gilt. Tabelle (A4.2) gibt Werte der Funktion $A^{\pm}$, insbesondere für das Targetmaterial Aluminium, für das auch der spezifische Energieverlust angeführt ist (für Al ist $(Z/(A))_T = 0,482$, $2\ln(I/10\,\text{eV}) = 5,4$). Das Minimum des Energieverlustes liegt bei $T_e \approx 1$ MeV und beträgt $1,5$ MeV/gcm^2, ein ähnlicher Wert wie bei Protonen (s. Abb. 6.1).

Für die Vielfachstreuung von Elektronen gilt nach Molière:

$$\sqrt{\overline{\phi^2}} = \sqrt{\frac{25 \varrho \Delta x}{(A_T)\text{mg/cm}^2}} \frac{Z_T}{1 + T_e/m_e c^2} \quad \text{(in Winkelgrad)} \quad .$$

Tabelle A4.2. Zum Energieverlust von Elektronen durch Ionisation und Anregung

Material	Parameter	T_e/MeV				
		0,01	0,1	1	10	$\gg m_e c^2$
alle	A^+:	15,1	19,1	23,1	29,4	
	A^-:	14,1	18,5	23,5	30,1	
Al	$A^+ - 5.4$	9,7	13,7	17,7	24,0	
	$A^- - 5.4$	8,7	13,1	18.1	24,7	$18,1 + 3 \ln(T_e/\text{MeV})$
	δ	0	0	0	2,4	
	$-\left(\dfrac{dT}{\varrho dx}\right)_{\text{Ion.+Anr.}}$	17	3,2	1,5	1,65	(in MeV/g·cm^{-2})

Nach dieser Formel wurden die in Abschn. 6.3.1 beispielhaft aufgeführten mittleren Öffnungswinkel der Streukegel berechnet.
Der Energieverlust durch Bremsstrahlungsemission (s. Abschn. 6.3.2) läßt sich wie folgt quantitativ angeben:

$$\left(-\frac{dT_e}{\varrho dx}\right)_{\text{Bremsstr.}} = 0,178 \frac{\text{keV}}{\text{g/cm}^2} \left(\frac{Z}{(A)}\right)_T (Z_T + \xi)$$
$$\times \left(\frac{T_e}{m_e c^2} + 1\right) \bar{B}(T_e, Z_T)$$

Dabei ist $\xi \approx 1$ eine Korrekturgröße für die Kernladung Z_T und

$$\bar{B} = \int_0^{T_e} B\left(E_{\text{ph}}/T_e\right) \frac{dE_{\text{ph}}}{T_e} .$$

Für $T_e \ll m_e c^2$ ist $\bar{B} \approx 5,33$, für große T_e wächst $\bar{B}$ auf 15,2 für Pb und auf 17,1 für Al. Für sehr große T_e hängt $\bar{B}$ nicht mehr von T_e ab, außerdem kann die Eins in der Klammer neben $T_e/m_e c^2$ vernachlässigt werden. Dann gilt

$$\left(-\frac{dT_e}{\varrho dx}\right)_{\text{Bremsstr.}} \approx \text{const.} \, T_e = \frac{T_e}{\varrho X_0} .$$

X_0 ist die in Abschn. 6.3.2 diskutierte und in Tabelle 6.4 quantifizierte Strahlungslänge.

A5 Zur Poisson-Statistik beim radioaktiven Zerfall

Die Poisson-Verteilung lautet in der Nomenklatur von Abschn. 5.5:

$$W(Z, \bar{Z}) = \frac{\bar{Z}^Z}{Z!} \exp(-\bar{Z})$$

mit $Z! = 1 \times 2 \times 3 \ldots \times Z > 0$ (ganzzahlig) und $\bar{Z} > 0$ (reell). Sie läßt sich wie folgt ableiten: Die Wahrscheinlichkeit, daß ein Kern im Zeitintervall dt zerfällt, ist λdt; die Wahrscheinlichkeit, daß er nicht zerfällt, ist $(1 - \lambda dt)$. Die Möglichkeit, daß zwei Zerfälle in dt vorkommen, kann durch beliebige Verkleinerung des betrachteten Zeitintervalls dt ausgeschlossen werden.

Nun betrachten wir die Wahrscheinlichkeit dafür, daß bei N vorhandenen, radioaktiven Kernen eines Nuklids genau Z Zerfälle im Zeitintervall $(t + dt)$ stattfinden. Sie setzt sich zusammen aus zwei Anteilen: der Wahrscheinlichkeit für $(Z - 1)$ Zerfälle in der Zeit t plus 1 Zerfall in dt, und der Wahrscheinlichkeit für Z Zerfälle in t und kein Zerfall in dt:

$$W_2(t + dt) = W_{Z-1}(t)W_1(dt) + W_Z(t)W_0(dt)$$

$$W_Z(t) + \frac{dW_Z}{dt}dt = W_{Z-1}(t)\lambda N dt + W_Z(t)(1 - \lambda N dt)$$

mit $\lambda N = A$ (Aktivität, s. Abschn. 5.1). Also

$$\frac{dW_Z}{dt} = A(W_{Z-1} - W_Z) \ .$$

Die Lösung dieser Gleichung ist

$$W_Z = \frac{(At)^Z}{Z!} \exp(-At) \ ,$$

entspricht also genau der Poissonverteilung mit $\bar{Z} = At$. Dies läßt sich wie folgt verifizieren: Es ist

$$W_{Z-1} = \frac{(At)^{Z-1}}{(Z-1)!} \exp(-At) = \frac{Z}{At} W_Z \ ,$$

also

$$A(W_{Z-1} - W_Z) = \left(\frac{Z}{t} - A\right) W_Z \ ,$$

und

$$\frac{dW_Z}{dt} = \frac{(A)^Z Z t^{Z-1}}{Z!} \exp(-At) - \frac{(A)^{Z+1} t^Z}{Z!} \exp(-At)$$
$$= \left(\frac{Z}{t} - A\right) W_Z \ .$$

Die rechten Seiten in den beiden Ausdrücken sind gleich, also ist W_Z die richtige Lösung. Dabei ist der exponentielle Abfall der Zahl der Kerne wegen der hier als kurz angenommenen Meßzeit t nicht berücksichtigt, $t \ll \tau$.

Die Verteilungsfunktion beschreibt also die Wahrscheinlichkeit, daß bei einem Mittelwert $\bar{Z} = At$ gerade Z Zerfälle in der Zeit t vorkommen. Es gilt:

$$\sum_{Z=0}^{\infty} W(Z, \bar{Z}) = 1 \quad \text{(Normierung)} \quad .$$

Faßt man die Größe $\bar{Z}$ als (kontinuierliche) Variable auf, so kann man $W(Z, \bar{Z})$ auch interpretieren als die Wahrscheinlichkeit dafür, daß bei Z gemessenen Zerfällen in der Zeit t der Mittelwert den Wert $\bar{Z}$ hat. Es gilt auch

$$\int_0^{\infty} W(Z, \bar{Z}) d\bar{Z} = 1 \quad .$$

Die mittlere quadratische Abweichung des Meßwertes Z vom Mittelwert $\bar{Z}$ wird als „Varianz" σ bezeichnet. Sie läßt sich berechnen als

$$\sigma^2 = \int_0^{\infty} (Z - \bar{Z})^2 W(Z, \bar{Z}) d\bar{Z} = \int_0^{\infty} (Z - \bar{Z})^2 \frac{\bar{Z}^Z}{Z!} \exp(-\bar{Z}) d\bar{Z} \quad .$$

Mit der Identität

$$\int_0^{\infty} \bar{Z}^n \exp(-\bar{Z}) d\bar{Z} = n! \quad (n = 0, 1, 2 \ldots)$$

ergibt sich

$$\begin{aligned}\sigma^2 &= \frac{Z^2}{Z!} Z! - \frac{2Z}{Z!}(Z+1)! + \frac{1}{Z!}(Z+2)! \\ &= Z^2 - 2Z(Z+1) + (Z+1)(Z+2) = Z + 2 \quad .\end{aligned}$$

Für $Z \gg 2$ kann man die 2 vernachlässigen und erhält

$$\sigma = \sqrt{Z} \quad .$$

Dieser Wert für die Varianz wird in Kap. 5 diskutiert.

Weiterführende Literatur

Zu den Kapiteln 1–6

T. Mayer-Kuckuk: *Atomphysik* 3. Aufl. (Teubner, Stuttgart 1985)
P. H. Heckmann, E. Träbert: *Einführung in die Spektroskopie der Atomhülle* (Vieweg, Braunschweig, Wiesbaden 1980)
D. Kamke, W. Walcher: *Physik für Mediziner* (Teubner, Stuttgart 1982)
E. Hering, R. Martin, M. Stohrer: *Physik für Ingenieure* (VDI, Düsseldorf 1988)
H. v. Buttlar: *Einführung in die Grundlagen der Kernphysik* (Akademische Verlagsgesellschaft, Frankfurt a.M. 1964)
D. Kamke: *Einführung in die Kernphysik* (Teubner, Stuttgart 1978)
T. Mayer-Kuckuk: *Kernphysik*, 4. Aufl. (Teubner, Stuttgart 1984)
W. Minder: *Geschichte der Radioaktivität* (Springer, Berlin, Heidelberg, New York 1981)
R. D. Evans: *The Atomic Nucleus* (McGraw-Hill, New York, Toronto, London 1955)
H. Lieser: *Einführung in die Kernchemie*, 2. Aufl. (Verlag Chemie, Weinheim, Basel 1980)

Zu den Kapiteln 7 und 8

G.F. Knoll: *Radiation Detection and Measurement* (Wiley and Sons, New York, Chichester, Brisbane, Toronto 1979)
K. Siegbahn: *Alpha-, Beta- and Gamma-Ray Spectroscopy* (North-Holland, Amsterdam 1968)
K. Kleinknecht: *Detektoren für Teilchenstrahlung* (Teubner, Stuttgart 1987)
W.H. Tait: *Radiation Detection* (Butterworths, London, Boston 1980)
K. Debertin, R.G. Helmer: *Gamma- and X-Ray Spectrometry with Semiconductor Detectors* (North-Holland, Amsterdam, Oxford, New York, Tokio 1988)
W. Petzold, H. Krieger: *Strahlenphysik, Dosimetrie and Strahlenschutz*, Bd. I (Teubner, Stuttgart 1988)
H. Kiefer, W. Koelzer: *Strahlen und Strahlenschutz* (Springer, Berlin, Heidelberg, New York, London, Paris, Tokio 1987)
D. Nachtigall: *Physikalische Grundlagen für Dosimetrie und Strahlenschutz* (Thiemig, München 1970)
H. Fritz-Niggli: *Strahlengefährdung/Strahlenschutz*, 2. Aufl. (Huber, Bern, Stuttgart, Toronto 1988)
E. Sauter: *Grundlagen des Strahlenschutzes*, 2. Aufl. (Thiemig, München 1983)
L. Rausch: *Mensch und Strahlenwirkung* (Piper, München, Zürich 1982)
T. Rassow: *Risiken der Kernenergie* (VCH Weinheim 1988)
H. Dertinger, H. Jung: *Molekulare Strahlenbiologie* (Springer, Berlin, Heidelberg, New York 1969)
H.G. Paretzke: *Risiko für somatische Spätschäden durch ionisierende Strahlung*, Phys. Bl. 45, 16 (1989)
Committee on the Biological Effects of Ionizing Radiations: "The effects on Populations of Exposure to Low Levels of Ionizing Radiation", *BEIR-III-Report*, (National Academy Press, Washington, D. C., 1980)

Strahlenschutzkommission der Bundesrepublik Deutschland: *Auswirkung des Reaktorunfalls in Tschernobyl auf die Bundesrepublik Deutschland*, redigiert von D. Gumprecht, H. Heller, A. Kindt (Gustav Fischer-Verlag, Stuttgart, New York 1987)

W. Jacobi: „Strahlenexposition und Strahlenrisiko der Bevölkerung durch den Tschernobyl-Unfall", Phys. Bl. 44, 240 (1988)

Verordnung über den Schutz vor Schäden durch ionisierende Strahlung (Strahlenschutzverordnung StrlSchV) vom 13. Okt. 1976, Bundesgesetzblatt Teil I S. 2905, Neufassung vom 30.06.1989, S. 1321, Bonn

Verordnung über den Schutz vor Schäden durch Röntgenstrahlung vom 14. Jan. 1987, Bundesgesetzblatt Teil I S. 114, Bonn

A. Nero: "Earth, Air, Radon and Home", Physics Today, 4, 32 (1989)

W. Nazaroff, A. Nero: *Radon and its Decay Products in Indoor Air* (Wiley, New York 1988)

Zu den Kapiteln 9 und 10

E. Lüscher: *Kernenergie und Kerntechnik* (Vieweg, Braunschweig, Wiesbaden 1982)

C. Keller: „Das Oklo-Phänomen", GIT-Fachz. Lab. 5/86, S. 423, und 6/86, S. 581

W. Rysy: „Druckwasserreaktor-Kraftwerke, Sicherheitstechnische Auslegung", in *Handbuchreihe Energie*, Bd. 10, *Kernkraftwerke* (Technischer Verlag Resch, Gräfling/Verlag TÜV Rheinland 1986) S. 2-59

A. G. Herrmann: *Radioaktive Abfälle* (Springer, Berlin, Heidelberg, New York 1983)

F. Baumgärtner, K. Ebert, E. Gelfort, K. H. Lieser (Herausg.) *Nukleare Entsorgung*, Bd. 2 (Verlag Chemie, Deerfield Beach, Florida, Basel 1983)

Der *Rasmussen-Bericht* ist erschienen als Report WASH-1400 (NUREG-75/014), U.S. Atomic Energy Commission, Washington, D.C., 1975. Deutsche Übersetzung der Kurzfassung: Report IRS-S-13 des Inst. f. Reaktorsicherheit der T.Ü.V. e.V., Köln 1976

Deutsche Risikostudie, herausg. von der Gesellsch. f. Reaktorsicherheit (Bundesministerium für Forschung und Technologie Bonn 1979)

R. Rhodes: *Die Atombombe* (GRENO, Nördlingen 1988)

S. Glasstone, P. J. Dolan:*The Effects of Nuclear Weapons* (U.S. Dept. of Defense and Energy Research and Development Administration, Washington, D.C., 1977)

M. Taube: *Plutonium – A General Survey* (Verlag Chemie, Weinheim 1974)

A. B. Lovins, L. H. Lovins: *Atomenergie und Kriegsgefahr* (Rowohlt, Reinbek 1981)

Namenverzeichnis

Auger, P. 51

Becquerel, H.A. 1, 46
Bethe, H. 83, 203f
Bloch, F. 83, 203f
Bohr, N. 9, 34, 46, 52
Boltzmann, L. 99
Bragg, W.H. 90
Brix, P. VII, 195
deBroglie, L. 16

Calvin, M. 138
Carnot, S. 43
Cerenkov, P. 91, 96
Compton, H.A. 81, 84, 106
Coulomb, C.A. 29
Curie, M. 1, 66
Curie, P. 1

Davisson, C. 16
Doppler, Ch. 171

Einstein, A. 2, 5, 35, 36, 78
Eisenhower, D.D. 165

Fano, V. 88, 123, 128, 129
Fermi, E. 165

Gauß, C.F. 75
Geiger, H. 119, 123
Germer, L. 16
Goeppert-Mayer, M. 40
Gray, L.H. 149

Hahn, O. 1, 165
Haxel, O. 40
Heisenberg, W. 2, 5, 9
Houtermans, F.G. 73

Jensen, H.D. 40

Keller, C. 175

Landau, L.D. 91
Libby, W.F. 74

Mayer, R. 43
Meitner, L. 165
Mendelejew, D. 8
Mößbauer, R. 54, 137

Molière, G. 92, 206
Mott, N. 91
Müller, E.W. 119, 123

Newton, I. 24, 29, 35, 77

Pauli, W. 56
Planck, M. 15
Poisson, D. 74, 78, 207

Rayleigh, J.W. 81
Röntgen, W.C. 1, 46, 104
Rutherford, E. 1, 9
Rydberg, J. 33

Schrödinger, E. 5, 9
Sievert, R.M. 150
Soddy, F. 1
Straßmann, F. 165
Sueß, H. 40

v. Weizsäcker, C.F. 38
Wilson, C.T. 130

Yalow, R.S. 139

Stichwortverzeichnis

Abklingbecken 181
Abschirmung 17, 21, 80, 103
Absorption
  siehe Strahlenabsorption
Absorptionsvermögen
  siehe Strahlenabsorption
Abstand 21, 153
Abwärme 43, 176
Aktivierung 103, 142, 179, 180
Aktivität 22, 65, 73, 74, 114, 118
— Aufspüren einer 114
— Messung der 76, 131f
— spezifische 68
α-Spektrum 58, 61
α-Strahlung 2, 17
α-Streuung 2
α-Zerfall 13, 32, 58
Altersbestimmung 72f
Anregung und Ionisation 80f, 91f
Anregungszustand 34
Ansprechvermögen *siehe* Detektor
Antenne 18
Antiteilchen 15
Arbeit 26f
Asymmetrieenergie 38f
Atom 8
Atombombe 2, 132, 165, 190f
Atomenergie 37
Atommasse 12
Atomare Konstanten 34
Atomkern
— Aufbau 9
— Größe 9
— Stabilität 11
— Zerfall 46f
Aufbereitung 181f, 193
Auflösungsvermögen *siehe* Detektor
Auger-Effekt 51, 57, 68, 105
Ausbreitung einer Welle 16
Auswahlregeln 53, 58
Avogadro-Konstante 8
Äquivalentdosis 150ff

Bahndrehimpuls *siehe* Drehimpuls
Bandstruktur im Festkörper 49, 124, 125, 127
Baryon 13
Basiseinheiten 6f
Becquerel (Einheit) 22, 66
Belastungspfade 161
Besetzungszahl für elektronische Zustände 47
β-Strahlung 1, 17, 55, 95
β-Spektrum 56
β-Zerfall 12, 40, 55f
Bethe-Bloch-Theorie 83f, 203f
Bewegungsenergie *siehe* Kinetische Energie
Bindungsenergie 31, 32, 37f, 47f
— des letzten Neutrons 41, 168
— pro Nukleon 39
Biologische Strahlenwirkung 145f
Bohrsches Atommodell 9, 46, 52, 204
Bohrsche Geschwindigkeit 204
Bohrscher Wasserstoffradius 34
Bohrlochkristall 127
Bragg-Kurve 90
Brechzahl 19, 91, 96
Bremsstrahlung 18, 51, 91f, 95, 207
Bremsvermögen 85
Brennstoff *siehe* Kernbrennstoff
Brennstoffkreislauf 182
Brutreaktor 177f
Bortrifluorid-Zählrohr 130

Cäsium-Strahlung 61, 161, 162, 170, 180, 185
Cerenkov-Strahlung 91, 96
Charakteristische Röntgenstrahlung 51, 57
Chemische Bindung 47, 64
Compton-Absorption 111
Compton-Effekt 81, 104, 106f, 133f
Compton-Kante 107, 134
Coulombenergie des Kerns 38
Coulombsches Gesetz 29f
Curie (Einheit) 66

Detektor 17, 49, 68, 74, 76, 115f, 129, 140f
— Ansprechvermögen 68, 77, 118, 126, 127, 131
— Auflösungsvermögen 117, 123, 126, 128
— Kalibrierung 118, 133
Determinismus 77
Dichtigkeitsprüfung 143
Doppler-Effekt 171
Dosis 23, 68, 136, 145ff
— Berechnung 68, 151ff
— genetisch signifikante 156f
— Größen 149ff, 152
— Leistung *siehe* Dosisrate
— Messung 115, 136f
— Rate 115, 122, 136, 149
— Ratenkonstante 153
— Zuwachsfaktor *siehe* Zuwachsfaktor
Double-Escape-Linie 109, 133f
Drehbewegung 25, 27
Drehimpuls 25f, 32f, 53
Drehimpulskopplung 32, 40
Druckwasserreaktor 177f
Durchgang von Strahlung durch Materie 80ff
Dynode 126

Edelgaskonfiguration 33
Eigendrehimpuls *siehe* Spin
Einheiten-System 6, 7, 26, 27
Einstein-Formel 2, 36, 196
Elektrische Ladung 15, 25
Elektrische Leistung 43, 176
Elektrische Leitfähigkeit 49, 127
Elektrisches Feld 30, 120
Elektromagnetische Strahlung *siehe* Strahlung
Elektromagnetische Welle 18
Elektronen
— Bindungsenergie 48
— Einfang (EC) 17, 40, 55f, 64
— Hülle 9, 46f
— Ladung 15
— Masse 31
— Reichweite 82, 93
— Rückdiffusion 93
— Schalen 46
— Sprünge 51
— Volt (Einheit) 20, 32
Element 8, 45
Elementarladung 15
Elementarteilchen 13f
Emission 21

Endlagerung 175, 181f
Energie 25f, 52, 168
Energie, relativistische 36f, 43, 196
Energieabsorptionskoeffizient 109f
Energiediagramm *siehe* Niveauschema
Energiedeposition 68
Energiedosis 68, 149
Energieerzeugung 175f
Energiespektroskopie 114, 123, 125, 133f
Energiewirtschaft 165
Entsorgung 144, 179f
Erhaltungssatz
— Impuls 25, 198
— Drehimpuls 25
— Energie 28, 32, 36, 56, 198
— Teilchenzahl 2, 15, 37
— weitere 41
Exponentialgesetz 21, 65

Fallout 70, 133, 135, 162, 185, 192
Fano-Faktor 88, 123, 128, 129
Festkörper 9, 49, 54, 124f
Festkörperdetektor 50, 124f
Feuchtigkeitsbestimmung 143
Filmdosimeter 137
Fluoreszenzausbeute 51f
Flüssigkeitsszintillator 127
Freie Energie 43
Frequenz 16, 19, 55
Frequenzspektrum 19f
Fusion 39, 45, 166, 191

γ-Kamera 141
γ-Konstante *siehe* Dosisratenkonstante
γ-Radiographie 143
γ-Spektroskopie 49, 109, 133f
γ-Strahlung 1, 17, 18f, 51, 68, 104ff
γ-Zerfall 53
Gammastrahlenkonstante 153
Ganzkörperdetektor 68
Gasförmige Spaltprodukte 181
Gasionisationsdetektor 49, 115, 119f
Gasverstärkung 122
Geiger-Müller-Zählrohr 119, 123f, 136
Genetischer Schaden 146
Gesamtdrehimpuls 53
Gesamtenergie 28, 31, 36
Gesamtimpuls 25
Gesundheitsrisiko 163f
gg-Kern 39
Gleichgewicht
siehe Säkulares Gleichgewicht

Gravitationskraft 28f, 31
Gray (Einheit) 149
Größter anzunehmender Unfall GAU 184, 188
Grundzustand 34, 43, 53
gu-Kern 39

Halbleiter 49
Halbleiterdetektor 50, 115, 127f, 142
Halbwertsbreite 76, 117
Halbwertszeit 58, 65f, 114
— biologische 162
— effektive 162
— des Neutrons 56
Hauptquantenzahl 33, 48, 50
Hauptsätze der Thermodynamik 41
Heisenbergsche Unschärferelation 2
Helium als Kühlmittel 177
Hertz (Einheit) 18, 66
Hochtemperatur-Reaktor 177f
Höhenstrahlung *siehe* Kosmische Strahlung

Identifizierung von Elementen 51
Identifizierung von Kernen 54
Impuls 16, 24, 197
Indikatornuklid 61, 137, 143
Infrarot-Strahlung 19f
Inkorporation 145
Innere Konversion (IC) 54
Innere Kräfte 24
Intensität 18, 22
Ion 9, 47
Ionendichte 22
Ionendosis 149, 153
Ionisation 82, 91
Ionisationskammer 82, 120f, 136
Ionisationsrauchmelder 143
Ionisierungsenergie 32, 47
Isobare Kerne 12
Isolator 49
Isotop 12
Isotopenmarkierung 140

Jod-Strahlung 61, 161, 180, 185

K-Einfang *siehe* Elektroneneinfang
K-Kante 105
Kalium-40 (^{40}K) 67f
Kernbindungsenergie 37f, 167
Kernbrennstoff 168ff, 182
Kernenergie 37

Kernkraft 13, 32, 37
Kernladungszahl 10, 40
Kernmasse 57
Kernradius 9, 38
Kernreaktion 45, 61, 100
Kernreaktor 21, 45, 59, 165, 170ff
Kernreaktorgift 173
Kernreaktorkritikalität 171
Kernreaktorunfall 184,
   siehe auch Tschernobyl
Kernreaktorsteuerung 173
Kernschmelzen 172
Kernspaltung
— spontane 13, 39, 59, 167
— induzierte 63, 130, 167f, 191
Kernstöße 86
Kernwaffen 70, 163, 165, 190f
Kernzerfall 46, 52f, 62, 78
Kernzustand 34f
Kinetische Energie 27, 31, 45, 198
Kettenreaktion 63, 167, 170f
Kinematik beim Stoß 198f
Klimaveränderung 166
Koinzidenz 131, 141
Konditionierung 183
Kontaminationsmonitor 123
Konversion, innere 54, 68
Konversionskoeffizient 55
Konverter 179
Kosmische Strahlung 12, 45, 60, 74, 114, 118, 145, 156f
Kraftwerk 43, 160, 177
Kraftwerksstörfall 160, 184f
Krebskrankheit 145, 155, 163
Kristall 9, 49, 124ff
Kritische Masse 173, 190

Landau-Verteilung 91f
Lebensdauer 65
Leckfaktor 172
Leitungsband 49, 124f, 127
Leitfähigkeit *siehe* Elektrische Leitfähigkeit
Leitisotop 143
Lepton 13
Leuchtziffern 143
Lichtgeschwindigkeit 19, 35, 196
Lichtschwächung 21
Lichtstrahlung 18
Lichtquelle 18
Linear energy transfer (LET) 147
Linienverbreiterung 117

217

Magische Zahlen 40, 169
Markierung mit Radioisotopen 137
Masse 24, 29, 36
— reduzierte 199
— relativistische 35f, 196
— kritische 173, 190
Massenabsorptionskoeffizient 151
Massenbelegung 85
Massenbremsvermögen 85
Massenreichweite (*siehe* auch Reichweite) 88, 93
Massenverteilung bei Spaltung 169
Maßeinheiten 7
Materiewelle 16
Mechanik (klassisch) 24f
Medizinische Anwendung 18, 94, 114, 115, 127, 139, 140, 142, 160
Meßgerät für Strahlung *siehe* Detektor
Metallbindung 50
Mittlere Lebensdauer *siehe* Lebensdauer
Moderation von Neutronen 98, 171, 177
Mol 8
Molekül 8, 47
— Rotation und Schwingung 47
Mond 29
Mott-Streuformel 91
Mößbauer-Effekt 54, 137
Multiplier *siehe* SEV
Mutation 147
Myokardszintigraphie 141

Nachwärme 176
Nachweis von Strahlung *siehe* Strahlungsnachweis
NaI-Detektor 124f
Natrium als Kühlmittel 178
Natürliche Strahlenbelastung *siehe* Strahlenbelastung
Neutrino 16, 55, 81
— Hypothese 56
Neutron 9, 15f
Neutronen
— prompte 59
— thermische 99, 168
— verzögerte 59, 173
Neutronenabschirmung 103
Neutronenausbeute 167, 190, 191
Neutronenbilanz im Reaktor 170
Neutronenbremsung 81, 98
Neutronendosis 137
Neutroneneinfang 100, 142, 168

Neutronennachweis 103, 130
Neutronenquelle 41, 191
Neutronenstreuung 80, 97f, 202
Neutronenzerfall 16, 56
Newtonsche Gesetze 24f, 77
Newtonsches Gravitationsgesetz 29
Niveauschema 48, 53, 57ff
Normalverteilung 75
Notkühlung 176, 186
Nukleon 10, 41
Nukleonenzahl 10, 40
Nuklid 11f, 45, 52
Nuklidkarte 12f, 71, 132
Nuklidmasse 37f, 57
Nulleffekt 76, 118

Oberflächenenergie des Kerns 38
Oklo-Phänomen 173
Ordnungszahl im Periodensystem 10, 47
Organdosis 160
Organszintigraphie 140f

Paarbildung 81, 104, 109, 133
Paarungsenergie 38f, 168
Parität 41
Pechblende 1
Periodensystem der Elemente 10, 11
Photoeffekt 81, 104, 105f, 133
Photomultiplier *siehe* SEV
Photosynthese 138
Photon (*siehe auch* Gammastrahlung) 13, 46, 197
Photonenabschwächung 21, 81f
Photonenenergie 16, 19
Photonenimpuls 197
Planck-Konstante 15
Plutonium 165, 173, 176, 178, 183, 190ff
Poisson-Verteilung 74f, 78, 87, 207
Polarisationskorrektur 206
Polonium 1
Positron 15, 55
Potentielle Energie 25f
Projektil 83
Proliferation 193
Proportionalzählrohr 119, 122f
Proton 9, 13
— Durchgang durch Materie 82f
Protonenmasse 31
Prüfstrahler 60
Punktquelle 20, 151f

Qualitätsfaktor 148, 150
Quantenmechanik 5, 8, 9, 32f, 46, 78
Quarks 17
Quelle *siehe* Strahlungsquelle

Radikal 147
Radioimmunoassay 139
Radium 1, 66
Radon 158f
Raumwinkel 20, 22
Reaktor *siehe* Kernreaktor
Reduzierte Masse 199
Regelstab 173
Reibung 120
Reichweite 81f, 88f, 93
— lineare 83
— extrapolierte 93
Rekombination 120
Relativgeschwindigkeit 35, 199
Relativsystem 199f, 202
Relative Atommasse 12
Relative biologische Wirksamkeit (RBW) 148
Resonanz im Wirkungsquerschnitt 101, 171
Resonanzentkommwahrscheinlichkeit 171
Reversibler Prozeß 43
Risiko 18, 146, 163, 166, 182, 187f
Röntgen (Einheit) 149
Röntgenapparat 21, 95, 122
Röntgenstrahlung 1, 19f, 49, 50, 57, 68, 104f, 145, 160
Röntgenverordnung 163
Ruhenergie, Ruhmasse 15, 35f, 37
Rutherford-Streuung 83, 203
Rückdiffusion von Elektronen 93
Rückstoß 53, 97
Rydberg-Konstante 33

Säkulares Gleichgewicht 72, 133
Sättigungsaktivität 180
Schalenabschluß 33, 39
Schalenmodell 33, 40, 168
Schall 19
Schädigung durch Strahlung
siehe Strahlenschäden
Schnellspaltfaktor 171
Schneller Brutreaktor 177f
Schwache Wechselwirkung
siehe Wechselwirkung
Schwächungskoeffizient 21, 108, 111f

Schwere Ionen 86f
Schweres Wasser 169, 172
Sender 18, 19
SEV (Sekundärelektronenvervielfacher) 125, 141
SI-Einheiten 6f
Sicherheitsmaßnahmen bei Reaktoren 178, 184ff
Sicherheitsstrategie 186f
Sichtbares Licht 18
Siedewasser-Reaktor 177f
Sievert (Einheit) 150
Single-Escape-Linie 109, 133
Skalar 25
Somatischer Schaden 146
Sonne 19, 45, 166
Spaltausbeute 169, 180
Spaltenergie 167, 176
Spaltneutronenausbeute 171
Spaltprodukte 55, 61, 135, 173ff, 179ff
Spaltquerschnitt 101, 170
Spaltschwelle 168
Spaltung *siehe* Kernspaltung
— Massenverteilung 169
Spektrum
siehe Strahlung, Energiespektroskopie
Spezifische Aktivität 68
Spin 13, 32
Spin-Bahn-Kopplung 32, 48
Spurenanalyse 142
Stabilität von Kernen 13, 40f, 45f
Standardabweichung *siehe* Varianz
Standardmensch 68
Starke Wechselwirkung
siehe Wechselwirkung
Statistische Fehler 74
Sterilisierende Wirkung 143
Stochastischer Prozeß 79
Stoffmenge 8
Strontium-Strahlung 132, 163, 170, 180
Stoßparameter 201
Störfall-Klassifikation 187
Störstrahler 160
Strahlenbelastung 46, 67, 70, 145
— natürliche 145f, 156f, 158, 185
Strahlendosis *siehe* Dosis
Strahlenrisiko *siehe* Risiko
Strahlenschäden 22, 82, 99, 145f
Strahlenschutz 2, 66, 112, 114, 115, 144, 181
Strahlenschutzverordnung 133, 149f, 150, 154f, 161
Strahlenwirkung 18, 49, 138, 145f

Strahlung 17f, 45f
— elektromagnetische 18
— direkt und indirekt ionisierende 116
Strahlungsabsorption 17f, 80ff
Strahlungsabsorptionskoeffizient 109, 151
Strahlungsemission *siehe* Emission
Strahlungsfeld 22
Strahlungslänge 96, 207
Strahlungsmessung *siehe* Detektor
Strahlungsnachweis 46, 82, 114f
Strahlungsquelle 17f, 64, 114, 145, 151
Streuung 31, 82
— des Energieverlustes 87f
— von Neutronen *siehe* Neutronenstreuung
Szintigramm 140
Szintillationsdetektor 50, 115, 124f

Target 83
Tc-Generator 141
Technische Anwendungen 142f
Teilchen-Welle-Dualismus 16
Temperaturkoeffizient des Reaktors 171
Temperaturstrahlung 20
Terrestrische Strahlung 158
Thermische Nutzung 172
TNT (Einheit) 163, 191
Tochterkern 67
Totzeit eines Detektors 118, 124
Tritium 60, 74, 182
Tröpfchenmodell 38f
Tschernobyl-Unfall 61, 77, 133, 135f, 160f, 162, 163f, 172, 180, 184f
Tunneleffekt 32

ug-Kern 39
Ultraviolettstrahlung 19f
uu-Kern 39

Vakuum 19
Valenzband 49, 124f, 127
Valenzelektron 49

Varianz 74f, 205, 209
Vektor 25
Vernichtungsstrahlung 15, 111
Verzweigungsverhältnis 68, 77
Vielfachstreuung von Elektronen 206
Vielkanalanalysator 116, 128
Volumenenergie 38

Wasserstoff 12, 45
Wasserstoffatom 31, 33f, 37
Wasserstoffradius 34
Wärmeleistung 43
Wärmestrahlung 19f
Wärmetod 44
Wechselwirkung 31, 202
— elektromagnetische 13, 18, 30
— Gravitations- 13
— schwache 13
— starke 13
— von Strahlung mit Materie 46, 80ff
Weizsäcker-Formel 38f, 63, 167
Welle 16
Wellenlänge 16, 19f
Wellenintensität 16
Wichtungsfaktor für Dosis 150f
Wiederaufbereitung *siehe* Aufbereitung
Wirkungsgrad, thermodynamischer 43, 176, 178
Wilson-Kammer 130
Wirkungsquerschnitt 100, 106, 108, 201f
— für Neutronen 101f, 170f, 172, 202

Zählrate 66, 76, 118
Zählrohr 82, 119, 122f, 136
Zählstatistik 74f
Zentralkraft 29f
Zentrifugalkraft 29
Zerfallsgesetz 64f
Zerfallskette 61, 69f, 169
Zerfallsreihe 70f
Zerfallswahrscheinlichkeit 64ff, 78, 208
Zirkalloy 172, 177
Zuwachsfaktor 111f, 145

MIX
Papier aus verantwortungsvollen Quellen
Paper from responsible sources
FSC® C105338

If you have any concerns about our products,
you can contact us on
ProductSafety@springernature.com

In case Publisher is established outside the EU,
the EU authorized representative is:
**Springer Nature Customer Service Center GmbH
Europaplatz 3, 69115 Heidelberg, Germany**

Printed by Libri Plureos GmbH
in Hamburg, Germany